普通高等教育"十二五"规划教材

多媒体计算机应用基础

第 2 版

主　编　彭　斌　梅龙宝

副主编　周大朋　董　青　段欣妤

参　编　朱　勇　傅　娟　晋国卿　袁　钦

　　　　丁继红　曾　怡　王广兴　黄　莉

机械工业出版社

本书在内容设计上以"多媒体计算机文化—技术—应用"为主线，突出"以学生为中心""以项目任务驱动为中心"的教学特色，把学生实际学习、生活和就业与项目知识、能力和素质紧密结合，并融入现代项目工程理论和共享学习思想，充分体现了多媒体计算机课程的人文性、综合性、实践性和开放发展性等特点。

全书分为12个项目：项目一，绘制多媒体计算机发展图谱；项目二，数制转换技巧；项目三，安装使用多媒体计算机外部设备；项目四，安装多媒体计算机软件系统与连接网络；项目五，设计制作学校招生宣传简章；项目六，设计制作成绩报表；项目七，设计制作大学生职业规划演示文稿；项目八，设计制作班级电子相册；项目九，设计制作歌曲接龙；项目十，设计制作军训MTV；项目十一，设计制作"教师节快乐"电子贺卡；项目十二，设计制作"我的班级"网站。

本书可作为普通高等院校和高等职业技术学校学生公共基础课的学习教材，也可供科研人员和有志于从事大学多媒体计算机教育的研究人士参考。同时，本书也是一本实用性很强的多媒体计算机应用培训教材。

本书配有电子课件，可登录机械工业出版社教材服务网www.cmpedu.com下载，或发送电子邮件至 cmpgaozhi@sina.com 索取。咨询电话：010-88379375。

图书在版编目（CIP）数据

多媒体计算机应用基础/彭斌，梅龙宝主编．—2版．—北京：机械工业出版社，2014.9（2015.7重印）

普通高等教育"十二五"规划教材

ISBN 978 - 7 - 111 - 47700 - 6

Ⅰ.①多⋯　Ⅱ.①彭⋯②梅⋯　Ⅲ.①多媒体计算机－高等学校－教材　Ⅳ.①TP37

中国版本图书馆 CIP 数据核字（2014）第 188734 号

机械工业出版社（北京市百万庄大街22号　邮政编码100037）
策划编辑：王海峰　责任编辑：王海峰　吴晋瑜　吴超莉
版式设计：霍永明　责任校对：胡艳萍　陈秀丽
封面设计：陈　沛　责任印制：刘　岚
北京京丰印刷厂印刷
2015年7月第2版·第2次印刷
184mm×260mm·25印张·608千字
4 001—7 000册
标准书号：ISBN 978 - 7 - 111 - 47700 - 6
定价：48.00元

第 2 版前言

本书是《多媒体计算机应用基础》的第 2 版，保留了第 1 版的特点，即"以学生为中心""以项目任务驱动为中心"，许多项目任务都经过精心的设计，既能帮助学生理解知识，又具有很强的启发性。

本书首次出版至今已有 3 年时间，先后进行了 3 次印刷。在此期间，我们收到了广大读者提出的诸多宝贵意见和建议，为此，我们组织编委会成员对本教材进行修订，以期使之更适合于教学及读者自学需要。在本书修订过程中，编委会成员对书中的部分章节顺序做了调整，对部分项目的内容进行了修订，对部分软件版本进行了升级。主要修订的内容包括将"安装 Windows XP 操作系统"修订为"安装 Windows 7 操作系统"，将 Adobe CS4 系列软件升级为 Adobe CS5 系列软件等；另外，对各章节顺序、章节内容结构等均做了相应调整；对部分项目的项目实施部分亦做了比较大的改动；还将部分项目设置为选修内容（在目录中以"＊"号标记），读者可根据自身需要或专业特色进行项目选修。

本书共 12 个项目，分别介绍了多媒体计算机软硬件的发展过程、计算机内部数据处理的方式、系统软件和应用软件的安装以及各常用软件的使用。常用软件包括字处理软件 Word 2010、电子表格处理软件 Excel 2010、幻灯片制作软件 PowerPoint 2010、图像处理软件 Adobe Photoshop CS5、音频处理软件 Adobe Audition 3.0、视频制作软件会声会影、动画制作软件 Adobe Flash CS 5 和网页制作软件 Adobe Dreamweaver CS5 等。

项目一介绍了多媒体、多媒体技术、多媒体计算机等相关概念以及计算机和多媒体计算机的发展历程和多媒体文化、网络文化及计算机文化的内涵；项目二介绍了进制数的基本概念、不同进制数之间转换的原理及字符编码的基本概念；项目三介绍了计算机的硬件系统及各部分组成；项目四介绍了计算机软件系统（包括系统软件和应用软件）的安装以及如何配置网络；项目五介绍了 Word 2010 的基本概念、功能和特点以及 Word 2010 的窗口界面和使用方法；项目六介绍了 Excel 2010 的基本知识、基本操作方法、基本功能和特点；项目七介绍了 PowerPoint 2010 的基本概念以及幻灯片的制作方法、幻灯片的动画设置、幻灯片的切换和放映等；项目八介绍了 Photoshop CS5 的主要功能、工作界面、基本工具、文件操作、图层操作等；项目九介绍了 Adobe Audition 3.0 的工作环境、界面、工具栏、传送控制器、混音器等；项目十介绍了会声会影的工作环境和工作流程、基本操作等；项目十一介绍了 Adobe Flash CS5 动画制作的一般流程和动画制作的具体方法；项目十二介绍了网页设计的基本术语和设计流程、工作环境、色彩单配、布局方案、工作界面等。各项目首先介绍本项目所涉及的基本理论知识和各应用软件的基本操作方法，其次通过具体的项目实施完成一个完整的项目，使学生在项目实施的过程中充分理解、掌握和应用之前所介绍的知识和方法，更容易接受和应用所学知识。

因修订时间紧迫及编委会成员水平所限，本书难免存在不足之处，恳请广大读者不吝指正。

编　者

第1版前言

随着多媒体计算机技术的快速发展，计算机基础知识教育已在中、小学普及，而目前作为大学里的第一门计算机课程"计算机应用基础"，却仍建立在学生计算机知识零起点上，不能满足当代大学生对计算机知识及应用能力的需求。同时，随着现代教与学理论的发展，传统的以"知识为中心"的教材模式以及"以教师为中心"的教学模式，难以适应信息时代对大学生计算机应用能力和素养培养的要求。因此，改革大学计算机基础课程教学内容及教学模式，紧跟迅速发展的多媒体计算机技术和现代教育理论，构建适合我国大学计算机课程与教材体系，是高校计算机教育课程改革的当务之急。

本书的编写，正是为了满足大学生计算机基础教育改革的需要，着力改变当前存在的以大学作为计算机教育的起点、以知识传授作为能力培养的观念和现状。本书以"多媒体计算机文化—多媒体计算机技术—多媒体计算机应用"为主线，"以项目任务驱动为中心"，每个项目均涵盖项目分析、项目导图、知识讲解、项目实施、项目评价和项目拓展等，基于项目和任务驱动来学习多媒体计算机文化和知识，培养学生多媒体计算机应用能力及素养，充分体现多媒体计算机课程的人文性、综合性、实践性和开放性等特点。

本书内容及编排突出"以学生为中心""以项目任务驱动为中心"，强调合作学习与自主学习相结合，把学生实际学习、生活和就业与项目知识、能力和素质培养紧密结合，并融入了项目工程理论和现代共享学习思想，达到理论知识素养与实践应用能力培养一体化。

本书所选的项目均源自大学生学习、生活和就业的实际需要，源自多媒体计算机知识、能力和素质培养需要，源自编者的实际教学实践和经验积累。同时，把项目驱动与知识讲授和能力培养相融合，既打破了传统教材的知识体系，又克服了当前单纯项目教材存在的"知其然而不知其所以然"的弊端，这对该课程的教学改革和发展极具创新意义。

本书是国家社会科学基金"十一五"规划国家级课题"信息技术环境下多元学与教方式有效融入日常教学的研究"（BCA060016）、中国教育技术协会"十一五"规划课题"大学信息技术教育课程建设研究"（教科协（2007）G277）的研究成果。

本书共分为12个项目：项目一，绘制多媒体计算机发展图谱；项目二，数制转换技巧；项目三，安装使用多媒体计算机外部设备；项目四，安装多媒体计算机软件系统与连接网络；项目五，设计制作学校招生宣传简章；项目六，设计制作大学生职业规划演示文稿；项目七，设计制作成绩报表；项目八，设计制作班级电子相册；项目九，设计制作歌曲接龙；项目十，设计制作军训 MTV；项目十一，设计制作"我的明星梦"网络动画；项目十二，设计制作"我的班级"网站。

目前，以大学生多媒体计算机素养教育为目标的"多媒体计算机应用基础"课程建设研究和实践，是一个重大课题。由于开展的时间短，又是一个理论与实践紧密联系、多学科广泛交叉的新的研究领域，理论性、系统性的研究还不够，同时，新理论、新方法和新技术不断涌现，书中难免会有疏漏或不足之处，恳请广大读者不吝赐教。

　　本书在编写过程中，参考、引用了大量国内外的研究成果和相关文献，其中的主要来源已在本书的参考文献中一一列出，在此向这些成果和文献作者表示诚挚的谢意，如有遗漏，恳请谅解。

编　者

目 录

项目一　绘制多媒体计算机发展图谱

【项目分析】

自 20 世纪 40 年代，世界诞生了第一台电子计算机以来，短短的 60 多年时间里，计算机已经在人们的生活中占据了越来越重要的地位。计算机的飞速发展与推广，推动着人类文明进入到一个崭新的阶段。20 世纪 80 年代，随着多媒体技术的出现，计算机从实验室、办公室中的专用品变成了信息社会的普遍工具，被广泛应用于工业生产管理、学校教育、公共信息咨询、商业广告、军事指挥与训练，甚至家庭生活与娱乐等领域。多媒体技术与计算机技术结合的产物就是现在人们所熟悉的多媒体计算机。多媒体计算机的出现，是人类处理信息手段的又一次飞跃，它的不断发展与应用已深刻地改变了人们的生产方式、生活方式和娱乐方式。

本项目要求学习者通过手工或利用软件编制的方式，绘制出多媒体计算机发展的时间序列图谱。其目的是希望学习者能够依据所讲授的知识点，以多媒体计算机的发展历程为主线，围绕计算机及多媒体计算机的不同发展阶段，综合理解多媒体计算机所具有的技术特点和文化特征。本项目的完成过程即是学习者掌握多媒体及多媒体技术的相关概念，了解多媒体计算机的技术特点，理解随着多媒体计算机的发展而形成的社会文化现象的过程。

学习者需要通过查阅相关文献、上网浏览信息和收集相关资料等工作，整理出与多媒体计算机发展有关的技术、特点、事件、人物等，并能以直观的形式描述出来。

【学习目标】

1. 知识目标

1）了解多媒体、多媒体技术、多媒体计算机等相关概念。

2）掌握计算机的发展历史。

3）掌握多媒体计算机的发展历程。

4）理解多媒体文化、网络文化及计算机文化的内涵。

2. 能力目标

1）能够解释多媒体计算机的相关概念和基本特点。

2）能够阐述多媒体计算机文化及其对社会产生的影响。

3）能够用图谱的方式描述计算机及多媒体计算机的发展历程。

3. 素质目标

1）培养学习者的信息素养。

2）能综合分析和归纳所学的知识。

3）能对项目过程进行自我的评价和判断。

【项目导图】

【知识讲解】

1.1　多媒体计算机的发展历程

1.1.1　计算机的诞生与发展

1946 年 2 月，世界上第一台计算机 ENIAC（Electronic Numerical Integrator and Computer）诞生于美国宾夕法尼亚大学。它使用了 1 800 个电子管，10 000 只电容和 7 000 个电阻，占地 170m²，重达 30t，耗电 150kW，每秒可进行 5 000 次加、减法运算，价值 40 万美元。当时它的设计目的是为美国陆军弹道实验室解决弹道特性的计算问题。虽然它无法同现今的计算机相比，但在当时，它可把计算一条发射弹道的时间缩短到 30s 以下，使工程设计人员从繁重的计算中解放出来，这在当时是一个伟大的创举，它开创了计算机的新时代。

自第一台计算机诞生以来，每隔数年，计算机在软、硬件方面就会有一次重大的突破，至今计算机的发展已经历了四代。

1. 电子管计算机时代（1946—1955）

从 1946 年至 1955 年，一些著名的计算机陆续出现，其用途已从军事领域进入到为公众服务领域。第一代计算机的主要特征是：使用电子管为逻辑元件；内存储器从使用水银延迟线或静电存储器发展到采用磁芯，外存储器有纸带、卡片、磁带等；运算速度可达到每秒几千次到几万次；程序设计语言使用的是二进制码表示的机器语言和汇编语言。第一代计算机的体积都比较庞大，造价很高，速度低，主要用于科学计算。

2. 晶体管计算机时代（1955—1964）

1955 年，第一台全晶体管计算机问世。从 1958 年开始，以 IBM 公司的 7000 系列为代表的全晶体管计算机成为第二代计算机的主流产品。第二代计算机的主要特征是：采用晶体管；用磁芯做主存储器，用磁盘或磁带做外存储器；运算速度达到每秒几十万次；程序设计语言也在这一时期取得了较大发展，如 ALGO 60、Fortran、COBOL 等都相继投入使用。程序的编制也较第一代计算机方便，增强了通用性，因而计算机的应用也扩展到事务管理及工业控制等领域。

3. 集成电路计算机时代（1964—1970）

1964 年，美国 IBM 公司公布了采用集成电路制造的 System/360 系列计算机，同时开发了提供该系列机使用的 OS/360 操作系统。系列机内的低档机向高档机升级时，原有的操作系统与应用软件可继续使用，这使 360 系列机成为第三代计算机的主流产品。第三代计算机的特征是：用中、小规模集成电路代替了分立的晶体管元件；内存开始使用半导体存储器，计算速度可达到几十万次到几百万次，个别的可达到 1 000 万次。内存容量可达到兆字节。这一时期对计算机的设计提出了系列化、通用化和标准化的要求，例如，将系列机扩展到大、中、小型以适应不同层次的需要；在硬件设计中采用标准的半导体存储芯片和输入输出接口部件，在软件设计中提倡模块化和结构化设计。这样不但降低了计算机的成本，而且还扩大了计算机的应用范围。

4. 大规模集成电路计算机时代（1971 年至今）

1972 年，英特尔公司研制出第一代微处理器，它集成了 2 250 个晶体管组成的电路，这标志着计算机的发展已进入到大规模集成电路的应用时代。大规模集成电路的应用是第四代计算机的基本特征，在这一代计算机上采用集成度更高的半导体芯片做存储器，计算机的速度可以达到每秒几百万次到上亿次。操作系统不断完善，应用软件层出不穷。计算机系统结构方面的发展主要包括分布式计算机、并行处理技术和计算机网络等。此时，计算机的发展进入了以计算机网络为特征的时代。

微处理器的发展大大地推动了计算机的发展，现在的计算机已经呈现出多极化、网络化、多媒体化和智能化等特征。

1.1.2 多媒体计算机的出现与发展

多媒体技术最早起源于 20 世纪 80 年代中期。1984 年，美国苹果（Apple）公司首先在 Macintosh 机上引入位图（Bitmap）等技术，并提出了视窗和图标的用户界面形式，使计算机完成了从文字到视图，从黑白到彩色的历史性跨越。紧接着，美国 Commodore 公司在 1985 年推出了世界上第一台真正的多媒体系统 Amige。这套系统具有功能完备的视听处理能力、大量丰富的实用工具以及性能优良的硬件，是多媒体计算机的第一次亮相。此后，多媒体计算机系统不断发展、完善。

1986 年，荷兰飞利浦（Philips）公司和日本索尼（Sony）公司联合推出了交互式紧凑光盘系统 CD-I，它将高质量的声音、文字、计算机程序、图形、动画及静止图像等以数字的形式存储在 650MB 的只读光盘上。用户可以通过读取光盘上的数字化内容来进行播放。大容量光盘的出现为存储表示文字、声音、图形、视频等高质量的数字化媒体提供了有效的途径。

1987 年，RCA 公司首次公布了交互式数字视频系统（Digital Video Interactive，DVI）技术的科研成果。它以计算机技术为基础，用标准光盘片来存储和检索静止图像、动态图像、音频和其他数据。1988 年，英特尔公司购买其技术，并于 1989 年与 IBM 公司合作，在国际市场上推出了第一代 DVI 技术产品，于 1991 年推出了第二代 DVI 技术产品。

随着多媒体技术的迅速发展，特别是多媒体技术向产业化发展，为了规范市场，使多媒体计算机进入标准化的发展时代，1990 年，由微软（Microsoft）公司会同多家厂商成立了"多媒体计算机市场协会"，并制定了多媒体个人计算机的第一个标准（MPC-1）。MPC-1 规定了多媒体计算机系统应具备的最低标准。

1991 年，在第六届国际多媒体和 CD-ROM 大会上宣布了扩展结构系统标准 CD-ROM/XA，从而填补了原有标准在音频方面的缺陷。经过几年的发展，CD-ROM 技术日趋完善和成熟。而计算机价格的下降，为多媒体技术的实用化提供了可靠的保证。

1992 年，多媒体计算机市场协会正式公布 MPEG-1 数字电视标准，它是由动态图像专家组（Moving Picture Experts Group，MPEG）开发制定的。MPEG 系列的其他标准还有MPEG-2、MPEG-4、MPEG-7 和 MPEG-21。

1993 年，多媒体计算机市场协会又推出了 MPC（多媒体个人计算机）的第二个标准，其中包括全动态的视频图像，并将音频信号数字化的采集量化位数提高到 16 位。

1995 年 6 月，多媒体个人计算机市场协会又宣布了新的多媒体计算机技术规范 MPC 3.0。事实上，随着应用要求的提高，多媒体技术的不断改进，多媒体功能已成为新型个人计算机的基本功能，MPC 的新标准也无继续发布的必要性。

1992 年，微软公司推出了真正的多媒体操作系统 Windows 3.1。后来出现了更高版本的Windows 操作系统，如 Windows 95、Windows 97、Windows 2000、Windows XP 等，目前的最新版本是 Windows 7。多媒体个人计算机具有的多媒体功能越来越强大，已成为个人计算机（PC）的主流，标志着 PC 已经进入了多媒体时代。

1.1.3 多媒体计算机的发展趋势

多媒体技术是顺应信息时代的需要而出现的多学科交汇的技术，它能促进和带动新产业的形成和发展，能在多领域中广泛应用。多媒体技术正朝着标准化、高分辨率化、高速度化、简单化、高维化和智能化的方向发展。多媒体计算机的发展趋势是计算机支持协同工作（Computer Supported Collaborative Work，CSCW）环境；增加计算机的智能，如文字和语音的识别和输入、自然语言理解和机器翻译、图形的识别和理解、机器人视觉和计算机视觉、知识工程以及人工智能；融合多媒体和通信技术到 CPU 芯片中等。

1. 计算机支持的协同工作环境的完善

CSCW 是一个非常热门的研究课题。由于 CSCW 是一个跨学科的研究领域，它涉及计算机科学、信息科学、社会学、心理学及人类学等多个学科，主要探讨如何利用各种计算机技术设计出支持协同工作的信息系统。

由于 CSCW 系统具有能够适应信息化社会中人们工作方式的群体性、交互性、分布性和协作性的特点，因此它发展得特别迅速。目前世界上很多研究者正在从事 CSCW 系统的有关研究工作。CSCW 系统具有非常广泛的应用领域，它可以应用于远程医疗诊断系统、远程教育系统、远程协同编著系统、远程协同设计制造系统以及军事应用中的协同指挥和协同训练系统等。计算机支持协同工作环境可以缩短时间和空间的距离。以清华大学的分布式协同编著系统（TH-DMCW）为例，处在不同地点的人员，可以在该分布式协同编著系统中共同完成编辑工作，协同编辑窗口中的内容是所有参加会议的人员都能看到的，发言人可以在私人编辑窗口中完成准备工作，然后将发言稿提交到协同编辑窗口中。

2. 智能多媒体技术的应用

多媒体计算机充分利用了计算机的快速运算能力，综合处理声、文、图信息，用交互性弥补计算机智能的不足。多媒体计算机进一步的发展就应该是增加计算机的智能，如文字的识别和输入、汉语语音的识别和输入、自然语言理解和机器翻译、图形的识别和理解、机器人视觉和计算机视觉、知识工程以及人工智能的一些课题。

目前，国内有的单位已经初步研制成功了智能多媒体数据库，其核心技术是将具有推理功能的知识库与多媒体数据库结合起来形成智能多媒体数据库。另一个重要的研究课题是多媒体数据库基于内容检索技术，它需要把人工智能领域中的高维空间的搜索技术、视音频信息的特征抽取和识别技术、视音频信息的语义抽取问题以及知识工程中的学习、挖掘及推理等问题应用到基于内容检索技术。

总之，把人工智能领域某些研究课题和多媒体计算机技术很好地结合，就是多媒体计算机长远的发展方向。

3. 多媒体信息实时处理和压缩编码算法在 CPU 芯片中的集成

计算机产业的发展趋势应该是把多媒体和通信的功能集成到 CPU 芯片中。过去计算机结构设计较多地考虑计算功能，主要用于数学运算及数值处理，最近几年随着多媒体技术和网络通信技术的发展，需要计算机具有综合处理声、文、图信息及通信的功能。

为了使计算机能够实时处理多媒体信息，对多媒体数据进行压缩编码和解码，最早的解决办法是采用专用芯片，设计制造专用的接口卡。最佳的方案是把上述功能集成到 CPU 芯片中。从目前的发展趋势看，这种芯片可以被分成两类：一类是以多媒体和通信功能为主，融合 CPU 芯片原有的计算功能，其设计目标是用在多媒体专用设备、家电及宽带通信设备中，以取代这些设备中的 CPU 及大量 ASIC 和其他芯片；另一类是以通用 CPU 计算功能为主，融合多媒体和通信功能，其设计目标是与现有的计算机系列兼容，同时具有多媒体和通信功能，主要用在多媒体计算机中。

1.2　多媒体技术基础

1.2.1　多媒体技术的基本概念

1. 媒体

媒体（Media）是指承载信息的载体，是信息的表现形式。在计算机领域中，媒体有两种含义：一种是指用以存储信息的实体，如磁带、磁盘、光盘和半导体存储器等；另一种是指信息的载体，如数字、文字、声音、图形和图像。多媒体计算机技术中的媒体是指后者。

国际电话与电报咨询委员会（CCITT）将媒体分为感觉媒体、表示媒体、显示媒体、存储媒体和传输媒体。感觉媒体主要是图形、图像、动画、语音、声音、音乐等；表示媒体通常以图像编码、声音编码的形式来描述，它定义了信息的特征，如 ASCII 码、图像编码、声音编码等；显示媒体主要是指表达用户信息的物理设备，如键盘、鼠标、传声器、屏幕、打印机等；存储媒体主要是指存储数据的物理设备，如软盘、硬盘、光盘等；传输媒体主要是指传输数据的物理设备，如网络等。

在多媒体技术中所说的媒体一般是指感觉媒体。感觉媒体通常又分为视觉类媒体、听觉类媒体和触觉类媒体 3 种。视觉类媒体包括图像、图形、符号、视频、动画等；听觉类媒体包括话音、音乐和音响；触觉类媒体通过直接或间接与人体接触，使人能感觉到对象位置、大小、方向、方位、质地等性质。

2. 多媒体

多媒体译自英文 Multimedia，该词由 Multi（多）和 Media（媒体）复合而成，而对应词是单媒体 Meltimedia。国际电信联盟对多媒体含义的表述是：使用计算机交互式综合技术和数字通信网络技术处理多种表示媒体（如文本、图形、视频和声音等），使多种信息建立逻辑连接，集成为一个交互系统。日常生活中媒体传递信息的基本元素是声音、文字、图形、图像、动画、视频等，这些基本元素的组合就构成了我们平常接触的各种信息。

在计算机领域中，多媒体是指融合两种或两种以上媒体的人-机互动的信息交流和传播媒体。这些媒体包括文字、图像、声音、视像和动画等。这个定义有如下含义：

1）多媒体是信息交流和传播媒体。从信息传播这个意义上说，多媒体和电视、报纸、杂志等媒体的功能是一样的。

2）多媒体是人-机交互媒体。这里所指的"机"，主要是指计算机，或者是由微处理器控制的其他终端设备。计算机的一个重要特性是"交互性"，使用它容易实现人-机交换功能，这是多媒体和电视、报纸、杂志等传统媒体不大相同的地方。

3）多媒体信息都是以数字的形式，而不是以模拟信号的形式存储和传输的。可见，多媒体是有两种或两种以上媒体的有机集成体，但多媒体不仅是指多种媒体本身，而且包含处理和应用它的一整套技术，因此，"多媒体"与"多媒体技术"是同义词。

3. 多媒体技术

通常多媒体技术是指把文字、音频、视频、图形、图像、动画等多媒体信息通过计算机进行数字化采集、获取、压缩或解压缩、编辑、存储等加工处理，再以单独或合成形式表现出来的一体化技术。其实质是将自然形式存在的媒体信息数字化，然后利用计算机对这些数字信息进行加工，以一种最友好的方式提供给使用者使用。

多媒体使用具有划时代意义的"超文本"思想与技术，组成了一个全球范围的超媒体空间，通过网络和多媒体计算机，人们表达、获取和使用信息的方式和方法已产生了重大变革，对人类社会也产生了长远和深刻的影响。

（1）超文本

1965 年，德特·纳尔逊（Ted Nelson）在计算机上处理文本文件时，想到一种把文本中遇到的相关文本组织在一起的方法，让计算机能够响应人的思维，以及能够方便地获得所需要的信息，他为这种方法杜撰了一个词——Hypertext（超文本）。实际上，这个词的真正含义是"链接"，用来描述计算机中的文件的组织方法，后来人们把用这种方法组织的文本称为"超文本"。

超文本是包含指向其他文档或文档元素的指针的电子文档。与传统的文本文件相比，它们之间的主要差别是，传统文本是以线性方式组织的，而超文本是以非线性方式组织的。这里的"非线性"是指文本中遇到的一些相关内容通过链接组织在一起，用户可以很方便地浏览这些相关内容。这种文本的组织方式与人们的思维方式和工作方式比较接近。

超文本的概念可用图 1-1 来说明。超文本中带有链接关系的文本通常用下画线和不同的颜色表示。图

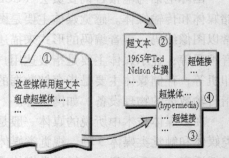

图 1-1　超文本

1-1 中页面①中的"超文本"与页面②建立链接关系，页面①中的"超媒体"与页面③建立链接关系，页面③中的"超链接"与页面④建立链接关系，……这种文件就被称为超文本文件。

超链接是两个对象或文档元素之间的定向逻辑链接，也被称为热链接或超文本链接。对象或文档元素通常是指一个词、短语、符号、图像、声音文件、影视文件或其他文件。实际上，超链接是一个对象指向另一个对象的指针，建立互相链接的这些对象不受空间位置的限制，可以是同一个文件、不同的文件或世界上任何一台联网计算机上的文件。这些带指针的对象或元素通常具有下画线或不同的颜色，用户可以用鼠标单击带有链接的对象以显示被链接的对象。

（2）超媒体

超媒体是超文本的扩展，是由文字、声音、图形、图像或电视等媒体元素相互关联的媒体，用户可以方便地浏览与主题相关的内容。超媒体试图提供一种符合人类思维习惯的工作和学习环境。

超媒体与超文本之间的不同之处是，超文本主要是以文字的形式表示信息，建立的链接关系主要是文句之间的链接关系。超媒体除了使用文本外，还使用图形、图像、声音、动画或影视片段等多种媒体来表示信息，建立的链接关系是文本、图形、图像、声音、动画和影视片段等媒体之间的链接关系。

可见，多媒体技术是一种基于计算机的综合技术，包括数字信号处理技术、音频和视频压缩技术、计算机硬件和软件技术、人工智能和模式识别技术、网络通信技术等。它包含了计算机领域内较新的硬件技术和软件技术，并将不同性质的设备和媒体处理软件集于一体，以计算机为中心综合处理各种信息。

简而言之，利用计算机交互式综合处理多种媒体信息——文本、图形、图像、声音、动画和视频，使多种信息建立逻辑连接，集成为一个系统并具有交互性的技术就是多媒体技术，或称为多媒体计算机技术。同样，能够对声音、图像、视频等多媒体信息进行综合处理的计算机即为多媒体计算机。

1.2.2　多媒体技术的特征

与传统的计算机技术相比，多媒体技术从本质上具有多样性、集成性、实时性、数字化及交互性，这也是它区别于传统计算机系统的特征。

1. 多样性

计算机中信息的表达不再局限于文字和数字，而是通过广泛采用图像、图形、视频、音频等信息形式来表达思想。与传统的计算机技术只能产生和处理文字、图形及动画相比较，多媒体技术显然更生动、更活泼、更自然。

2. 集成性

集成性包括两个方面：一方面是媒体信息的集成，即文字、声音、图形、图像、视频等的集成。在众多信息中，每一种信息都有自己的特殊性，同时又具有共性，多媒体信息的集成处理把信息看成一个有机的整体，采用多种途径获取信息、统一格式存储信息、组织与合成信息，对信息进行集成化处理。另一方面是显示或表现媒体设备的集成，即多媒体系统不仅包括计算机本身，而且包括像电视、音响、摄像机、DVD 播放机等设备，把不同功能、不同种类的设备集成在一起使其共同完成信息处理工作。

3. 实时性

实时性是指在多媒体系统中，声音及活动的视频图像是强实时的，多媒体系统需提供对这些与时间密切相关的媒体实时处理的能力。

4. 数字化

数字化是指多媒体系统中的各种媒体信息都以数字形式存储在计算机中。

5. 交互性

交互性是多媒体技术的关键特征，没有交互性的系统就不是多媒体系统，例如，看电视、听广播，人们只能被动地接受信息，没有交互能力，因此，电视和广播不是多媒体系统。如果将电视技术具有的声音、图像、文字并茂的信息传播能力，通过多媒体技术与计算机结合起来，产生交互功能，从而形成全新的信息传播能力，这就组成了多媒体系统。多媒体系统向用户提供交互使用、加工和控制信息的手段，为应用开辟了更加广阔的领域，也为用户提供了更加方便的信息存取手段。交互可以增加对信息的注意力和理解力，延长信息的保留时间，但在单向的信息空间中，这种接受的效果和作用就很差，只能使用所提供的信息，很难做到自由地控制和干预信息的获取和处理过程。

多媒体信息在人机交互中的巨大潜力，主要来自于它能提高对信息表现形式的选择和控制能力，同时也能提高信息表现形式与人的逻辑和创造能力结合的程度。多媒体信息比单一信息对人具有更大的吸引力，有利于人对信息的主动探索而不是被动接受。在动态信息和静态信息之间，人更倾向于前者。多媒体信息所提供的种类丰富的信息源，恰好能满足人们这方面的需要。

1.2.3 多媒体关键技术的发展

1. 流媒体技术

流媒体是从英文 Streaming Media 翻译过来的，是一种可以使音频、视频和其他多媒体信息能够在 Internet 及 Intranet 上以实时的、无须下载等待的方式进行播放的技术。

目前，在网络上传输音频、视频等要求较高带宽的多媒体信息，主要有下载和流式传输两种方案。下载方式的主要缺点是用户必须等待所有文件都传送到位，才能够利用软件播放。随着互联网的普及和多媒体技术在互联网上的应用，迫切要求能解决实时传送视频、音频、计算机动画等媒体文件的技术，因此流式传输就应运而生了。通俗地讲，流式传输就是在互联网上的音、视频服务器将声音、图像或动画等媒体文件从服务器向客户端实时连续传输，用户不必等待全部媒体文件下载完毕，而只需延迟几秒或十几秒，就可以在用户的计算机上播放，而文件的其余部分则由用户的计算机在后台继续接收，直至播放完毕或用户中止。这种技术使用户在播放音、视频或动画等媒体的等待时间减少，而且不需要太多的缓存。

流媒体技术的出现，使得在窄带互联网中传播多媒体信息成为可能，是一种解决多媒体播放时带宽问题的"软技术"。这是融合了很多网络技术之后所产生的技术，涉及流媒体数据的采集、压缩、存储、传输和通信等领域。

2. 虚拟现实技术

虚拟现实是一项与多媒体密切相关的边缘技术，它通过综合应用计算机图像处理、模拟与仿真、传感、显示系统等技术和设备，以模拟仿真的方式，给用户提供一个真实反映操作对象变化与相互作用的三维图像环境，从而构成一个虚拟世界，并通过特殊的输入、输出设备，提供给用户一个与该虚拟世界相互作用的三维交互式用户界面。

虚拟现实技术结合了人工智能、计算机图形技术、人机接口技术、传感技术及计算机动画等多种技术，它的应用包括模拟训练、军事演习、航天仿真、娱乐、设计与规划、教育与培训、商业等领域，其发展潜力不可估量。

1.3　多媒体计算机文化

随着计算机的诞生和日益普及，从 20 世纪 80 年代初一种新的文化——计算机文化开始逐渐形成。进入 20 世纪 90 年代以后，随着多媒体技术和 Internet 的日益普及，网络文化和多媒体文化出现了。所谓文化，通常有两种理解：第一种是一般意义上的理解，即只要是能对人类的生活方式产生广泛而深刻影响的事物都属于文化，如饮食文化、茶文化、汽车文化等；第二种是严格意义上的理解，即应当具有信息传递和知识传授功能，并对人类社会从生产方式、工作方式、学习方式到生活方式都产生广泛而深刻影响的事物才能称得上是文化，如语言文字的应用、计算机的日益普及和 Internet 的迅速扩展，计算机文化、网络文化和多媒体文化都属于这一类。

1.3.1　计算机文化

1. 计算机文化的内涵

"计算机文化"这个术语源于 1972 年阿特·鲁赫曼（Art Luhrmann）发表的一篇会议论文"Should the Computer Teach the Student, or Vice-Versa?"。该文介绍并定义了"computing literacy"。其后，人们开始使用"computer literacy"来指代计算机文化，而不是"computing literacy"。直到 1981 年，他协助创建的出版公司正式命名为 Computer Literacy Press。1981 年在瑞士洛桑召开的第三次世界计算机教育大会上，前苏联学者伊尔·肖夫首次提出："计算机程序设计语言是第二文化"这个不同凡响的观点，几乎得到所有与会专家的支持。从此以后，"计算机文化"的说法就在世界各国广为流传。

所谓计算机文化，就是人类社会的生存方式因使用计算机发生根本性变化而产生的一种崭新文化形态。这种崭新的文化形态可以体现为：

1）计算机理论及其技术对自然科学、社会科学的广泛渗透表现的丰富文化内涵。

2）计算机的软、硬件设备，作为人类所创造的物质设备丰富了人类文化的物质设备品种。

3）计算机应用介入人类社会的方方面面，从而创造和形成的科学思想、科学方法、科学精神、价值标准等成为一种崭新的文化观念。

2. 计算机文化的社会特征

计算机的普及和计算机文化的形成及发展，对社会产生了深远的影响。网络技术的飞速发展，使计算机成为人们获取信息、享受网络服务的重要来源。随着网络经济时代的到来，人们对计算机及其所形成的计算机文化，有了更全面的认识。

（1）信息高速公路的形成

1993 年 9 月，美国政府发表了"国家信息基础设施行动日程"（National Information Infrastructure：Agenda for Action），即美国信息高速公路计划或称 NII 计划。按照这一日程，美国计划在 1994 年把 100 万户家庭联入高速信息传输网，至 2000 年联通全美的学校、医院和图书馆，最终在 10 ~ 15 年内（即 2010 年以前）把信息高速公路的"路面"——大容量的高速光纤通信网，延伸到全美 9 500 万个家庭。NII 计划宣布后，也受到世界各国（包括许多发展中国家）的高度重视。很多国家也开始研究 NII 计划，并制订和提出本国的对策。网络系统是 NII 计划的基础。早在 1969 年，美国就建成了第一个国家级的广域网——ARPAnet。随着网络技术的发展和计算机的普及，以计算机为主体的局域网有了很大的发展。目前，世界上最大的计算机网络——Internet 网（常称为"因特网"）就是在 ARPAnet 的基础上，由 35 000 多个局域网、城域网和国家网互联而成的一个全球网络。Internet 已把全世界 190 多个国家和地区的几千万台计算机及几千万的用户连接在一起，网上的数据信息量每月以 10% 以上的速度递增。仅以电子邮件（Electronic Mail 或 E-mail）为例，每天就有几千万人次使用 Internet 的 E-mail 信箱。NII 计划的提出，给未来的信息社会勾勒出了一个清晰的轮廓，而 Internet 的扩大运行，也给未来的全球信息基础设施提供了一个可供借鉴的原型，信息化社会的雏形已开始显现。

（2）信息化社会的出现

信息化社会的主要特征已经出现。

1）信息成为重要的战略资源。信息技术的发展，使人们日益认识到信息在促进经济发展中的重要作用。信息被当作一种重要的战略资源。一个企业如果不实现信息化，就很难增加生产，提高与其他企业的竞争能力；一个国家如果缺乏信息资源，又不重视信息的利用和交换能力，就只能是一个贫穷落后的国家。目前，信息产业与工业、农业、服务业并列为四大产业，上升为一个国家最重要的产业之一。

2）信息网络成为社会的基础设施。随着 NII 计划的提出和 Internet 网的扩大运行，"网络就是计算机"的思想已深入人心。因此，信息化不单是让计算机进入普通家庭，更重要的是将信息网络联通到千家万户。如果说供电网、交通网和通信网是工业社会中不可缺少的基础设施，那么信息网的覆盖率和利用率，理所当然地将成为衡量信息社会是否成熟的标志。

1.3.2　网络文化

1. 网络文化的内涵

概括来说，网络文化是人们使用计算机网络进行通信、工作、娱乐和从事商业活动的技能和体现的思想行为。网络文化是在日益发达的计算机网络和相关软件的基础上形成的，是社会与信息科学和信息技术相融合的产物。

《英汉多媒体技术辞典》（第 2 版）对网络文化也作了比较具体的解释，网络文化定义为群体成员在计算机网络上进行通信或社交的行为、信仰、风俗、习惯和礼节等，一个群体的网络文化可以与另一个群体的网络文化截然不同。这里所说的群体是指虚拟群体，他们是使用通信网络而不是面对面进行交流的一群人，如通过网络电话、电子邮件、聊天室、论坛、即时通信等软件，使用文字、声音、图像、视频等多种媒体进行交流而构成的群体。

2. 网络文化的表现形式

网络文化和传统文化都是文化，它们的区分通常是用人们的思想和行为是否通过计算机网络来体现，并有各种不同的软件来支持。网络文化的表现形式多种多样。现举以下几个例子并加以说明。

（1）电子公告板

电子公告板系统（Bulletin Board System，BBS）是20世纪70年代出现的装有网络通信软、硬件的计算机系统，作为远程用户的信息传送服务中心，配置有网络通信软、硬件的任何计算机终端都可以访问它。BBS着眼于用户感兴趣的信息资源的交流和特定主题的论坛。现在的许多BBS允许用户联机聊天、上传和下载文件、发送电子邮件和访问因特网。许多软件和硬件公司都为其客户运行专门的BBS，提供的服务包括销售、技术支持、软件升级和修补程序等。BBS提供的访问可以是免费的，也可以是收费的，或者是两者相结合。

（2）网络日志

网络日志（Blog）是Weblog的简写，也称为博客。博客是用于表达作者或Web站点个性的共享在线杂志。网络日志以网页形式出现，张贴的文章简短且经常更新，并按年月日的倒序编排。网络日志的内容广泛，如提供对其他网站的评论和链接、公司或个人的新闻、照片、诗歌和散文等。读、写或编辑网络日志的行为称为blogging，编写和维护网络日志的个人称为博客或微博客。

（3）即时通信工具

即时通信工具是允许多个用户用计算机通过本地网络或因特网收发信息以实现实时交谈的程序。有些即时通信工具不仅可以通过文字，还可以通过语音和视频实现"面对面"的交谈。

（4）网络游戏

网络游戏是在计算机网络上进行的游戏，可以两个人玩，也可以多个人同时玩。

（5）电子商务

电子商务是指通过计算机网络进行商业活动，可以通过在线信息服务、因特网或电子公告板系统进行，也可以通过电子数据交换系统（EDI）进行。

（6）社会化网络服务

为有共同兴趣和行为的人构建在线群体（如同学、朋友、亲人等）的网络服务。

3. 网络文化的基本特征

从网络文化的基本特征入手进行研究，有助于我们全面、深刻地认识网络文化，促进网络文化的可持续发展。概括地说，网络文化具有补偿性、极端性和大众性等三大特征。

（1）网络文化的补偿性

互联网是有着巨大吸引力的虚拟空间。在这里，人们可以发表自己的意见，贡献自己的聪明才智，充分展现自己的闪光点，相互交流、相互帮助，获得尊重、友情和自我价值的实现。对于很多人来说，现实生活中难得有这样的机会。因此，网络文化具有补偿性特征。正是由于这种原因，网络成为一种社会"安全阀"，为社会各阶层的利益诉求和情绪宣泄提供了一个很好的渠道，客观上起到化解情绪、缓和矛盾的作用。人们通过在网上发泄，来补偿难以实现的愿望，从而获得心理上的平衡和满足感。

（2）网络文化的极端性

社会心理学家认为，通过群体讨论，无论最初的意见是哪一种倾向，其观点都会被强化，称为群体极化效应。人们普遍有着从众倾向，并希望自己表现得更加突出，于是在不知不觉中把原有的观点推向极端化。网络具有的实时性、互动性和开放性的特点，能在极短的时间内，将数量巨大的人群召集到讨论之中。人们相互讨论、逐步强化，产生了极其强大的群体极化效应。

互联网放大了个体行为影响，聚合了个体行为能量。原本一些分散在各处、被社会忽略的少数人聚集起来，形成了小的群体，并有着不断增大的趋势。网络文化的极端性特征，可以迅速把"善"放到最大，有利于促进社会公德、推动制度完善。

（3）网络文化的大众性

网络文化是"草根文化"，有着很强的大众性。从互联网上可以及时搜集到大量信息，使得少数人对信息和知识的垄断难以为继。人们不再仰视专家和学者，而是将他们的观点与自己掌握的知识进行比较、分析，从新的角度提出自己的看法。

网络文化的大众性，使之成为提升人类智慧的重要途径。通过网络构筑整个社会的神经系统，将相互分离的个别人的智慧，转化为更高层次的组织智慧、国家智慧和人类智慧。维基百科（http://wikipedia.jaylee.cn/）就是一个很好的例子。它让每个人都成为百科全书的编撰者，贡献出自己在某一领域的专门知识。维基百科收录的词条数，是大英百科全书的 15 倍。与大英百科全书相比较，维基百科容量更大，更具时效性，而且在许多主题上更加深刻。

1.3.3 多媒体文化

多媒体技术对社会产生的深刻影响让人们看到了它所具有的文化属性，并出现了"多媒体文化"一词。但是目前还没有哪个词典或文献对"多媒体文化"在"社会群体思想和行为"方面的影响做过定义。在林福宗编著的《多媒体文化基础》一书中，对"多媒体文化"做了这样的界定："多媒体文化是使用多媒体计算机、网络和多媒体软件的技能，包括演示、创作和发行组合文字、图形、图像、声音和视像的多媒体文档"。从这个定义中看，多媒体文化主要被限定在了"技能"领域。

【项目实施】

1. 实施条件

该项目要求学习者具备一定的信息素养，能够利用图书和相关文献，主要是利用网络查找完成项目所需的信息，并能综合分析和运用所获得的信息对多媒体计算机的发展历程进行描述。

2. 实施方式

学习者可以通过手工的方式绘制，形式上可以是表格或者图文结合的方式。有一定软件应用基础的学习者可以利用一些常用软件绘制多媒体计算机发展的时间图谱。

3. 实施步骤

（1）知识学习

仔细阅读教材，了解多媒体计算机的发展过程，找出关键词，如计算机发展、多媒体技术、多媒体计算机的发展、多媒体计算机的发展趋势等。

（2）信息收集

利用网络搜索引擎，通过查找关键字获取信息，例如，在百度（http://www.baidu.com）中输入关键字"多媒体计算机"进行搜索，如图1-2所示，查看并收集需要的资源。

图1-2 百度搜索引擎

（3）绘制发展主线

搜集整理信息，找出多媒体计算机发展的时间序列，并对每个时间点的标志性事件进行描述，如图1-3所示。

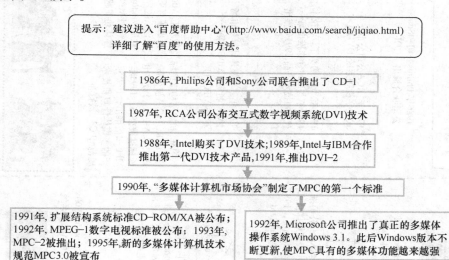

图1-3 多媒体计算机发展时间序列图

（4）围绕主线完善图谱

1）以多媒体计算机发展为核心，继续描述多媒体计算机的起源与发展趋势，例如，结合计算机和媒体的发展来描述起源；结合多媒体技术的应用领域、新技术的发展等来描述趋势。

2）用绘图或贴图的方式进一步完善图谱信息，例如，用简单的图形表示媒体内容或多媒体的特征，用图片说明多媒体计算机对社会生产方式、生活方式、工作方式的影响等，既能以直观的形式对图谱信息进行补充，也可以起到美化图谱的作用。

4. 项目示例——多媒体计算机发展图谱

多媒体计算机发展图谱如图1-4所示。

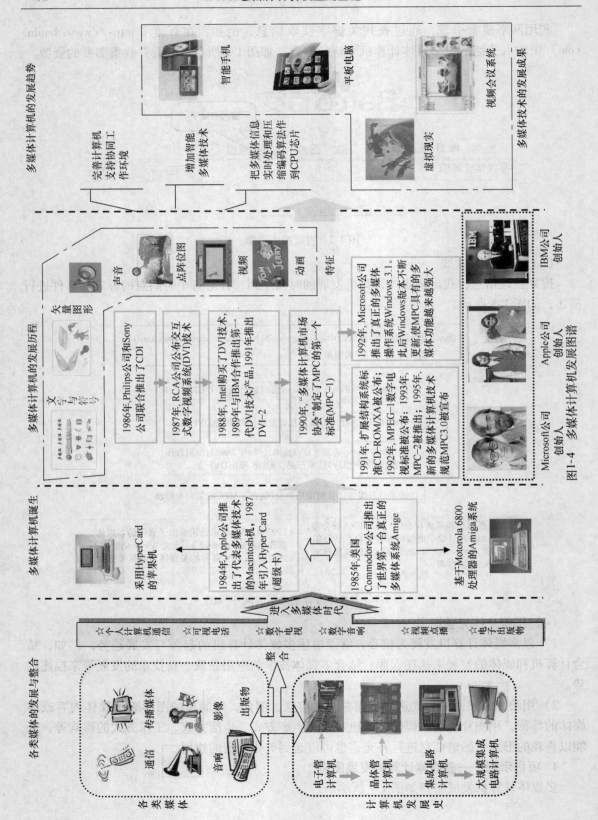

图1-4　多媒体计算机发展图谱

【项目考评】

本项目主要从图谱绘制过程逻辑的严密性、思维的延展性，信息呈现的科学性、完整性、丰富性等方面进行考评。考评的形式可以是自评，也可以由老师或者同学进行评价，详见表1-1。

表1-1　绘制多媒体计算机发展图谱考评表

项目名称：绘制多媒体计算机发展图谱

评价指标	评价要点	评价等级			
		优	良	中	差
图谱绘制的逻辑性	能根据时间的顺序将多媒体计算机发展史上标志性的事件顺序罗列				
图谱绘制的延展性	能将与多媒体技术发展相关的技术结合在图谱中，如计算机的发展、媒体的发展及多媒体计算机的发展趋势等				
信息呈现的科学性	所呈现的信息正确无误				
信息呈现的完整性	能尽可能多地展现与多媒体计算机发展相关的人物、事件、技术等信息				
信息呈现的丰富性	能用尽可能多样的信息呈现方式对项目进行简洁的描述，如图、表、连接线等				
总　　评	总评等级				
	评语：				

【项目拓展】

项目：绘制多媒体技术演变过程图谱

多媒体技术是当今信息技术领域发展最快、最活跃的技术。随着高速信息网络的日益普及，多媒体技术正被广泛地应用到咨询服务、医疗、教育、通信、军事、金融、图书等多个领域。了解多媒体技术的发展及应用，能帮助学习者更深入地理解多媒体技术带给人类社会的影响，进而理解我们的生活、工作和学习都与多媒体技术的发展和应用密不可分。

项目拓展要求学习者用表格清晰地描述多媒体技术发展过程中出现的主要技术、软硬件标准、机型或产品、相关特性及应用领域等，内容包括多媒体技术的发展阶段、主要技术、应用领域及发展趋势等方面。

项目思维导图如图1-5所示。

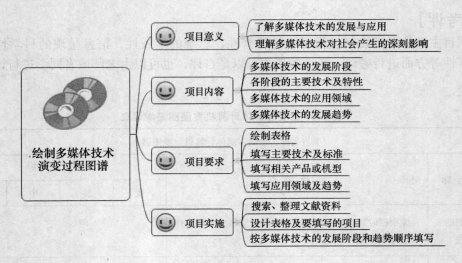

图 1-5　项目思维导图

【思考练习】

1. 你知道哪些多媒体产品，它们具有什么特性？

2. 多媒体计算机的发展过程中，哪些标志性的事件和技术使计算机具备了综合处理多种媒体信息的功能？

3. 多媒体计算机的出现和发展对人们的文化生活产生了哪些影响？

4. 计算机的发展经历了哪些时代？

5. 多媒体计算机的发展趋势是什么？

6. 什么是媒体？什么是多媒体？什么是多媒体技术？

7. 多媒体的特征是什么？

项目二 数制转换技巧

【项目分析】

在日常生活中，人们会遇到各种进制数相关的问题，如物体的重量、钱的数量等，其中用得最多的是十进制数。但在计算机的世界里，采用的则是二进制数，而在程序设计当中，还会用到如八进制、十六进制等其他进制数。

二进制是计算机内部数据的表示形式，是学习计算机课程的基础，二进制数据更容易用逻辑线路处理，更接近计算机硬件能直接识别和处理的电子化信息的使用要求。本项目主要是通过对进制数转换的学习，掌握进制数转换的原理，理解二进制数据在计算机中的作用；通过对字符编码的学习，理解计算机对字符的实际处理过程。了解计算机的数据表示和转换，为今后学习计算机相关专业课程打下基础。

【学习目标】

1. 知识目标

1）进制数的基本概念。

2）进制数之间转换的原理。

3）字符编码的基本概念和过程。

2. 能力目标

1）能熟练使用进制数转换原则进行进制转换。

2）了解字符在计算机内部编码的过程，并能进行字符 ASCII 编码的相互转换以及计算汉字点阵存储汉字所需的存储空间。

3. 素质目标

通过学习，认识计算机数据与现实生活数据表示的区别，理解计算机为了能实现数据的存储、处理和显示所采用的不同字符编码。

【项目导图】

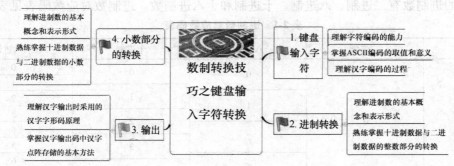

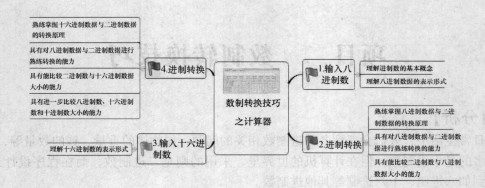

【知识讲解】

2.1　进制数的基本概念

将数字符号按序位排列成数位，并遵照某种由低到高进位的方法进行计数，来表示数值的方式，称做进位计数制，简称进制数。

进制数主要包含 3 个基本要素：数位、基数和位权。

数位——数码在数中所处的位置。

基数——在某种进制数中，每个数位所能使用数码的个数。

位权——在某种进制数中，每个数位上所代表数值的大小，这个固定的数值就是这种进制数中该数位上的位权。

例如日常生活中常用的十进制数，十进制数的基数为 10，每个数位上能取的数是 $0 \sim 9$，数码在不同的位置上有日常所说的个位、十位、百位、……，其中，个位的位权是 10^0，十位的位权是 10^1，百位的位权是 10^2，……，将一个十进制数按位权展开，让大家来理解这 3 个概念。

例如：

$$(325.68)_{10} = 3 \times 10^2 + 2 \times 10^1 + 5 \times 10^0 + 6 \times 10^{-1} + 8 \times 10^{-2}$$

数码　　　　位权

常用的进制数有二进制、八进制、十进制和十六进制数。进制数对应数码表见表 2-1。

表 2-1　进制数对应数码表

进制数	二进制	八进制	十进制	十六进制
数码	0	0	0	0
				1
			1	2
		1		3
			2	4
		2		5
			3	6
		3	4	7

（续）

进制数	二进制	八进制	十进制	十六进制
数码	1	4	5	8
				9
		5	6	A
				B
		6	7	C
			8	D
		7	9	E
				F

2.2　进制数转换原理

1. 十进制数转换成非十进制数

转换方法：从小数点开始分界，整数部分除以基数取余数，从下往上取；小数部分乘以基数取整数，从上往下取。

2. 非十进制数转换成十进制数

转换方法：非十进制数各位按位权展开求和。

3. 非二进制数（以八进制和十六进制为主）**转换成二进制数**

转换方法：从小数点开始分界，整数部分从右往左，小数部分从左往右，将每位八进制数转换成 3 位二进制数（每位十六进制数转换成 4 位二进制数）。对应的转换关系见表 2-2 和表 2-3。

表 2-2　八进制与二进制对应转换表

进制数	八进制	二进制
数码	0	000
	1	001
	2	010
	3	011
	4	100
	5	101
	6	110
	7	111

表 2-3　十六进制与二进制对应转换表

进制数	十六进制	二进制
数码	0	0000
	1	0001
	2	0010
	3	0011
	4	0100
	5	0101
	6	0110
	7	0111
	8	1000
	9	1001
	A	1010
	B	1011
	C	1100
	D	1101
	E	1110
	F	1111

4. 二进制数转换成非二进制数

转换方法：从小数点开始分界，整数部分从右往左，小数部分从左往右，将每 3 位二进制数转换成 1 位八进制数（每 4 位二进制数转换成 1 位十六进制数）。

2.3 字符编码

1. ASCII 编码

ASCII（American Standard Code for Information Interchange，美国标准信息交换码）是目前使用最普遍的字符编码，它是基于拉丁字母的一套计算机编码系统。

ASCII 编码有 7 位码和 8 位码两种形式，国际通用的是 7 位码。它第一次以规范标准的形态发表是在 1967 年，最后一次更新则是在 1986 年，至今共定义了 128 个字符，其中 0 ～ 32 号及第 127 号共 34 个是控制字符，33 ～ 126 号共 94 个是图形字符，在这中间，48 ～ 57 号是 10 个阿拉伯数字，65 ～ 90 号是 26 个大写英文字母，97 ～ 122 号为 26 个小写英文字母，其余的是标点符号、运算符等。

2. 汉字编码

汉字编码过程为汉字输入码、汉字国标码、汉字机内码、汉字字形码和汉字地址码。

（1）汉字输入码（外码）

汉字输入码是为了利用输入设备把汉字输入到计算机中而设计的一种编码，目前主要有 4 种类型：音码、形码、音形码和数字码。

（2）汉字国标码（GB 2312—80）

汉字国标码主要用于汉字信息的交换。GB 2312 码中共有 7 445 个字符符号，汉字符号 6 763 个，非汉字符号 682 个，其中，汉字字符又分为两级：一级汉字 3 755 个，二级汉字 3 008个。

（3）汉字机内码（内码）

汉字机内码是在计算机内部存储、处理的代码。汉字机内码的作用是统一各种不同的汉字输入码在计算机内部的表示，以方便计算机内汉字的处理。

（4）汉字字形码（输出码）

汉字字形码用于汉字的显示和打印，是汉字字形的数字化信息。汉字的字形有两种表示方式：点阵法和矢量表示法。对于使用点阵表示字形，需要占用存储空间，如 24×24 点阵，每个汉字需要 72 个字节，因为每个点表示 1 个二进制位，所以 $n \times n$ 点阵的每个汉字所占字节数为 $(n \times n)/8$。

（5）汉字地址码

汉字地址码是指每个汉字字形码在汉字字库中的相对位移地址。在汉字字库中，字形信息都是按一定顺序连续存放在存储介质上，所以汉字地址码也大多是连续有序的，并且与汉字机内码存在着简单的对应关系，以简化汉字机内码到汉字地址码的转换。

【项目实施】

项目 1：当人们敲击键盘时，实际上获取的是敲击字符所对应的 ASCII 编码，ASCII 编码实际上就是一个十进制数，而计算机内部只能识别二进制数，所以，系统会自动将 ASCII

编码的十进制数转换成二进制数，以便计算机内部进行识别和处理；当计算机内部的数据要输出显示时，系统需要将二进制数据转换成十进制数据，输出给用户看。

1. ASCII 编码对应的十进制数转换成非十进制数

【例2-1】 敲击键盘字符 A，它在计算机内部所对应的二进制值是多少呢？

【解答】 字符 A 对应的 ASCII 编码值是 65，这是一个十进制数，要求出它的二进制表示，实际上就是将十进制数转换成二进制数，根据转换方法，可以得出：

$$
\begin{array}{r|r|l}
2 & 65 & 1 \\
2 & 32 & 0 \\
2 & 16 & 0 \\
2 & 8 & 0 \\
2 & 4 & 0 \\
2 & 2 & 0 \\
2 & 1 & 1 \\
& 0 &
\end{array}
$$

最终，求出的字符 A 的二进制数为 1000001。

由此延伸，其他十进制数也可以转换成相应的二进制数。

【例2-2】 $(328.25)_{10}$ 转换成二进制数是多少？

【解答】 根据转换方法，将十进制数分成整数和小数两个部分分别求出转换结果，再进行结合。

整数部分： 小数部分：

$$
\begin{array}{r|r|l}
2 & 328 & \\
2 & 164 & 0 \\
2 & 82 & 0 \\
2 & 41 & 0 \\
2 & 20 & 1 \\
2 & 10 & 0 \\
2 & 5 & 0 \\
2 & 2 & 1 \\
2 & 1 & 0 \\
& 0 & 1
\end{array}
\qquad
\begin{array}{rl}
0.25 & \\
\times \quad 2 & \\
\hline
0.50 & 0 \\
\times \quad 2 & \\
\hline
1.00 & 1
\end{array}
$$

$(328)_{10} = (101001000)_2$ $\qquad$ $(0.25)_{10} = (0.01)_2$

将整数部分和小数部分的转换结果进行合并，得到最终结果：

$(328.25)_{10} = (101001000.01)_2$

> **提示：** 整数部分在除以基数取余数时，一直除到商为 0 为止；而小数部分，乘以基数取整数，一直乘到小数部分为 0 为止。

大家可以考虑十进制数转换成八进制或十六进制数。

【例2-3】 $(328.25)_{10}$ 转换成八进制数是多少？

【解答】

整数部分：　　　　　　　　　　　　　　小数部分：

$$
\begin{array}{r|r}
8 & 328 \\
8 & 41 \\
8 & 5 \\
& 0
\end{array}
\begin{array}{l}
\\ 0 \\ 1 \\ 5
\end{array}
\qquad
\begin{array}{r}
0.25 \\
\times \quad 8 \\
\hline
2.00
\end{array} \; 2
$$

$(328)_{10} = (510)_8$　　　　　　　　　　$(0.25)_{10} = (2)_8$

将整数部分和小数部分的转换结果进行合并，得到最终结果：

$(328.25)_{10} = (510.2)_8$

【例 2-4】 $(328.25)_{10}$ 转换成十六进制数是多少？

【解答】

整数部分：　　　　　　　　　　　　　　小数部分：

$$
\begin{array}{r|r}
16 & 328 \\
16 & 20 \\
16 & 1 \\
& 0
\end{array}
\begin{array}{l}
\\ 8 \\ 4 \\ 1
\end{array}
\qquad
\begin{array}{r}
0.25 \\
\times \quad 16 \\
\hline
4.00
\end{array} \; 4
$$

> **提示：** 十六进制数超出 10 的部分要用 A ~ F 的字母来表示。

$(328)_{10} = (148)_{16}$　　　　　　　　$(0.25)_{10} = (4)_{16}$

将整数部分和小数部分的转换结果进行合并，得到最终结果：

$(328.25)_{10} = (148.4)_{16}$

2. 非十进制数转换成十进制数

【例 2-5】 $(1011.11)_2$ 转换成十进制数是多少？

【解答】 根据转换方法，将非十进制数按相应的位权进行展开求和。

$(1011.11)_2 = 1 \times 2^3 + 0 \times 2^2 + 1 \times 2^1 + 1 \times 2^0 + 1 \times 2^{-1} + 1 \times 2^{-2} = (11.75)_{10}$

大家可以考虑八进制数或十六进制数转换成十进制数。

【例 2-6】 $(27.3)_8 = 2 \times 8^1 + 7 \times 8^0 + 3 \times 8^{-1} = (23.375)_{10}$

【解答】

$(3A.8C)_{16} = 3 \times 16^1 + 10 \times 16^0 + 8 \times 16^{-1} + 12 \times 16^{-2} = (58.546875)_{10}$

项目 2： 如图 2-1 所示的计算器具有进制转换的功能，它既可以将八进制、十六进制等非二进制数转换成二进制数，也可以将二进制数转换成非二进制数。

1. 非二进制数（以八进制和十六进制为主）**转换成二进制数**

【例 2-7】 $(27.3)_8$ 转换成二进制数是多少？

【解答】 根据转换方法，将每位八进制数转换成相应的 3 位二进制数，然后再组合起来。

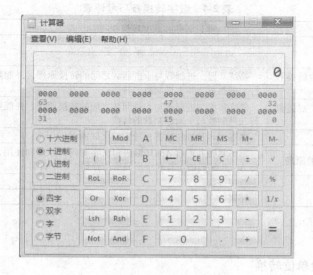

图 2-1　计算器

由于 2—010，7—111，3—011，

因此 $(27.3)_8 = (010111.011)_2 = (10111.011)_2$

> **提示：** 转换的数据头尾的零不影响最终结果，所以可以删除。

【例 2-8】　$(A3.C)_{16}$ 转换成二进制数是多少？

【解答】　根据转换方法，将每位十六进制数转换成相应的 4 位二进制数，然后再组合起来。

由于 A—1010，3—0011，C—1100，

因此 $(A3.C)_{16} = (10100011.1100)_2 = (10100011.11)_2$

2. 二进制数转换成非二进制数

方法与上面正好相反，在转换成八进制数时，每 3 位二进制数转换成相应的 1 位八进制数，然后再组合起来；而转换成十六进制数时，每 4 位二进制数转换成相应的 1 位十六进制数，然后再组合起来。

【例 2-9】　$(10111.101)_2$ 转换成八进制数是多少？转换成十六进制数是多少？

【解答】

$(\underline{10}\ \underline{111}.\ \underline{101})_2 = (0\ \underline{10}\ \underline{111}.\ \underline{101})_2 = (27.5)_8$

$(\underline{1}\ \underline{0111}.\ \underline{101})_2 = (\underline{0001}\ \underline{0111}.\ \underline{1010})_2 = (17.A)_{16}$

> **提示：** 当进行分组时，位数可能不够，可以在数值前后进行补 0，然后再进行转换。

【项目考评】

项目考评表见表 2-4。

表 2-4　数字转换技巧考评表

项目名称：数字转换技巧

评价指标	评价要点	评价等级			
		优	良	中	差
十进制数与非十进制数转换技巧	熟练掌握二进制数与十进制数之间的转换原理，并能熟练进行十进制数与非十进制数的转换				
二进制数与八进制数、二进制数与十六进制数转换技巧	熟练掌握二进制数与八进制数之间的转换原理，并能熟练进行二进制数与十六进制数的转换				
进制数据大小比较能力	熟练对各种进制数据比较它们之间的大小				
ASCII 编码和汉字编码的原理	熟练掌握并理解 ASCII 编码和汉字编码的原理和使用，能进行 ASCII 编码的运算和字形码所占存储空间的计算				
总　　评	总评等级				
	评语				

【项目拓展】

项目：重量计量单位转换

在学习二进制数与八进制数、十进制数、十六进制数的转换关系基础上，大家可以用相同的理论方法，实现十进制数与其他进制数的转换（如过去的重量计量单位是十六进制数，现在的重量计量单位是十进制数，可以实现两种重量计量单位的转换），以及二进制数与其他进制数的转换。项目思维导图如图 2-2 所示。

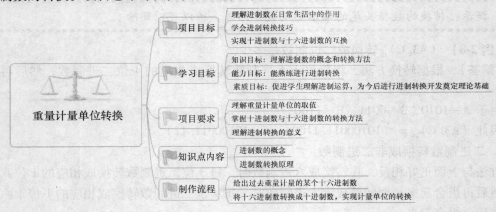

图 2-2　"重量计量单位转换"项目思维导图

【思考练习】

1. 请将十进制数 $(239.45)_{10}$ 转换成对应的二进制数、八进制数和十六进制数，同时考虑从数字的表示形式上谁大谁小。

2. 请将二进制数 $(1011011001.01101)_2$ 转换成对应的八进制数和十六进制数。

3. 如果采用 16×16 点阵表示汉字，请计算出存储 20 个汉字所需的字节数。

4. 如果已知字符 A 的 ASCII 编码值为 65，那么请问字符 H 的 ASCII 编码值是多少？你知道字符 D 和字符 a，哪个 ASCII 编码值更大？

5. 什么是进制数？常用的进制数有哪些？

6. 汉字编码具体有哪些？

项目三 安装使用多媒体计算机外部设备

【项目分析】

计算机是信息处理的重要工具，已基本普及到家庭或个人，了解计算机硬件的基本结构和安装方法，成为人们所迫切希望掌握的知识与技能。而随着扫描仪、打印机等计算机外部设备的广泛应用，以及我国信息化和办公自动化的普及，OCR 软件与扫描仪的搭配已应用到信息化时代的多个领域，如数字化图书馆、各种报表的识别，以及银行、税务系统票据的识别等。本项目由编制组装一台多媒体计算机配置清单及费用和多媒体计算机外部设备的安装和使用两个子任务组成。

任务一，编制组装一台多媒体计算机配置清单及费用。以微型计算机的组装作为任务和目的，要求学习者在掌握计算机硬件系统知识的基础上，对计算机系统组成的认识有进一步提高：不仅掌握计算机的基本组成知识，而且能够了解计算机主要硬件结构、功能及参数；了解如何合理搭配计算机的硬件；能够根据需求设计系统配置方案，预算组装一台多媒体计算机的费用；掌握计算机硬件系统组装的方法、步骤和技术要点；掌握 BIOS 参数的设置，对计算机组装的全过程有一个整体的认识。

任务二，多媒体计算机外部设备的安装和使用。安装指定型号的扫描仪与打印机，使用扫描仪进行图片和文字的扫描（可自备照片、印刷文字材料），将扫描的图片和文字保存为一个 Word 文档，编辑排版后打印输出。

任务二是以学会扫描仪、打印机的安装和使用为任务和目的，要求学习者掌握扫描仪与打印机的安装方法；熟悉扫描仪和打印机的基本操作技能，掌握扫描软件的设置方法；了解 OCR 基本知识，掌握扫描仪利用 OCR 软件扫描文件的方法和步骤；掌握 Word 的基本编辑操作；能够使用打印机输出文件。

【学习目标】

1. 能力目标

掌握计算机硬件系统的基础知识；能够熟练组装一台微型计算机；能够安装并使用扫描仪和打印机；能够利用扫描仪录入纸质文档，编辑并输出。

1）了解微型计算机的硬件系统。

2）了解多媒体计算机各个硬件设备的名称与功能。

3）能够设计出满足需求、性价比及功能稳定性好的计算机配置方案。

4）能够熟练组装一台微型计算机。

5）理解 BIOS 和 CMOS。

6）能够熟练安装扫描仪和打印机。

7）能够使用 OCR 软件识别文字。

2. 知识目标

1）了解微型计算机的硬件系统。

2）了解多媒体计算机各个硬件设备的名称与功能。

3）了解计算机主流设备的性能参数、作用及市场参考价位。

4）掌握组装一台微型计算机的具体方法和步骤。

5）掌握 BIOS 参数的设置。

6）掌握打印机和扫描仪的安装方法。

7）掌握运用扫描仪录入纸质文稿的方法。

8）了解打印机输出的方法。

3. 素质目标

1）培养学生实际动手能力。

2）培养学生在学习过程中克服困难的能力。

3）培养学生在学习过程中的兴趣，提高工作、学习的主动性。

4）培养学生理论联系实际的工作和学习方法。

【项目导图】

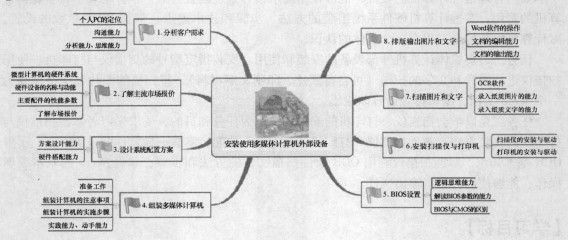

【知识讲解】

3.1　多媒体计算机系统

多媒体计算机系统是指能综合处理多媒体信息，且能为多媒体信息之间建立联系而又具有动态交互性的计算机系统。一个功能较齐全的多媒体计算机系统是在普通计算机系统（图3-1）的基础上，配以多媒体所必需的硬件和软件，即由多媒体硬件系统和多媒体软件系统两部分组成。

多媒体计算机硬件系统主要包括多媒体计算机硬件、各种多媒体计算机外部设备以及与各种外部设备对应的控制接口卡（如多媒体实时压缩和解压缩电路）。多媒体计算机软件系

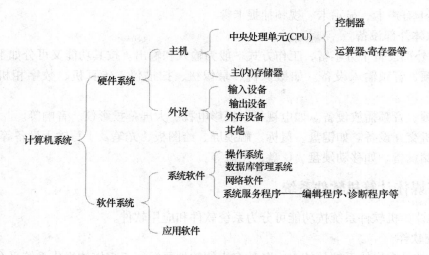

图 3-1　计算机系统

统包括多媒体驱动软件、多媒体操作系统、多媒体数据处理软件、多媒体创作工具软件和多媒体应用软件等。

多媒体计算机系统层次结构如图 3-2 所示。

3.1.1　多媒体计算机硬件系统

多媒体计算机硬件系统是在个人计算机的基础上，增加各种多媒体输入和输出设备及其接口卡而组成的。图 3-3 所示为具有基本功能的多媒体计算机硬件系统。

1. 主机

多媒体计算机主机可以是大、中型机，也可以是工作站，目前最普遍的是多媒体个人计算机，即 MPC（Multimedia Personal Computer）。多媒体计算机的主机既要有功能强、运算速度高的中央处理器（CPU），又要有高分辨率的显示接口，以及较大的内存（RAM）。

2. 多媒体接口卡

多媒体接口卡是根据多媒体系统获取、编辑音频或视频的需要，插接在计算机上的硬件设备。多媒体接口卡是制作和播放多媒体应用程序必不可少的硬件设备。

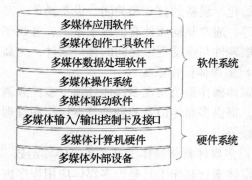

图 3-2　多媒体计算机系统层次结构

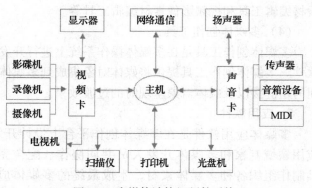

图 3-3　多媒体计算机硬件系统

常用的接口卡有声卡、显示卡、视频捕捉卡等。

3. 多媒体外部设备

多媒体外部设备十分丰富，工作方式一般为输入和输出。按其功能又可分如下 4 类：

1）视频、音频输入设备。如摄像机、录像机、扫描仪、传真机、数字相机、传声器等。

2）视频、音频播放设备。如电视机、投影电视、大屏幕投影仪、音响等。

3）人机交互设备。如键盘、鼠标、触摸屏、绘图板、光笔及手写输入设备等。

4）存储设备。如移动硬盘、U 盘、光盘等。

3.1.2　多媒体计算机软件系统

多媒体计算机软件系统按功能可分为系统软件和应用软件。

1. 系统软件

系统软件是多媒体系统的核心，各种多媒体软件要运行于多媒体操作系统平台之上，故操作系统平台是软件的基础。多媒体计算机系统的主要系统软件有以下几种。

（1）多媒体驱动软件和接口程序

多媒体驱动软件和接口程序是最底层硬件的支撑环境，它直接与计算机硬件相关，完成设备初始化、设备的打开和关闭、设备操作、基于硬件的压缩/解压缩、图像快速变换及功能调用等。通常驱动软件有视频子系统、音频子系统及视频/音频信号获取子系统。接口程序是高层软件与驱动程序之间的接口软件，为高层软件建立虚拟设备。

（2）多媒体操作系统

多媒体操作系统实现多媒体环境下多任务调度，保证音频、视频同步控制及信息处理的实时性，提供多媒体信息的各种基本操作和管理。操作系统还具有独立于硬件设备和较强的可扩展性等特点。

（3）多媒体素材制作工具及多媒体库函数

多媒体素材制作工具是为多媒体应用程序进行数据准备的软件，主要是多媒体数据采集软件，作为开发环境的工具库，供开发者调用。多媒体素材制作工具按功能分有文本素材编辑工具、图形素材编辑工具、图像素材编辑工具、声音素材及 MIDI 音乐的编辑工具、动画素材编辑工具和视频影像素材编辑工具等。

（4）多媒体创作工具

多媒体创作工具是在多媒体操作系统上进行开发的软件工具，用于编辑生成多媒体应用软件。多媒体创作工具提供将媒体对象集成到多媒体产品中的功能，并支持各种媒体对象之间的超链接以及媒体对象呈现时的过渡效果。

2. 应用软件

多媒体应用软件是在多媒体创作平台上设计开发的面向应用领域的软件系统，通常由应用领域专家和多媒体开发人员共同协作、配合完成。开发人员利用开发平台、创作工具制作组织各种多媒体素材，生成最终的多媒体应用程序，并在应用中测试、完善，最终成为多媒体产品，如各种多媒体教学系统、多媒体数据库、声像俱全的电子图书等。多媒体应用软件广泛应用于教育培训、电子出版、影视特技、电视会议、咨询服务、演示系统等各个方面。

3.2　计算机基本硬件系统的组成与选购

计算机是由多个配件有序地组合在一起形成的一个有机整体，要选购一台适合自己使用的计算机，就必须从选购单个配件开始，并最终将所有配件选购齐全。计算机的基本硬件组成按照作用，可将上述配件归属为几个子系统。

1）CPU、主板、内存：构成基本系统，这是个人计算机的基础。

2）显卡、显示器：显示子系统，影响显示性能。

3）声卡、音箱：声音子系统，影响音响性能。

4）硬盘、光驱，软驱：存储子系统，影响数据存储的读写性能。

5）键盘、鼠标：输入子系统，影响操作性能。

6）机箱、电源："整合"和供电子系统，电源影响整机性能。

7）网卡：通信模块，影响与外部设备的通信性能。

其中，CPU、主板、内存、电源是决定系统基本性能的部件，其他部件则更多地影响子系统性能。当为满足某种需求（比如降低成本）而不得不牺牲一些性能时，我们应该在配置了能满足应用要求的基本系统之后，考虑降低一些子系统的配置。

3.2.1　中央处理器（CPU）的选购

中央处理器（Central Processing Unit，CPU），是计算机中最核心的部件，主要由运算器、控制器和寄存器等组成。CPU 的主要功能是按照程序给出的指令序列分析指令、执行指令，完成对数据的加工处理。计算机所发生的全部动作都受 CPU 的控制。

CPU 是计算机的心脏，人们常常用它的性能水平来衡量一台计算机的档次高低。在购买计算机时，一般首先要确定选择什么样的 CPU，CPU 的类型确定后才能进一步配置主板和其他部件。目前，用在台式计算机或笔记本计算机上的 CPU 生产厂家主要有 Intel 和 AMD，主流产品是 Intel 酷睿系列处理器和 AMD 的羿龙系列处理器（见图3-4）。

性能参数是对一块 CPU 品质的数字化标注，因此在选购之前，需要对以下几个指标有个大致的了解。

1）主频，即 CPU 的时钟频率，也就是 CPU 的工作频率。主频越高，CPU 的速度也就越快。购买 CPU 时主要看它的主频参数。

2）前端总线频率，它是直接影响

图3-4　CPU

CPU 与内存交换速度的一个性能参数，关系整台计算机的运行效率。

3）缓存，是指可以进行高速数据交换的存储器。CPU 的缓存分为两种，即 L1 Cache（一级缓存）和 L2 Cache（二级缓存）。目前所有产品的一级缓存容量都基本相同，在选购时，重点了解二级缓存的容量。

4）工作电压，CPU 正常工作所需的电压。目前主流 CPU 的工作电压已从早前的 5V 降低到现在的 1.5V 左右。低电压能够解决 CPU 耗电过多和发热过高的问题，使其更加稳定地运行，也延长了 CPU 的使用寿命。

5）制造工艺，越精细的工艺生产的 CPU 线路和元器件越小，可以极大地提高 CPU 的集成度和工作频率。这也是 CPU 功能不断增强而体积却不大的重要原因。

6）核心代号，即芯片生产商为了便于区分和管理而给 CPU 设置的一个相应的代号。

3.2.2 主板的选购

如果说 CPU 是整个计算机系统的"心脏"，那么主板就是整个身体的"躯干"。主板（Main Board）也叫母板（Mather Board），是微型计算机中连接其他部件的载体，是最主要的部件之一。现在市场上的主板虽然品牌繁多，布局不同，但其基本组成是一致的，主要包括南桥芯片、北桥芯片、板载芯片（I/O 控制芯片、时钟频率发生器、RAID 控制芯片、网卡控制芯片、声卡控制芯片、电源管理芯片、USB 2.0/IEEE 1394 控制芯片）、核心部件插槽（安装 CPU 的 Socket 插座或 Slot 插槽、内存插槽）、内部扩展槽（AGP 插槽、PCI 插槽、ISA 插槽）、各种接口（硬盘及光驱的 IDE 或 SCSI 接口、软驱接口、串行口、并行口、USB 接口、键盘接口、鼠标接口）及电子电路器件，如图 3-5 所示。主板几乎集合了全部系统的功能，控制着各部分之间的指令流和数据流。

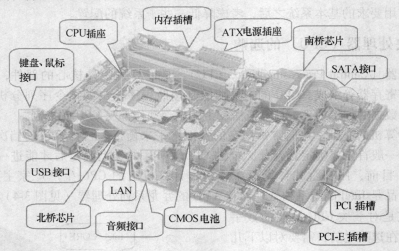

图 3-5 主板图解

主板主要包括以下几个部分：

1）CPU 插座或插槽。

2）控制芯片组。一块主板的性能稳定与否和芯片组有很大的关系，它们是主板的灵魂，对于主板而言，芯片组几乎决定了这块主板的功能，而主板的功能，又影响整个计算机系统的发挥，所以芯片组是主板的核心或者中心。

3）内存插槽。内存插槽是用来安装内存条的，它是主板上必不可少的插槽。一般主板中都有 2～4 个内存条插槽，可以在升级时使用。

4）总线扩展插槽（I/O 插槽）。总线是构成计算机系统的桥梁，是各个部件之间进行数据传输的公共通道。在主板上占用面积最大的部件就是总线扩展插槽，它们用于扩展 PC 的功能，也被称为 I/O 插槽，大部分主板都有 1～6 个扩展插槽。总线扩展插槽是总线的延伸，也是总线的物理体现，在它上面可以插入任意的标准选件，如显卡、声卡、网卡等。

5）IDE 接口。IDE（Integrated Device Electronics，集成设备电子部件）接口也称为 PATA 接口，主要用于连接 IDE 硬盘和 IDE 光驱。

6）软盘驱动器接口。随着 USB 设备的流行，目前大多数主板已不再提供软驱接口。

7）SATA 接口。SATA 接口仅用 4 根针脚就能完成所有工作，分别用于连接电源、连接电线、发送数据和接收数据。SATA 接口插槽带有防差错设计，可以方便地拔、插。

8）板载芯片。通过使用不同的板载芯片，用户可以根据自己的需求选择产品。与独立板卡相比，采用板载芯片可以有效降低成本，提高产品的性价比。

9）BIOS 芯片。BIOS（Basic Input/Output System，基本输入/输出系统）是安装在主板上的一个 FlashROM 芯片，其中固化保存着计算机系统最重要的基本输入/输出程序、系统 CMOS 设置程序、开机上电自检程序和系统启动自检程序，为计算机提供最低级的、最直接的硬件控制。目前主板 BIOS 有两大类型：Award 和 AMI。

10）CMOS 芯片。CMOS（本意是指互补金属氧化物半导体——一种应用于集成电路芯片制造的原料）是计算机主板上的一块可读写的 RAM 芯片，用来保存当前系统的硬件配置和用户对某些参数的设定（如 BIOS 参数）。开机时看到的系统检测过程（如主板厂商信息和各种系统参数信息的显示等）就是 CMOS 中设定执行的程序。CMOS 芯片可由主板的电池供电，即使关闭机器，信息也不会丢失。CMOS RAM 本身只是一块存储器，只有数据保存功能，而对 CMOS 中各项参数的设定要通过专门的程序。

11）电池。为了在主板断电期间维持系统 CMOS 内容和主板上系统时钟的运行，主板上特别地装有一个电池，电池的寿命一般为 3~5 年。

12）电源插座。计算机电源通过电缆连接主板电源接口为主板供电，电源接口类型依电源版本或标准而定。

13）输入输出接口。主板上输入输出接口是主板用于连接机箱外部各种设备的接口。通过这些接口，用户可以把键盘、鼠标、打印机、扫描仪、U 盘、移动硬盘等设备连接到计算机上，并且可以实现计算机之间的互连。主板上常见的输入输出接口有串口、并口、USB 接口、鼠标接口、键盘接口、IEEE 1394 接口等。

主板在计算机系统中占有很重要的地位，因此其选购至关重要。目前主板市场总的发展趋势是在主板控制芯片组的开发研究方面，主板产品主要分为 Intel 和以 VIA、SiS、AMD、NVIDIA、ATI 为代表的非 Intel 两大类，其中以 Intel 和 VIA 的芯片组最为常见。选购主板应考虑的主要指标是速度、稳定性、兼容性、扩展能力和升级能力。

选择主板时应注意以下几个问题：

● 与 CPU 是否相匹配。

● 注意芯片组。

● 注意散热。

● 注意主板布局。

● 注意扩展性。

● 注意主板器件质量。

● 性能价格比。

不少人在选购主板时只追求高参数，只注重性能技术，忽视了价格和自身使用等因素，因而造成了不小的浪费。编者认为选购主板时应考虑到自身需要，不能盲目追求高参数。

3.2.3　内存条的选购

内存也叫主存，是 PC 系统存放数据与指令的半导体存储器单元，也被称为主存储器（Main Memory），如图 3-6 所示。

内存是 CPU 直接与之沟通，并用其存储数据的部件，用于存放当前正在使用的数据和程序，其物理实质就是一组或多组具备数据输入输出和数据存储功能的集成电路。内存只用于暂时存放程序和数据，一旦关闭电源或发生断电，其中的程序和数据就会丢失。人们平常所指的内存条其实就是 RAM，其

图 3-6　内存条

主要作用是存放各种输入、输出数据和中间计算结果，以及与外部存储器交换信息时做缓冲之用。作为随机存储器，它需要快速更新，无法长期保存其中的信息。

1. 内存的分类

内存一般采用半导体存储单元，包括随机存储器（Random Access Memory，RAM）、只读存储器（Read Only Memory，ROM）及高速缓冲存储器（Cache）。

（1）随机存储器

随机存储器为既可以从中读取数据，也可以写入数据的存储器。当机器电源关闭时，存于其中的数据就会丢失。

（2）只读存储器

在制造只读存储器的时候，信息（数据或程序）就被存入并永久保存。这些信息只能读出，一般不能写入，即使机器掉电，这些数据也不会丢失。只读存储器一般用于存放计算机的基本程序和数据，如 BIOS ROM，其物理外形一般是双列直插式（DIP）的集成块。

（3）高速缓冲存储器

人们平常看到的一级缓存（L1 Cache）、二级缓存（L2 Cache）、三级缓存（L3 Cache），这些缓存位于 CPU 与内存之间，是一个读写速度比内存更快的存储器。当 CPU 向内存中写入或读出数据时，这个数据也被存入高速缓冲存储器中。当 CPU 再次需要这些数据时，CPU 就从高速缓冲存储器中读取数据，而不是访问较慢的内存，如需要的数据在 Cache 中没有，CPU 会再去读取内存中的数据。

2. 内存的性能指标

内存的性能指标包括存储容量、存储速度、存储器的可靠性、性能价格比等。

1）存储容量：即一根内存条可以容纳的二进制信息量，如目前常用的 168 线内存条的存储容量一般多为 32MB、64MB 和 128MB。而 DDRII3 普遍为 1~2GB。

2）存储速度（存储周期）：即两次独立的存取操作之间所需的最短时间，又称为存储周期，半导体存储器的存储周期一般为 60~100ns。

3）存储器的可靠性：存储器的可靠性用平均故障间隔时间来衡量，可以理解为两次故障之间的平均时间间隔。

4）性能价格比：性能主要包括存储器容量、存储周期和可靠性 3 项内容，性能价格比是一个综合性指标，对于不同的存储器有不同的要求。

常见的内存条品牌有现代（HY）、三星（SAMSUNG）、华邦（WINBOND）、金士顿

（Kingston）、威刚（ADATA）、昱联（Asint）等。

3.2.4 显卡和视频卡的选购

1. 显卡的选购

显卡的全称为显示接口卡（Video Card，Graphics Card），又称为显示适配器（Video Adapter）。显卡的用途是将计算机系统所需要的显示信息进行转换驱动，并向显示器提供行扫描信号，控制显示器的正确显示，是连接显示器和个人计算机主板的重要元件，承担输出显示图形的任务。目前，市面上的显卡芯片供应商主要来自 AMD（ATI）和 nVIDIA（英伟达）两家。显卡主要由显示芯片、显存、显卡风扇和各种接口等组成，如图 3-7 所示。

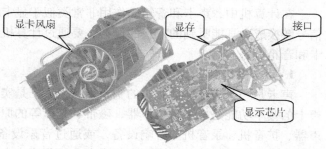

图 3-7 显卡

选购显卡和选购 CPU 相似，必须根据自己的实际需要来选择合适的显卡，既不能过于保守，也不能盲目追新，可以利用专业软件测试挑选。

2. 视频卡的选购

视频采集卡（Video Capture Card）也叫视频卡（见图 3-8），它将模拟摄像机、录像机、LD 视盘机等输出的视频数据或者视频、音频的混合数据输入计算机，并转换成计算机可辨别的数字数据，存储在计算机中，成为可编辑处理的视频数据文件。

图 3-8 视频采集卡

和其他计算机硬件一样，购买的基本原则是够用就好，关键是适用于自己，不盲目追求高参数。在挑选自己适用的采集卡时，用户应该对几项主要性能参数进行比较：

1）是否支持视频数据的硬件级处理，这是重要的一点。

2）帧速率，这个指标则更为重要且具体，帧速率的高低直接影响采集卡制作的视频文件是否流畅，一般帧速率比较低的产品较低档，CPU 占用率也高。

3）分辨率，是视频文件质量好坏的主要参数。分辨率有静态画面捕捉分辨率和动态分辨率。分辨率越高，画面越清晰。

4）是否带音频输入功能以及是否附赠配套软件。

3.2.5 显示器的选购

显示器通常也被称为监视器，是一种将一定的电子文件通过特定的传输设备显示到屏幕上再反射到人眼的显示工具。显示器属于计算机的 I/O 设备，即输入/输出设备。显示器常被比作计算机的"脸"，它可以分为 CRT、LCD 等多种（见图 3-9）。一般

图 3-9 显示器

用户选择使用 LCD（液晶显示屏）更合适，只有从事设计等有特殊要求的人员会选用 CRT。

选购液晶显示器时，用户需要详细了解可视面积、可视角度、点距、色彩度、对比值、亮度值及响应时间等具体技术参数。

3.2.6 声卡与音箱的选购

在计算机中，声卡和音箱的作用非常类似于显卡和显示器，只不过声卡和音箱是将音频信号转换成人耳能听到的声音的设备。要通过计算机播放出动听的音乐，必须具备优质的声卡和音箱设备。

1. 声卡的选购

声卡是一台多媒体计算机的主要设备之一，是实现声波/数字信号相互转换的一种硬件。声卡的基本功能是把来自传声器、磁带、光盘等的原始声音信号加以转换，输出到耳机、扬声器、扩音机、录音机等音响设备，或通过音乐设备数字接口（MIDI）使乐器发出美妙的声音。按照声卡芯片的不同可以将声卡分成集成声卡和独立声卡（见图3-10）。

集成声卡　　　　　　　　　　　　　　　　　　独立声卡

图 3-10　声卡

集成声卡是指芯片组支持整合的声卡类型，比较常见的是 AC′97 和 HD Audio，使用集成声卡的芯片组的主板就可以在比较低的成本上实现声卡的完整功能。独立声卡是指独立安装在主板 PCI 插槽中的声卡。独立声卡一般都有独立的音频处理芯片，结合功能强大的音频编辑软件，可以得到比同档次的集成声卡更好的音频处理效果。

选购声卡时，明确所需声卡的定位之后，用户主要关注声卡性能的 4 个因素：①音频品质，WAV 通道的处理能力，包括回放音质和录音效果两个方面；②MIDI 以及波表合成的效果；③三维效果，声卡对各种三维音效 API 的支持和体现；④兼容能力，包括音频软件和DOS 兼容性。同时应注意多声道的声卡与音箱的搭配。

2. 音箱的选购

音箱（见图 3-11）的主要技术指标有功率、制作用料、箱体设计等。音箱的功率决定了音箱产生的声音大小，音场的震撼力也和它密切相关。就制作用料而言，木质箱体的音响效果要好于塑料箱体。就箱体的外形设计而言，在考虑美观的同时还要注意其对音箱表现力的影响。另外，失真度越低越好，信噪比要大于85dB。

图 3-11　音箱

3.2.7 硬盘的选购

硬盘（Hard Disc Drive，HDD），是计算机主要的存储媒介之一，由一个或多个铝制或者玻璃制的碟片组成（见图3-12）。这些碟片外覆盖有铁磁性材料。绝大多数硬盘都是固定硬盘，被永久性地密封固定在硬盘驱动器中。

　　硬盘作为计算机数据的主要载体，其质量和性能都需要有可靠的保证。硬盘的主要技术参数包括硬盘容量、转速、缓存、平均寻道时间（Average Seek Time）、硬盘的数据传输率（Data Transfer Rate）、突发数据传输率（Burst Data Transfer Rate）、持续传输率（Sustained Transfer Rate）、控制电路板。由于这些技术参数大部分都是由厂商提供的，因此在选购硬盘时，用户可以借助测试软件重点测评数据传输率、平均寻道时间及 CPU 占用率。

图 3-12　硬盘

3.2.8　光驱的选购

　　光驱是采用光盘作为存储介质的数据存储装置，是台式机里比较常见的一个配件。光驱可分为 CD-ROM 驱动器、DVD 光驱（DVD-ROM）、康宝（COMBO）和刻录机等。

　　目前，用户装机的光驱多选用刻录机（见图 3-13）。刻录机可将要存储数据写入刻录光盘，与硬盘相比，刻录机所能存储的资料可以无限多，而且更加安全。

图 3-13　刻录机

3.2.9　网卡的选购

　　网卡是连接计算机与网络的硬件设备，是局域网中最基本的部件之一。常见的网卡都为以太网网卡，按其传输速率来分可分为 10Mbit/s 网卡、10/100Mbit/s 自适应网卡以及 1000Mbit/s 网卡。目前台式机的网卡基本采用 10/100Mbit/s 自适应网卡，该网卡具有一定的智能，可以自动适应远端网络设备（集线器或交换机），以确定当前可以使用的速率。1000Mbit/s 网卡多用于服务器。目前，台式机多使用集成网卡，如图 3-14 所示。

　　选择一款性能稳定、品质优秀的网卡，是建立畅通高速网络的首要条件。用户在选购时应选择正规厂商的产品，因为正规厂商生产的网卡上都直接表明了该网卡的卡号。

图 3-14　集成网卡

3.2.10　机箱与电源的选购

　　机箱（见图 3-15）虽然对系统性能没有直接的影响，但与系统的稳定性和用户的健康有着密切的关系。购买机箱除了看外形、扩展性、安全性外，最重要的就是看电源。衡量一个电源是否合格，主要通过其安全性能和使用性能两方面来考察：

1. 安全性能

　　电源的安全性能是涉及人身和财产安全的性能指标，它包括很多方面的内容，我们主要看它是否通过了中国电工产品认证委员会的安全认证，即长城认证。长城认证主要是考察电源的漏电电流和耐电强度，通过了这

图 3-15　机箱

个认证的产品的安全性是有保障的。

2. 使用性能

使用性能就是电源质量的指标，它主要包括负载稳定度、电压稳定度、纹波和噪声、效率、功率因数等。与购买电器相似，电源通过的认证是越多越好，最好是通过长城认证、FCC 认证和 CE 认证。

3.2.11　键盘和鼠标的选购

键盘和鼠标都是整个计算机系统中最基本的输入设备（见图 3-16），随着制造技术的不断发展与用户需求的多样化，键盘和鼠标的种类也越来越丰富。键盘和鼠标的选用因人而异，主要观察设计是否精良，各部件加工是否精细，手感是否舒适。

图 3-16　键盘和鼠标

3.2.12　其他外部设备的选购

1. 打印机的选购

打印机是广泛应用的输出设备，它可以将在计算机中编辑制作的文档或图片内容呈现在纸张上。从打印原理来看，打印机大致可分为针式打印机、喷墨打印机和激光打印机，如图 3-17 所示。

针式打印机　　　　　　　喷墨打印机　　　　　　　激光打印机

图 3-17　打印机

选购打印机时，用户应从用途、价格、功能、打印质量、打印速度及耗材费用等方面考察选购。

2. 扫描仪的选购

扫描仪（见图 3-18）是一种高精度的光电一体化的输入设备，它可以将照片、底片和图纸等实物资料扫描后输入到计算机中进行编辑管理。扫描仪的光学字符识别利用 OCR（Optical Character Recognition）软件可以把印刷体的文字通过扫描，转换成可以编辑的文本。选购扫描仪时，要注意衡量光学分辨率、最大分辨率、色彩深度、灰阶度、扫描幅面和接口形式这 6 项主要性能指标。

图 3-18　扫描仪

3. 传真机的选购

传真机（见图 3-19）是把记录在纸上的内容通过扫描后从发送端传输出去，再在接收端的记录纸上重现的办公通信设备。用户应根据自身需求确定采购何种打印方式的传真机。值得注意的

图 3-19　传真机

是，由于传真机上的许多专用器件如感热记录头、CCD 或 CIS 和 Modem，在市场上都较难采配，因此传真机的售后服务也是需要重点考察的因素之一。

4. 摄像头的选购

摄像头（见图 3-20）是一种将接收到的光信号转换为电信号的设备，通过它可以实现拍摄照片、录制短片和网络视频等功能。摄像头使用简便，价格实惠，被广泛运用于视频会议、远程医疗和实施监督等方面。

目前，市面上摄像头的品牌众多，产品性能参差不齐，选购时应注意成像速度与帧数、调焦功能和数据传输接口这 3 项性能指标。

5. 手写输入设备的选购

手写输入设备是一种通过硬件直接向计算机输入汉字，并通过汉字识别软件将其转变成为文本文件的计算机外设产品。手写板/笔（见图 3-21）的选购可从手写板、手写笔、识别软件及附加价值这 4 个方面着手。

图 3-20　摄像头

图 3-21　手写板/笔

6. DC 与 DV 的选购

DC 是英文 Digital Camera 的缩写，即数码相机（见图 3-22）。它具有即拍即看、数字化存取、与计算机交互处理等优点。DV 是英文 Digital Video 的缩写，即数码摄像机，它是用数字视频格式即动态视频格式的摄像装置（见图 3-23）。DV 和 DC 虽然同属数码成像设备，然而在挑选上还是不同的，最显著的就是在数码相机上作为硬指标的像素，对于数码摄像机来说并不是决定性的。选购 DC 最关键要注意的是 CCD（即 CCD 图像传感器）和镜头，而选购 DV 主要考虑动态拍摄效果、存储介质和输出制式。

图 3-22　DC

图 3-23　DV

3.3　装机配置方案

不同的应用环境下，用户对计算机的需求也不同，所以在进行计算机组装之前，应根据需求确定具体的装机方案。计算机按照用途大致可分为计算类、美术类和设计类。

　　计算类计算机主要用于实验、科学计算等，CPU 的主频要高，内存的容量尽量大、速率尽量高，其他的如显卡、声卡和网卡等不需要专门配置，因为一般主板上都集成了；美术类计算机主要用于美术、平面设计等，一般需要配置比较好的独立显卡，对显示器的要求是分辨率尽量高、色彩丰富；设计类计算机主要用于多媒体节目的制作，对计算机的图形图像和音频处理能力的要求较高，因此要配置比较好的独立显卡和独立声卡，硬盘容量大，配置一个带 DVD 刻录的光驱，因为一般多媒体作品需要刻成光盘。

　　下面编者根据目前主流的装机配置，推荐 3 台 PC 的配置方案。

1. 经济机型配置方案

（1）装机预算

预算 4000 元左右装一台家用经济实惠型普通台式机。

（2）装机配置单（见表 3-1）

表 3-1　4000 元家用普通台式机配置

品　　名	型　　号	数量	单价/元	配件说明
CPU	Intel 酷睿 i3 4130（盒）	1	699	CPU 系列：酷睿 i3 CPU 主频：3400MHz 插槽类型：LGA 1150 针脚数目：1150pin 核心数量：双核心 制作工艺：22 纳米 集成显卡：是
主板	微星 B85M-E45	1	499	主芯片组：Intel B85 集成芯片：声卡/网卡 芯片组描述：采用 Intel B85 芯片组 CPU 平台：Intel CPU 类型：Core i7/Core i5/Core i3/Pentium/Celeron CPU 插槽：LGA 1150 内存类型：DDR3 内存插槽：4×DDR3 DIMM 最大内存容量：32GB PCI-E 插槽：1×PCI-E X16 显卡插槽 2×PCI-E X1 插槽 USB 接口：8×USB2.0 接口（4 内置 +4 背板）；4×USB3.0 接口（2 内置 +2 背板） SATA 接口：2×SATA Ⅱ 接口；4×SATA Ⅲ 接口 主板板型：Micro ATX 板型 电源插口：一个 4 针，一个 24 针电源接口
内存	威刚 8GB DDR3 1600（万紫千红）	1	450	容量描述：单条（8GB） 内存类型：DDR3 内存主频：1600MHz 传输标准：PC3-12800 针脚数：240pin 插槽类型：DIMM
硬盘	希捷 Barracuda 1TB 7200r/min 64MB 单碟（ST1000DM003）	1	355	硬盘尺寸：3.5in 硬盘容量：1000GB 缓存：64MB 转速：7200r/min 接口类型：SATA3.0

（续）

品　名	型　号	数量	单价/元	配件说明
显卡	影驰 GTX750 黑将	1	849	芯片厂商：NVIDIA 显卡芯片：GeForce GTX 750 制造工艺：28 纳米 核心代号：GM107 核心频率：1110/1189MHz 显存频率：5000MHz 显存类型：GDDR5 显存容量：1024MB 显存位宽：128bit 散热方式：散热风扇 I/O 接口：HDMI 接口/双 DVI 接口/DisplayPort 接口
机箱	金河田升华 零辐射版	1	109	机箱样式：立式 适用主板：ATX 板型，MATX 板型 扩展插槽：7 个 机箱颜色：黑色 机箱材质：面板：铁网
电源	游戏悍将红警 X3 RPO 300X	1	169	电源版本：ATX 12V 2.31 额定功率：300W
显示器	明基 VW2245	1	849	产品类型：LED 显示器，广视角显示器 屏幕尺寸：21.5in（1in = 2.54cm） 屏幕比例：16：9（宽屏） 最佳分辨率：1920×1080 像素 面板类型：MVA（黑锐丽），不闪式（MVA） 背光类型：LED 背光 动态对比度：2000 万：1 黑白响应时间：25ms 灰阶响应时间：6ms 可视角度：178/178 显示颜色：16.7M 视频接口：D-Sub（VGA），DVI-D
键盘、鼠装	罗技 MK260 键鼠套装	1	120	连接方式：无线 键盘按键数：112 键 按键技术：火山口架构 人体工学：支持 工作方式：光电 人体工学：对称设计 按键数：3 个

合计：4099 元

（3）技术、性能分析

这款计算机是为普通家庭配置，所有配置均不是太高，但完全可以满足一般家庭用户看电影、玩小型游戏等需求，适合一般家庭使用。

2. 主流机型配置方案

（1）装机预算

预算 7500 元左右，配置一台稍高端的疯狂游戏型台式机。

（2）装机配置单

装机配置单见表 3-2。

表 3-2   7500 元中高端游戏型台式机配置

品名	产品类型	数量	单价/元	产品说明
CPU	Intel 酷睿 i5 4570（盒）	1	1225	CPU 系列：酷睿 i5 CPU 主频：3200MHz 最大睿频：3600MHz 插槽类型：LGA 1150 针脚数目：1150pin 核心代号：haswell 核心数量：四核心 线程数：四线程 制作工艺：22 纳米
主板	华硕 B85-PLUS	1	889	主芯片组：Intel B85 集成芯片：声卡/网卡 芯片组描述：采用 Intel B85 芯片组 CPU 平台：Intel CPU 类型：Core i7/Core i5/Core i3/Pentium/Celeron CPU 插槽：LGA 1150 内存类型：DDR3 内存插槽：4×DDR3 DIMM 最大内存容量：32GB PCI-E 插槽：2×PCI-E X16 显卡插槽 2×PCI-E X1 插槽 USB 接口：8×USB2.0 接口（4 内置 +4 背板）；4×USB3.0 接口（2 内置 +2 背板） SATA 接口：2×SATA II 接口；4×SATA III 接口 主板板型：ATX 板型 电源插口：一个 8 针，一个 24 针电源接口
内存	海盗船 8GB DDR3 1600 套装（CMX8GX3M2A1600C9）	1	608	容量描述：套装（2×4GB） 内存类型：DDR3 内存主频：1600MHz 传输标准：PC3-12800 针脚数：240pin 插槽类型：DIMM
硬盘	西部数据 1TB 7200r/min 64MB SATA3 蓝盘（WD10EZEX）	1	380	硬盘尺寸：3.5in 硬盘容量：1000GB 缓存：64MB 转速：7200r/min 接口类型：SATA3.0
显卡	七彩虹 iGame660 烈焰战神 UD5 2G	1	1299	芯片厂商：NVIDIA 显卡芯片：GeForce GTX 660 制造工艺：28 纳米 核心代号：GK106 核心频率：980/1006MHz 显存频率：6000MHz 显存类型：GDDR5 显存容量：2048MB 显存位宽：192bit 散热方式：散热风扇 + 热管散热 I/O 接口：双 DVI 接口/DisplayPort 接口/Mini HDMI 接口

（续）

品 名	产品类型	数量	单价/元	产品说明
显示器	明基 VW2245	1	849	产品类型：LED 显示器，广视角显示器 屏幕尺寸：21.5in 屏幕比例：16:9（宽屏） 最佳分辨率：1920×1080 像素 面板类型：MVA（黑锐丽），不闪式（WVA） 背光类型：LED 背光 动态对比度：2000 万:1 黑白响应时间：25ms 灰阶响应时间：6ms 可视角度：178/178 显示颜色：16.7M 视频接口：D-Sub（VGA），DVI-D
机箱	游戏悍将特工5	1	199	机箱样式：立式 适用主板：ATX 板型，MATX 板型 扩展插槽：7 个 机箱颜色：黑色 机箱材质：SECC（电解镀锌钢板），面板：铁网
电源	航嘉 MVP500	1	369	额定功率 500W
鼠标	Razer 炼狱蝰蛇（升级版）鼠标	1	225	适用类型：竞争游戏 工作方式：光电 连接方式：有线 鼠标接口：USB 人体工学：右手设计
键盘	Razer 黑寡妇蜘蛛终极版键盘	1	899	产品定位：机械键盘 连接方式：有线 键盘接口：USB 普通按键数：104 键 人体工学：支持
音箱	漫步者 R1800TIII	1	499	音箱类型：计算机音箱 音箱系统：2.0 声道 调节方式：旋钮，遥控 扬声器单元：4in + 直径 19mm 信噪比：85dB 音箱材质：木质

合计：7471 元

（3）技术、性能分析

这款计算机是为竞技游戏玩家配置的稍高端机型，适合一些竞技游戏中高端玩家，键盘、鼠标和音箱的配置比较高，可以让玩家在游戏中尽情发挥。

3."发烧"机型配置方案

（1）装机预算

预算 15000 左右，配一款动画作图、后期制作的豪华发烧型专业机。

（2）装机配置单

装置配置单见表 3-3。

表 3-3 15000 元"发烧"型专业机配置

品　名	产品类型	数量	单价/元	技术参数
CPU	Intel 酷睿 i7 4770K（盒）	1	2 100	CPU 系列：酷睿 i7 CPU 主频：3500MHz 最大睿频：3900MHz 插槽类型：LGA1150 针脚数目：1150pin 核心代号：Haswell 核心数量：四核心 线程数：八线程 制作工艺：22 纳米 集成显卡：是
主板	技嘉 GA-Z97-HD3	1	899	主芯片组：Intel Z97 集成芯片：声卡/网卡 芯片组描述：采用 Intel Z97 芯片组 CPU 平台：Intel CPU 类型：Core i7/Core i5/Core i3/Pentium/Celeron CPU 插槽：LGA 1150 内存类型：DDR3 内存插槽：4×DDR3 DIMM 最大内存容量：32GB PCI-E 插槽：2×PCI-E X16 显卡插槽 2×PCI-E X1 插槽 USB 接口：8×USB2.0 接口，6×USB3.0 接口 SATA 接口：6×SATA Ⅲ 接口 主板板型：ATX 板型 电源插口：一个 8 针，一个 24 针电源接口
内存	金士顿 8GB DDR3 1600	4	455	容量描述：单条（8GB） 内存类型：DDR3 内存主频：1600MHz 针脚数：240pin 插槽类型：DIMM
硬盘	希捷 Desktop 2TB 7200r/min 8GB 混合硬盘（ST2000DX001）	1	690	硬盘尺寸：3.5in 硬盘容量：2000GB 转速：7200r/min 接口类型：SATA3.0
固态硬盘	浦科特 PX-128M6S（128GB）	1	479	存储容量：128GB 接口类型：SATA 6Gb/s 内存架构：MLC 多层单元 缓存：256MB
显卡	七彩虹 iGame760 烈焰战神 U-4GD5	2	2 099	芯片厂商：NVIDIA 显卡芯片：GeForce GTX 760 制造工艺：28 纳米 核心代号：GK104 核心频率：980/1033 1072/1136MHz 显存频率：6008MHz 显存类型：GDDR5 显存容量：4096MB 显存位宽：256bit 散热方式：散热风扇＋热管散热 I/O 接口：HDMI 接口/双 DVI 接口/DisplayPort 接口

（续）

品　　名	产品类型	数量	单价/元	技术参数
显示器	三星 S22B360VW	1	1159	产品类型：LED 显示器 屏幕尺寸：22in 屏幕比例：16:10（宽屏） 最佳分辨率：1680×1050 像素 面板类型：TN 背光类型：LED 背光 动态对比度：100 万:1 灰阶响应时间：5ms 可视角度：170/160 显示颜色：16.7M 视频接口：D-Sub（VGA），HDMI，MHL
光驱	三星 SE-218BB	1	290	光驱类型：DVD 刻录机 接口类型：USB2.0
鼠标	Razer 地狱狂蛇鼠标	1	138	适用类型：竞技游戏 工作方式：光电 连接方式：有线 鼠标接口：USB 人体工学：对称设计
键盘	精灵雷神宙斯七彩背光键盘	1	148	产品定位：竞技游戏键盘 连接方式：有线 键盘接口：USB 普通按键数：113 键 人体工学：支持
机箱	游戏悍将刀锋 3 标准黑装	1	199	机箱样式：立式 机箱结构：ATX 扩展插槽：7 个 机箱颜色：黑色 机箱材质：SECC（电解镀锌钢板）
电源	航嘉 X7-900W	1	880	额定功率：900W 80PLUS 认证：银牌
散热器	游戏悍将暴雪 LC240	1	399	散热器类型：水冷散热器 散热方式：风冷，水冷
音箱	漫步者 R1600TIII	1	399	音箱类型：计算机音箱 音箱系统：2.0 声道 调节方式：旋钮，遥控 扬声器单元：2×4in 信噪比：85dB
声卡	创新 Sound Blaster Audigy 4 Value SB0610	1	399	声卡类别：数字声卡 声道系统：7.1 声道 总线接口：PCI
网卡	Intel EXPI9300PT	1	350	适用网络类型：千兆以太网 传输速率：10/100/1000Mbps 总线类型：PCI-E 网线接口类型：RJ-45
操作系统	Microsoft Windows7（家庭高级版）	1	295	版本号：6.1 版本类型：家庭高级版

合计：14842 元

（3）技术、性能分析

本款机型是为制图和动画专业人士配置的，所以加上了 2GB 的显卡以及 8GB 的内存，以使显示效果更加完美。由于动画制图一旦开始，用的时间较长，因此电源采用五扇式，以增加机箱的散热效果；显示器配备的是制图专用的，效果比较理想。

3.4　设置 BIOS 参数

3.4.1　基础知识

BIOS 是基本输入/输出系统（Basic Input/Output System）的缩写，是系统内置的在计算机没有访问磁盘程序之前决定机器基本功能的软件系统。就个人计算机而言，BIOS 包含控制键盘、显示屏幕、磁盘驱动制串行通信设备和其他很多功能的代码。BIOS 为计算机提供最低级、最直接的控制，计算机的原始操作都是依照固化在 BIOS 的内容来完成的。

常用的 BIOS 芯片基本是由 AMI 和 Award 两家推出的（见图 3-24）。

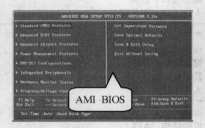

图 3-24　AMI BIOS 和 Award BIOS

一块主板或者说一台计算机性能优越与否，在很大程度上取决于其 BIOS 管理功能是否先进。BIOS 主要有系统自检及初始化、程序服务和设定中断三大功能。

1. 系统自检及初始化

开机自检程序（POST）是 BIOS 在开机后最先启动的程序，启动后 BIOS 将对计算机的全部硬件设备进行检测。检测通过后，按照系统 CMOS 设置中所设置的启动顺序信息将操作系统盘的引导扇区记录读入内存，然后将系统控制权交给引导记录，并由引导程序装入操作系统的核心程序，以完成系统平台的启动过程。

2. 程序服务

程序服务功能主要是为应用程序和操作系统等软件提供服务。BIOS 直接与计算机的I/O（Input/Output，输入/输出）设备打交道，通过特定的数据端口发出命令，传送或接收各种外部设备的数据。软件程序通过 BIOS 完成对硬件的操作。

3. 设定中断

设定中断也被称为硬件中断处理程序。在开机时，BIOS 就将各硬件设备的中断号提交到 CPU（中央处理器），当用户发出使用某个设备的指令后，CPU 就会暂停当前的工作，并根据中断号使用相应的软件完成中断的处理，然后返回原来的操作。DOS/Windows 操作系统对软盘、硬盘、光驱与键盘、显示器等外部设备的管理就是建立在系统 BIOS 的中断功能基础上的。

与 BIOS 紧密相关的还有 CMOS。CMOS RAM 是系统参数存放的地方，而 BIOS 芯片是系统设置程序存放的地方，BIOS 设置和 CMOS 设置是不完全相同的，准确的说法应是通过 BIOS 设置程序对 CMOS 参数进行设置。而我们平常所说的 CMOS 设置和 BIOS 设置是其简化说法，也就在一定程度上造成了两个概念的混淆。

3.4.2 BIOS 设置项

目前 BIOS 系统设置程序有多种流行的版本，每个版本针对某一类或几类硬件系统，因此各个版本不尽相同，但每个版本的主要设置选项却大同小异。BIOS 设置程序的各项基本功能见表 3-4。

表 3-4 BIOS 设置程序的各项基本功能

BIOS 设置项	基 本 功 能
STANDARD CMOS SETUP（标准 CMOS 设置）	对诸如时间、日期、IDE 设备、软驱参数等基本的系统配置进行设定
BIOS FEATURES SETUP（高级 BIOS 设置）	对系统的高级特性进行设定
CHIPSET FEATURES SETUP（高级芯片组特征设置）	修改芯片组寄存器的值，优化系统的性能表现
POWER MANAGEMENT SETUP（电源管理设置）	对系统电源管理进行特别的设定
PNP/PCI CONFIGURATION（PNP/PCI 配置）	对 PNP/PCI 设置进行配置
LOAD BIOS DEFAULTS（载入 BIOS 默认设置）	载入出厂默认值作为稳定的系统使用，但性能表现不佳
LOAD PERFORMANCE DEFAULTS（载入高性能默认值）	载入最优化的默认值，但可能影响系统稳定
INTEGRATED PERIPHERALS（整合周边设置）	设置主板周边设备和端口
SUPERVISOR PASSWORD（设置管理员密码）	设置管理员密码
USER PASSWORD（设置用户密码）	设置用户密码
SAVE &EXIT SETUP（存盘退出）	保存对 CMOS 的修改，然后退出设置程序
EXIT WITHOUT SAVING（不保存退出）	不对 CMOS 的修改进行保存，并退出设置程序

【项目实施】

任务一 预算组装一台多媒体计算机费用

1. 选购方案及预算

查询中关村在线（http://zj. zol. com. cn/list_l1_1_1. html）、太平洋电脑网（http://www. pconline. com. cn/）、天极网（http：//www. yesky. com/），了解最新的硬件报价，预算20000 元模拟装机，硬件需包括 CPU、主板、内存、硬盘、光驱、显卡（可集成）、网卡（可集成）、声卡（可集成）、机箱、电源、显示器、键盘、鼠标、音箱。一份多媒体计算机装机配置单见表3-5。

表 3-5　多媒体计算机装机配置单

品　　名	产品类型	数量	单价/元	技术参数
CPU	Intel 酷睿 i7 4770K（盒）	1	2100	CPU 系列：酷睿 i7 CPU 主频：3500MHz 最大睿频：3900MHz 插槽类型：LGA 1150 针脚数目：1150pin 核心代号：Haswell 核心数量：四核心 线程数：八线程 制作工艺：22 纳米 集成显卡：是
主板	华硕 Z87-K	1	1079	主芯片组：Intel Z87 集成芯片：声卡/网卡 芯片组描述：采用 Intel Z87 芯片组 CPU 平台：Intel CPU 类型：Core i7/Core i5/Core i3/Celeron/Pentium CPU 插槽：LGA 1150 内存类型：DDR3 内存插槽：4×DDR3 DIMM 最大内存容量：32GB PCI-E 插槽：2×PCI-E X16 显卡插槽 2×PCI-E X1 插槽 USB 接口：10×USB2.0 接口（6 内置+4 背板）；4×USB3.0 接口（2 内置+2 背板） SATA 接口：6×SATA III 接口 主板板型：ATX 板型 电源插口：一个 8 针，一个 24 针电源接口
内存	金士顿骇客神条 8GB DDR3 1600（KHX16C10B1B/8）	2	519	容量描述：单条（8GB） 内存类型：DDR3 内存主频：1600MHz 针脚数：240pin 插槽类型：DIMM
硬盘	希捷 Desktop HDD 4TB 5900r/min 64MB SATA3（ST4000DM000）	1	1269	硬盘尺寸：3.5in 硬盘容量：4000GB 缓存：64MB 转速：5900r/min 接口类型：SATA3.0
固态硬盘	三星 SSD 840 PRO Series SATA III（256GB）	1	1399	存储容量：256GB 接口类型：SATA3（6Gbps） 硬盘尺寸：2.5in
显卡	丽台 Quadro K2000	1	3699	芯片厂商：NVIDIA 显卡芯片：Quadro K2000 核心频率：950MHz 显存频率：4000MHz 显存类型：GDDR5 显存容量：2048MB 显存位宽：128bit 散热方式：散热风扇 I/O 接口：双 DisplayPort 接口/DVI 接口

（续）

品　名	产品类型	数量	单价/元	技术参数
光驱	先锋 BDR-S07XLB	1	320	光驱类型：蓝光刻录机 放置方式：水平，垂直 适用光盘尺寸：8cm，12cm
显示器	HKC T7000＋	1	2360	产品类型：LED 显示器，广视角显示器 屏幕尺寸：27in 屏幕比例：16:9（宽屏） 最佳分辨率：2560×1440 像素 面板类型：H-IPS 背光类型：LED 背光 动态对比度：2000 万:1 灰阶响应时间：6ms 可视角度：178/178 显示颜色：16.7M 视频接口：D-Sub（VGA），DVI-I，HDMI，Displayport
机箱	NZXT Phantom 240	1	359	机箱样式：立式 适用主板：ATX 板型，MATX 板型，MINI-ITX 板型 机箱颜色：白色 机箱材质：钢板，塑胶
电源	NZXT HALE82 V2S 750W	1	499	额定功率：750W
散热器	NZXT 海妖 X60	1	799	散热器类型：水冷散热器 散热方式：风冷，水冷
音箱	惠威 M200MKII	1	1 096	音箱类型：HiFi 音箱 音箱系统：2.0 声道 调节方式：旋钮 扬声器单元：5in 信噪比：80dB
键盘	血手幽灵 B510 背光游戏机械键盘	1	499	产品定位：机械键盘 连接方式：有线 键盘接口：USB 普通按键类：87 键 人体工学：支持
鼠标	罗技 G502 游戏鼠标	1	479	适用类型：竞技游戏 工作方式：光电 连接方式：有线 鼠标接口：USB 人体工学：右手设计
操作系统	Microsoft Windows 8 Pro（专业版）	1	875	版本号：Windows NT 6.2 版本类型：专业版
办公软件	Microsoft office 家庭和学生版 2013	1	699	版本号：2013 软件版本：家庭和学生版

合计：18569 元

2. 装机前的准备工作

在动手组装计算机硬件之前，用户要做好相应的准备工作，才能在组装计算机的过程中游刃有余。

（1）工具准备

装机之前需要准备尖嘴钳、十字旋具、一字旋具、镊子等工具（见图3-25）。

（2）材料准备

准备好装机所用的配件、电源排型插座、盛装小零件的器皿及工作台。

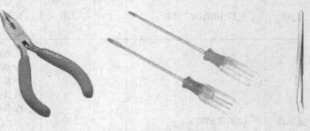

图3-25 装机工具

（3）装机过程中的注意事项

1）防止静电。

2）防止液体进入计算机内部。

3）使用正常的安装方法，不可粗暴安装。

4）认真阅读说明书。

5）以主板为中心，把配件按照顺序排好。

3. 安装机箱内硬件

准备工作完成之后，下面开始正式的装机工作。

（1）安装CPU

从图3-26中可以看到，LGA 1155

图3-26 LGA 1155 接口

接口的英特尔处理器全部采用了触点式设计，与AMD的针式设计相比，其最大的优势是不必担心针脚折断的问题，但对处理器的插座要求则更高。

准备好主板，找到CPU安装槽（见图3-27），将CPU轻轻放入主板的CPU安装槽内（见图3-28）。

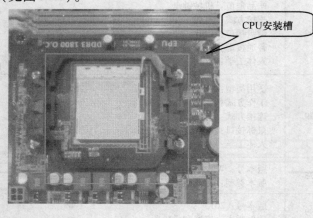

CPU安装槽

图3-27 CPU 安装槽

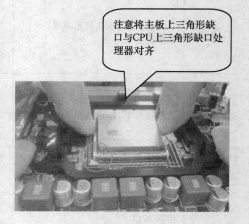

注意将主板上三角形缺口与CPU上三角形缺口处理器对齐

图3-28 对齐CPU与插槽的缺口

将CPU风扇放在CPU上（见图3-29），调整对齐之后轻轻扣下风扇的压杆（见图3-30）。

（2）安装内存条

打开内存插槽两端扣具，将内存条平行放入内存插槽中（见图3-31），用两拇指轻微下压，听见"咔"的响声，说明内存条安装到位。

图 3-29　装入 CPU 风扇

图 3-30　固定 CPU 风扇

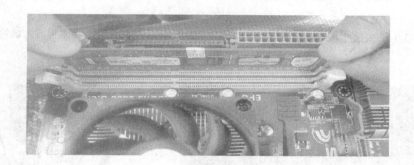

图 3-31　安装内存条

（3）固定主板

准备好机箱（见图 3-32），安装并调整机箱背部金属挡板（见图 3-33）。

图 3-32　准备好机箱

图 3-33　安装并调整机箱背部金属挡板

将机箱提供的主板垫脚螺母安装到机箱主板托架的对应位置（见图 3-34）。双手平行托住主板，将主板放入机箱中，确定机箱安放到位（见图 3-35）。拧紧螺钉，固定好主板（见图 3-36），主板安装完毕（见图 3-37）。

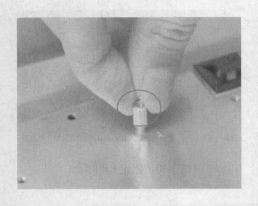

图 3-34　安装主板垫脚螺母

图 3-35　将主板放入机箱

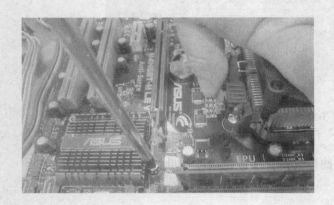

图 3-36　固定主板

机箱后背插口

图 3-37　主板安装完毕

（4）安装硬盘

将硬盘放入机箱的硬盘托架上（见图 3-38），拧紧螺钉使其固定即可（见图 3-39）。

图 3-38　放入硬盘

图 3-39　固定硬盘

（5）安装光驱

对于普通的机箱，只需要将机箱托架前的面板拆除，并将光驱装入对应的位置（见图 3-40），拧紧螺钉使其固定即可。

（6）安装电源

将机箱电源有风扇的一侧对着机箱上的电源孔放入电源托架中（注意：电源线一侧应靠近主板），以便连接（见图 3-41）。然后用一只手托起电源，对准机箱上的螺钉孔放好。从机箱后部在电源 4 个角的螺钉孔中拧入螺丝（见图 3-42）。最后用手搬动电源，看看是否安装稳妥。

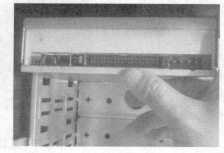

图 3-40　安装光驱

图 3-41　放入电源

图 3-42　固定电源

（7）安装显卡

将显卡平行放入显卡插槽中（见图 3-43），用两拇指轻微下压，听见"咔"的响声，说明显卡安装到位，拧紧螺钉（见图 3-44）。

图 3-43　插入显卡

图 3-44　固定显卡

（8）连接各种线缆

连接各种线缆的步骤如图 3-45 ~ 图 3-51 所示。

图 3-45　连接硬盘的数据线与电源

图 3-46　连接光驱的数据线与电源

图 3-47　插入双列 8PIN 的 12V 插头

图 3-48　插入 23PIN 的电源插头

图 3-49　安装 IDE 数据线

将风扇电源线插入主板对应的插槽

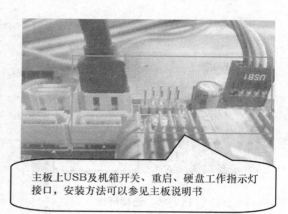

主板上USB及机箱开关、重启、硬盘工作指示灯接口，安装方法可以参见主板说明书

图 3-50　插入风扇电源线　　　　　　　图 3-51　连接 USB 及机箱开关等跳线

（9）主机外部连线

主机外部连线如图 3-52 ~ 图 3-57 所示。

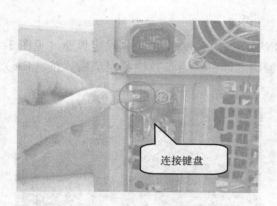

连接键盘

连接鼠标

图 3-52　连接键盘　　　　　　　　　　图 3-53　连接鼠标

连接显示器信号线

连接音频信号线

图 3-54　连接显示器信号线　　　　　　图 3-55　连接音频信号线

图 3-56　连接网线

图 3-57　连接机箱电源线

4. BIOS 参数设置

计算机开机启动后，显示器屏幕出现"Press〈Del〉to enter setup"提示的时候，按〈Del〉键进入 BIOS 设定程序界面。在设置界面中使用方向键移动当前设置选项位置，使用〈Enter〉键进入设置选项，使用〈PageUp〉键和〈PageDown〉键更改参数值，按下〈Esc〉键退出设置界面（见图 3-58）。

（1）检测硬盘参数

将光标移动到"IDE HDD AUTO DETECTION"上按〈Enter〉键进入设定界面（见图 3-59），在设定窗口的数据停止闪动时，按〈Y〉键确定即可。当参数检测完毕后，按〈Esc〉退出该界面。

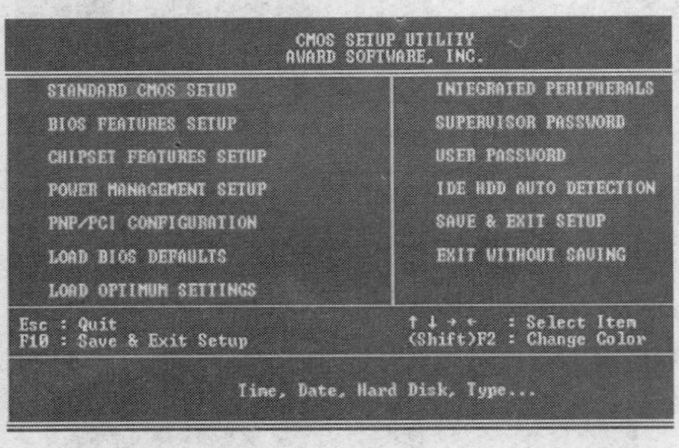

图 3-58　BIOS 设定程序界面　　　　　　图 3-59　检测硬盘参数

（2）进入设置程序主菜单"STANDARD COMS SETUP"选项

1）将光标移动到"STANDARD CMOS SETUP"上按〈Enter〉键进入设定窗口，检查并调整系统显示时间（见图 3-60）。

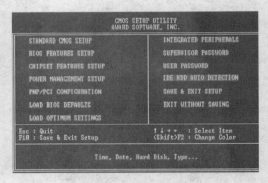

图 3-60　调整系统显示时间

2）设置硬盘参数。屏幕中间显示着 IDE 设备参数列表（见图 3-61），将 "Primary Master" 对应的这一行上面的 "TYPE" 参数设置为 "User"，"MODE" 参数设置为 "LBA"；将 "Primary Slave"、"Secondary Master" 和 "Secondary Slave" 对应的 "TYPE" 均设置为 "None"，通常只有一个硬盘。其余选项保持默认（见图 3-62），按〈Esc〉键退出该设置界面。

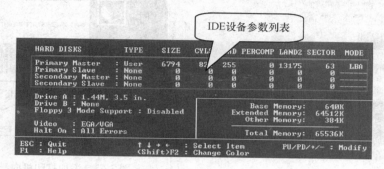

图 3-61　IDE 设备参数列表

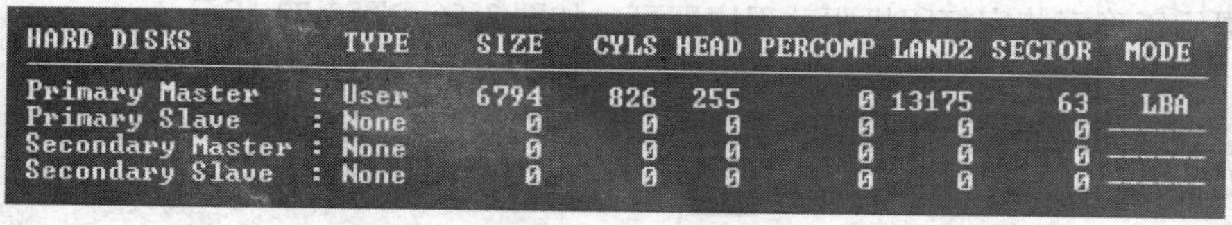

图 3-62　设置硬盘参数

（3）进入 "BIOS FEATURES SETUP" 选项

1）将光标移动到 "BIOS FEATURES SETUP" 上按〈Enter〉键进入设定界面。将 "Boot Sequence"（启动顺序）选项的参数值改为以 CDROM 光驱为首的设备序列，这样在硬盘还没有建立操作系统的情况下从光驱启动计算机，进而进行操作系统的安装。

2）将 "HDD S. M. A. R. T capability" 选项设置为 "Enabled"，以启用硬盘数据保护功能。

3）其余选项保持默认值，如图 3-63 所示，按〈Esc〉键退出该设置窗口。

（4）完成 BIOS 的设置工作

按〈F10〉快捷键，保存并退出。重新启动计算机后，新的设置生效。

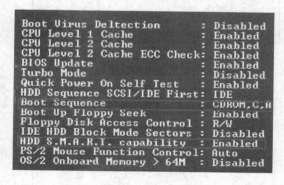

图 3-63　设置启动顺序及硬盘数据保护

任务二　多媒体计算机外部设备的安装和使用

1. 安装打印机 HP LaserJet 2100 驱动

安装打印机驱动前，先连接打印机数据线和电源，接通后，打开打印机电源开关。单击

"开始" | "控制面板",打开"控制面板"窗口,"打印机和传真"(见图3-64),单击"打印机和传真",弹出"添加至打印机向导"对话框;或单击鼠标右键,在弹出的快捷菜单中选择"打开"命令,弹出"添加至打印机向导"对话框(见图3-65)。

图3-64　控制面板界面

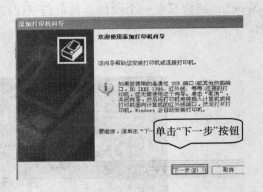

图3-65　添加打印机向导界面

根据提示正确安装完打印机驱动程序即可,如图3-66~图3-72所示。

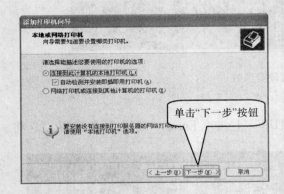

图3-66　自动检测本地或网络打印机

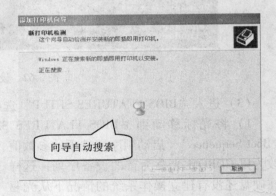

图3-67　搜索即插即用打印机

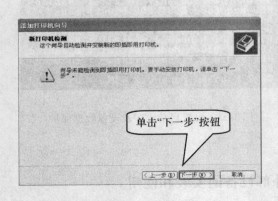

图3-68　手动安装打印机

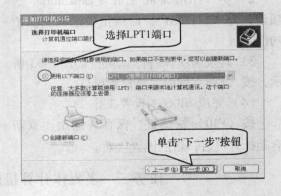

图3-69　选择打印机端口

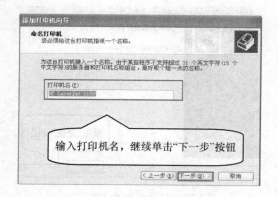

图 3-70 设置打印机名

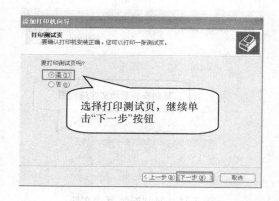

图 3-71 打印测试页

打印机 HP LaserJet 2100 的驱动就全部安装完成了。

2. 安装扫描仪 EPSON Perfection 640 驱动

安装扫描仪驱动程序前，先连接扫描仪数据线和电源，接通后，打开扫描仪电源开关。系统发现即插即用设备 EPSON Perfection 640（见图 3-73）。

根据安装向导的提示正确安装完扫描仪的驱动程序即可完成安装，如图 3-74 ~ 图 3-77 所示。

单击"开始"｜"控制面板"在打开的"控制面板"窗口中，单击"扫描仪和照相机"，显示 EPSON Perfection 640 扫描仪正常，说明驱动成功，可以正常使用。

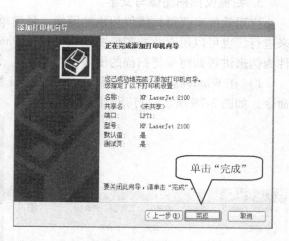

图 3-72 打印机驱动安装完成

图 3-73 发现新硬件

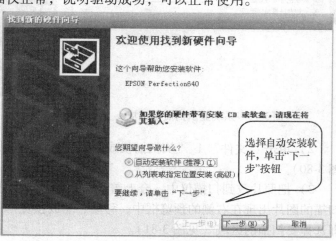

图 3-74 自动安装软件

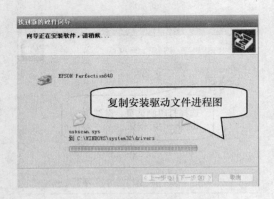

图 3-75　复制安装驱动文件

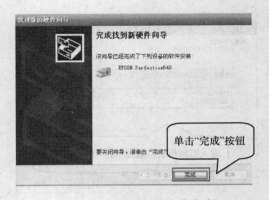

图 3-76　打印机驱动安装完成

3. 扫描仪扫描图像与文字

应用软件来获得扫描仪扫描的图像，最简单方便的就是用 Windows 系统自带的画图软件来进行，也可以用专业的图形图像软件，如 Photoshop 来获得扫描的图像。下面就用画图软件为例来讲解如何获得扫描的图像。

1）在 Windows XP 操作系统下，单击"开始"｜"所有程序"｜"附件"｜"画图"命令，如图 3-78 所示，打开画图软件的窗口。

图 3-77　系统显示扫描仪正常

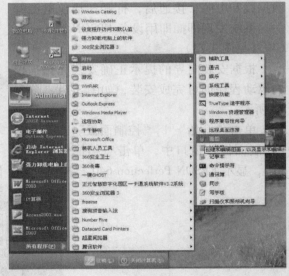

图 3-78　启动画图软件

2）单击"文件"｜"从扫描仪或照相机"命令（见图 3-79），打开扫描仪的窗口（见图 3-80）。

3）把照片放到扫描仪中，合上盖子，并单击"预览"按钮。此时扫描仪开始预览，预扫描的图片出现在右侧的预览框中，移动、缩放预览框中的矩形取景框至合适大小和位置，即选择要扫描的区域（见图 3-81）。

4）单击"扫描"按钮，此时扫描仪开始扫描，屏幕显示扫描进度（见图 3-82）。

5）扫描完成后，窗口显示如图 3-83 所示。

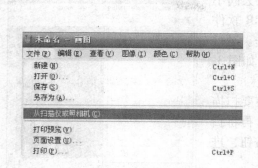

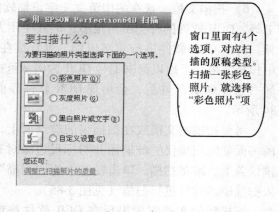

图 3-79　在画图软件中启动扫描程序　　　　　　　图 3-80　选择扫描类型

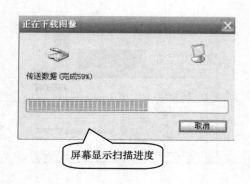

图 3-81　扫描预览窗口　　　　　　　　　　　图 3-82　下载图像

图 3-83　扫描完成

6）扫描文稿。现在的中英文文字识别软件很多，如清华紫光的 OCR、丹青、尚书、汉王等。OCR 软件的种类虽然很多，但其使用方法大同小异。利用 OCR 软件进行文字识别，可直接在 OCR 软件中扫描文稿。下面以尚书七号 OCR 为例示范操作。运行尚书七号 OCR 软件后，会出现 OCR 软件界面，如图 3-84 所示。

将要扫描的文稿放在扫描仪的玻璃面上，使要扫描的一面朝向扫描仪的玻璃面并与标尺边缘对齐，再将扫描仪盖上，准备扫描。单击视窗中的"扫描"按钮，进入扫描驱动软件进行扫描（见图 3-85）。

扫描后的文档图像出现在 OCR 软件视窗中，如图 3-86 所示。

图 3-84　尚书七号 OCR 软件界面

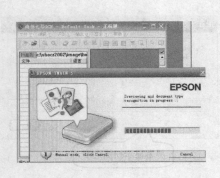

图 3-85　扫描文稿

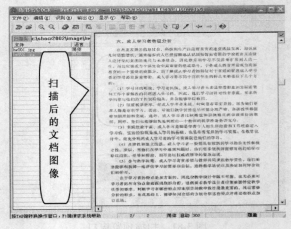

图 3-86　扫描完成后的文档图像

7）调整画面的显示比例和角度，如图 3-87 和图 3-88 所示。

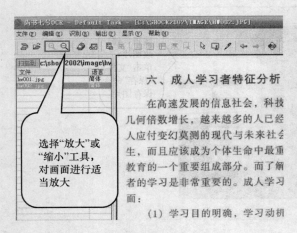

图 3-87　调整显示比例

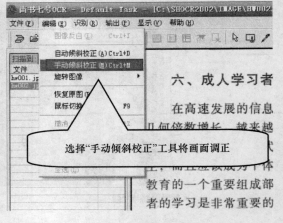

图 3-88　调整显示角度

8）识别文字，如图 3-89 和图 3-90 所示。

选择"开始识别"工具或按〈F8〉快捷键，根据画面情况共框出了 3 个区域。

单击"开始识别"，OCR 会先进行文字切分，然后进行识别，识别的文字将逐步显示出来，如图 3-90 所示。

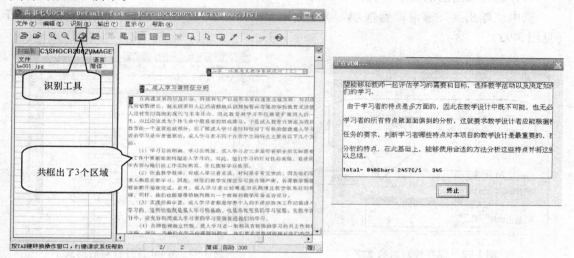

图 3-89　设定识别区域　　　　　　　　　　图 3-90　识别文字

9）校对文字，如图 3-91 所示。

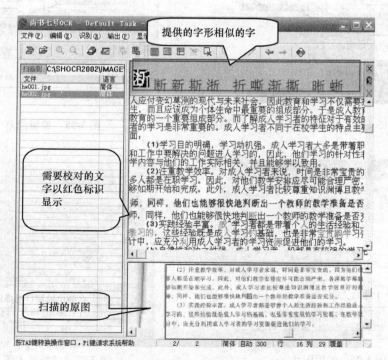

图 3-91　校对文字

　　各类 OCR 软件都提供了文稿校对修改功能，被识别出可能有错误的文字用比较鲜明的颜色显示出来，并且可以进行修改。有些软件的文字校对工具可以提供出字形相似的若干字以供挑选。

　　10）保存校对后的文字（见图 3-92）。

　　选中"输出到外部编辑器选项"复选框，识别的文本会在相应的外部编辑器中打开（见图 3-93）。

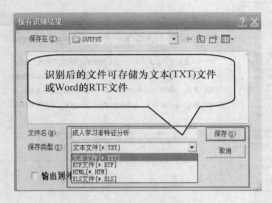

图 3-92　保存校对后的文字

图 3-93　Word 打开校对后的文字

4. 编辑文字和图片

编辑文字和图片如图 3-94 ~ 图 3-97 所示。

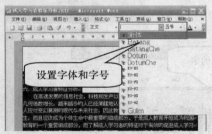

图 3-94　编辑文字

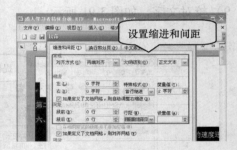

图 3-95　编辑段落

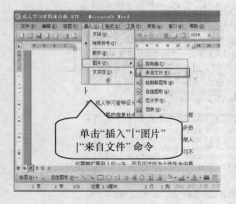

图 3-96　编辑图片

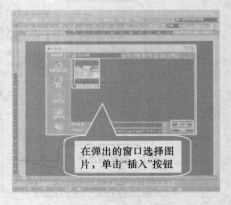

图 3-97　选择插入图片

5. 设置页面参数，打印预览并输出

设置页面、打印预览如图 3-98 和图 3-99 所示。

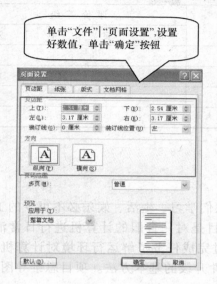

图 3-98　设置页面

图 3-99　打印预览

【项目考评】

　　项目考评主要是以学习目标为依据，根据科学的标准，运用一切有效的技术手段，对项目的过程及其结果进行测定、衡量。项目考评是整个项目中的重要组成部分之一，其目的是激励学生进一步学习，进一步提高学生的学习效果，促进教学最优化。

　　本项目主要从选购硬件组装计算机的方法、过程，扫描仪、打印机的安装和使用这两个子任务完成的完整性、熟练性、丰富性等方面进行考评，详见表 3-6。

表 3-6　安装使用多媒体计算机外部设备考评表

项目名称：安装使用多媒体计算机外部设备					
评价指标	评价要点	评价等级			
		优	良	中	差
装机设计	对特点需求进行分析与研究				
选购计算机的硬件	计算机硬件设备的选型				
组装前的工作准备	组装工具和组装环境				
主机部件的安装	CPU、内存条、主板、电源、显卡、机箱的安装				
线路的连接	电源线和数据线的连接				
组装完成情况	操作方法和速度				
CMOS 的设置	根据需求设置 CMOS				
外部设备的安装	扫描仪与打印机的驱动				
扫描仪的使用	OCR 软件的使用				

（续）

评 价 指 标	评 价 要 点	评 价 等 级			
		优	良	中	差
打印机的使用	打印预览和输出				
小组协作	互助情况				
总 评	总评等级				
	评语：				

项目名称：安装使用多媒体计算机外部设备

【项目拓展】

项目1：计算机硬件系统的日常维护和升级

随着现代计算机科学的发展，计算机已成为人们学习、生活、娱乐必不可少的工具，所以使用者应养成良好的计算机使用习惯。本项目是对一台旧的计算机进行日常清洁、保养，任务是根据客户需求升级计算机硬件，通过完成任务了解运行环境对计算机的影响，掌握计算机配件的日常保养，掌握计算机硬件升级的基本方法。项目思维导图1如图3-100所示。

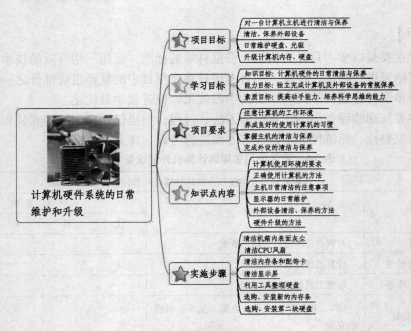

图 3-100　项目思维导图1

项目2：选购便携式计算机

本项目以虚拟选购满足客户需求的便携式计算机为任务，通过完成任务了解便携式计算机的内部构造，了解便携式计算机最新硬件技术，了解便携式计算机主要配件的性能、技术参数，掌握便携式计算机的选购技巧。项目思维导图2如图3-101所示。

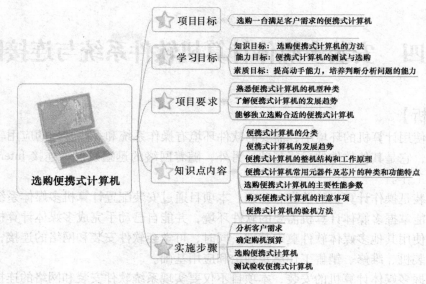

图 3-101　项目思维导图 2

【思考练习】

1. 你能否为家庭配置一台适合老人用的计算机？请简述配置计划。
2. USB 接口的特点是什么？
3. BIOS 与 COMS 的区别？
4. 如何为计算机快速恢复 BIOS 并重新设置密码？
5. 计算机硬件系统具体是指什么？
6. 通过哪些指标来判断 CPU 性能水平？
7. ROM 与 RAM 的区别？
8. 内存的性能指标有哪些？

项目四　安装多媒体计算机软件系统与连接网络

【项目分析】

在日常使用计算机的环境中，需要的软件环境有操作系统和一些常用的应用软件。操作系统有多种，它是其他软件的运行基础。另外，随着网络的迅猛发展，连接 Internet 网络已成为经常性工作。

软件安装是操作计算机的前提和基础。本项目通过安装配置计算机多媒体系统和网络连接，学习者能掌握多媒体计算机需要的软件环境，并能自己动手完成多媒体计算机的软件安装，为今后使用其他多媒体软件奠定基础，同时，可学会软件安装和网络的连接，为今后从事计算机的装机、维修、销售工作奠定理论和应用基础。

为了掌握多媒体计算机的安装，本项目不仅要实现系统软件安装和网络的连接，还要实现常用应用软件安装，使多媒体计算机真正实现办公、娱乐和开发的功能。

【学习目标】

1. 知识目标

1）掌握计算机软件系统组成以及操作系统。

2）熟悉操作系统的定义、特征和功能。

3）了解网络的定义、分类、Internet 技术和联网技术。

2. 能力目标

1）能够熟练安装 Windows 7 操作系统。

2）能够熟练设置网络的连接方式并设置相应 IP 地址。

3）能够熟练安装应用软件。

3. 素质目标

1）具有一定的理论学习和分析的能力，能够了解和安装其他操作系统和应用软件。

2）具有一定的实际动手、操作计算机的能力，具有网络的应用和安全意识。

【项目导图】

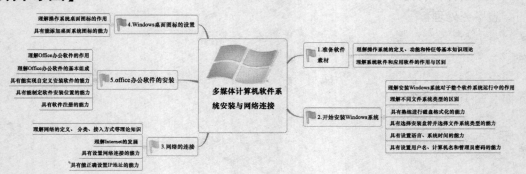

【知识讲解】

4.1　操作系统

　　一个完整的计算机系统由计算机硬件系统和软件系统两部分组成。其中，硬件系统由运算器、控制器、存储器、输入设备和输出设备组成。只有硬件系统而没有软件系统的计算机称为"裸机"。软件是计算机系统中的程序和有关文件的集合；程序是计算任务的处理对象和处理规则的描述；文件是为了便于了解程序所需的资料说明。软件是用户与硬件之间的接口界面。用户主要通过软件与计算机进行交互。软件系统分为系统软件和应用软件两大类。系统软件最靠近硬件层，是计算机的基础软件，如操作系统、高级语言处理程序等。高级语言处理程序包括编译程序和解释程序等。编译程序能将高级语言编写的源程序翻译成计算机执行的目标程序，解释程序是边解释边执行源程序。应用软件处于计算机系统的最外层，是按照某种特定的应用而编写的软件。

1. 操作系统的地位

　　操作系统是紧靠着硬件的第一层软件，它是对硬件功能的首次扩充，并统一管理和支持各种软件的运行。因此，操作系统在计算机系统中占据一个非常重要的地位，它不仅是硬件与所有其他软件之间的接口，而且任何数字电子计算机都必须在硬件的基础上加载操作系统之后，才能构成一个可运行的计算机系统。也只有在操作系统的指挥控制下，各种计算机资源才能得到统一的分配管理，各种软件才有运行的环境。

2. 操作系统的定义

　　操作系统（Operating System，OS）是一种运行于裸机之上的，并对计算机各种硬件和软件资源进行管理、控制和协调的系统程序，可使管理的计算机系统的所有硬件和软件资源协调一致、高效地运行。操作系统是系统软件的核心，对计算机系统十分重要。

　　操作系统主要有两方面重要的作用：

　　（1）管理系统中的各种资源，包括硬件及软件资源

　　操作系统就是资源的管理者和仲裁者，负责在各个程序之间调度和分配资源，保证系统中的各种资源得以有效地利用。操作系统对每一种资源的管理进行以下几项工作。

　　1）监视各种资源：确定资源的多少、状态、分配情况、使用者等。

　　2）实施资源分配策略：决定谁有权获得资源、何时获得、获得多少、如何退回资源等。

　　3）分配各种资源：按照资源分配策略，对符合条件的申请者分配相应资源，并进行相应的管理事务处理。

　　4）回收资源：对某些资源进行回收、整理，以备再次使用。

　　（2）为用户提供良好的界面

　　操作系统为用户的各种工作提供良好的界面，以方便用户的工作。目前，典型的操作系统界面有两类：命令行界面和图形化界面。

3. 操作系统的特征

　　操作系统作为系统软件，具有与其他软件不同的特征。

　　（1）并发性

并发性是指在计算机系统中同时存在多个程序。从宏观来看，它们是同时向前推进的。

（2）共享性

资源共享是指操作系统程序与多个用户程序共用系统中的各种资源。

（3）随机性

操作系统的运行是在一个随机的环境中进行的，因此一般来说我们无法明确地知道操作系统正处于什么样的状态之中，但是这并不是说操作系统不可以很好地控制资源的使用和程序的运行，而是强调操作系统的设计与实现要考虑各种可能性，以便稳定、可靠、安全和高效地达到程序并发和资源共享的目的。

4. 操作系统的功能

（1）进程管理

进程管理主要是对处理器的管理。CPU 是计算机系统中最宝贵的硬件资源，为了提高 CPU 的利用率，操作系统采用多道程序技术，即当一个程序因等待某一条件而不能运行下去时，就把处理器占用权转交给另一个可运行程序，或者有一个更重要的程序要运行时抢占 CPU。为了描述多道程序的并发执行，进程的概念被引入进来。操作系统通过进程管理协调多道程序之间的关系，以使 CPU 资源得到最充分的应用。

（2）存储管理

存储管理主要是管理内存资源。当多个程序共享内存资源时，存储管理解决用户存放在内存的程序和数据彼此隔离又共享内存资源的问题。而当内存不够用时，存储管理解决内存的扩充问题。

（3）文件管理

系统中的信息资源以文件的形式存放在外存储器上，需要时才装入内存。文件管理的任务就是有效地支持文件的存储、检索和修改等操作，解决文件的共享、保密和保护问题，以使用户方便、安全地访问文件。

（4）作业管理

作业管理的任务是为用户提供一个使用系统的良好环境，使用户能有效地组织自己的工作流程，并使整个系统能高效地运行。

（5）设备管理

设备管理是指对计算机系统中的外部设备的管理。

除了上述功能外，操作系统还具有中断处理、错误处理等功能。

4.2　网络连接

1. 网络定义

计算机网络是计算机科学技术与现代通信技术结合的产物。它是由各自具备独立功能的计算机和其他设备，通过允许用户相互通信和共享资源方式，互相连在一起的系统。计算机网络的主要功能是资源共享、数据通信、集中管理、分布处理、综合信息服务和提高系统的可靠性。

2. 网络分类

1）按网络地理覆盖范围可将网络分为局域网、城域网和广域网。

①局域网（Local Area Networks，LAN）。局域网是一种最普遍的网络。随着整个计算机网络技术的发展和提高，局域网得到充分的应用和普及，几乎每个单位都有自己的局域网，有的甚至家庭中都有自己的小型局域网。所谓局域网，就是在局部地区范围内的网络，它所覆盖的地区范围较小。局域网在计算机数量配置上没有太多的限制，少的可以只有两台，多的可达几百台。一般来说，在企业局域网中，工作站的数量在几十到两百台左右。在网络所涉及的地理距离上一般来说可以是几米至10km以内。局域网一般位于一个建筑物或一个单位内。

特点：传输地域小；传输速度快；传输延迟小；用户数少，配置容易；可以灵活设计，应用多种拓扑结构。

②城域网（Metropolitan Area Network，MAN）。城域网是介于局域网与广域网之间的一种网络。这种网络一般来说是在一个城市，但不在同一地理区范围内的计算机互联。这种网络的连接距离可以在10～100km。MAN与LAN相比扩展的距离更长，连接的计算机数量更多，在地理范围上可以说是LAN网络的延伸。在一个大型城市或都市地区，一个MAN网络通常连接着多个LAN网，如连接政府机构的LAN、医院的LAN、电信的LAN、公司企业的LAN等。由于光纤连接的引入，使MAN中高速的LAN互联成为可能。

城域网多采用ATM技术做骨干网。ATM是一个用于数据、语音、视频以及多媒体应用程序的高速网络传输方法。ATM也包括硬件、软件以及与ATM协议标准一致的介质。ATM的最大缺点就是成本高，所以一般在政府城域网中应用，如邮政、银行、医院等。

③广域网（Wide Area Network，WAN）。广域网也被称为远程网，所覆盖的范围比城域网（MAN）更广，它一般是在不同城市之间的LAN或者MAN网络互联，地理范围可从几百到几千千米。因为距离较远，信息衰减比较严重，所以这种网络一般要用专线。这种城域网因为所连接的用户多，总出口带宽有限，所以用户的终端连接速率一般较低，通常为9.6Kbit/s～45Mbit/s。

特点：范围广，全球性，一般使用TCP/IP。

2）按网络传输技术可将网络（局域网）分为以太网、令牌环网、ATM和无线局域网。

①以太网（Ethernet）。以太网最早是由Xerox（施乐）公司创建的，在1980年由DEC、Intel和Xerox三家公司联合开发为一个标准。以太网是应用最为广泛的局域网，包括标准以太网（10Mbit/s）、快速以太网（100Mbit/s）、千兆以太网（1 000 Mbit/s）和10G bit/s以太网，它们都符合IEEE 802.3系列标准规范。

②令牌环网。令牌环网是IBM公司于20世纪70年代发展的，现在这种网络比较少见。在老式的令牌环网中，数据传输速度为4Mbit/s或16Mbit/s，新型的快速令牌环网速度可达100Mbit/s。

③无线局域网（Wireless Local Area Network，WLAN）。无线局域网是目前热门的一种局域网，特别是自Intel推出首款自带无线网络模块的迅驰笔记本处理器以来。无线局域网与传统的局域网主要不同之处就是传输介质不同，传统局域网都是通过有形的传输介质进行连接的，如同轴电缆、双绞线和光纤等，而无线局域网则是采用空气作为传输介质的。正因为它摆脱了有形传输介质的束缚，所以这种局域网的最大特点就是自由，即只要在网络的覆盖

范围内，可以在任何一个地方与服务器及其他工作站连接，而不需要重新铺设电缆。这一特点非常适合那些移动办公一族，有时在机场、宾馆、酒店等（通常把这些地方称为"热点"），只要无线网络能够覆盖到，都可以随时随地连接上 Internet。

无线局域网所采用的是 IEEE 802.11 系列标准，它也是由 IEEE 802 标准委员会制定的。目前这一系列标准主要有 4 个标准，分别为 802.11b、802.11a、802.11g 和 802.11z，前 3 个标准都是针对传输速度异常进行的改进，最开始推出的是 802.11b，它的传输速度为 11MB/s，因为它的连接速度比较低，随后推出了 802.11a 标准，它的连接速度可达 54MB/s。但由于两者不互相兼容，致使一些早已购买 802.11b 标准的无线网络设备在新的 802.11a 网络中不能用，后续又正式推出了兼容 802.11b 与 802.11a 两种标准的 802.11g，这样原有的 802.11b 和 802.11a 两种标准的设备都可以在同一网络中使用。802.11z 是一个专门为了加强无线局域网安全而制定的标准。因为无线局域网的"无线"特点，致使任何进入此网络覆盖区的用户都可以轻松地以临时用户身份进入网络，给网络带来了极大的不安全因素，为此 802.11z 标准专门就无线网络的安全性方面作了明确规定，加强了用户身份验证制度，并对传输的数据进行了加密。

3）按网络拓扑结构可将网络分为总线型、星形、环形、树形和网状形。

①总线型拓扑结构。网络中的所有计算机连接到连续的电缆上，该段电缆将它们连接起来。信息数据包传输到该段上所有网络适配器上。

特点：若总线型拓扑结构中某一点断开，则整个网络断开，在网络上的所有计算机都不能通信。

②星形拓扑结构。在这种结构中，信号通过交换机传递到网络上的计算机上。交换机（集线器）是将几台计算机连接在一起的设备。

特点：若该结构上的一台计算机出现故障，则只有这台计算机不能发送或接收数据，网络的其余部分功能不受影响。但是，由于每台计算机均连接交换机，若交换机出现故障，则整个网络将瘫痪。这种结构便于查错，如果网络不通，或者计算机出现故障，从交换机上可以直接看出。

③环形拓扑结构。在这种结构中，计算机连接到缆线组成的环上，信号以一个方向在环中运行，通过每台计算机，计算机的作用就像一个中继器，增强该信号，并将信号发到下一个计算机上。

特点：早期的环形拓扑结构如果一点断开，整个网络就瘫痪了；新型的环网结构（双环）已经解决了这个问题。

④树形拓扑结构。它是一种层次结构。在树形结构中，把整个电缆连接成树形，树枝分层每个分枝点都有一台计算机，数据依次从上往下传，数据交换主要在上下结点之间（有父子关系的结点）进行，而相邻结点或同层结点之间一般不进行数据交换。

特点：树形结构布局灵活，维护方便，适用于汇集信息的应用要求；但是它的资源共享能力较低，可靠性不高，而且故障检测较为复杂。

⑤网状形拓扑结构。在网状形拓扑结构中，每台计算机通过单独的缆线与其余的计算机连接，提供通过网络的冗余路径，如果一条缆线出现故障，另一条可以继续通信，网络仍然能够发挥作用。

3. Internet 概述和网络接入

Internet 起源于 1969 年美国为了军事需要建立的 ARPAnet 网。1972 年，美国的大学与研究机构接入此网，同时制定了 TCP/IP，于是 Internet 逐步扩展到商业及各行各业，到了 20 世纪 80 年代，Internet 已初具规模。

网络的接入方式有拨号上网、DDN 上网、ISDN 上网、宽带 ADSL 上网和局域网上网。

1）拨号上网：用 Modem（调制解调器）与电话线连接上网，速度慢、通信质量差、易中断。

2）DDN 上网：由 DDN 数据数字网上网，速度快、线路质量好，但收费高。

3）ISDN 上网：由 ISDN 综合业务数字网上网，网速在拨号上网与 DDN 方式上网之间，收费较高。

4）宽带 ADSL 方式上网：ADSL（非对称数字用户环路）技术是运行在原有普通电话线上的一种新的高速宽带技术，它利用现有的一对电话铜线，为用户提供上、下行非对称的传输速率（带宽）。非对称主要体现在上行速率（最高 640Kbit/s）和下行速率（最高 8Mbit/s）的非对称性上。上行（从用户到网络）为低速的传输，可达 640Kbit/s；下行（从网络到用户）为高速传输，可达 8Mbit/s。它最初主要是针对视频点播业务开发的，随着技术的发展，逐步成为了一种较方便的宽带接入技术，为电信部门所重视。通过网络电视的机顶盒，可以实现许多以前在低速率下无法实现的网络应用。

5）局域网上网：用户通过网卡连接到某个与 Internet 连接的局域网上进行上网。

【项目实施】

4.3　系统软件安装——以 Windows 7 为例

Windows 7 一般有 4 个类型的版本，分别是简易版、家庭基础版、家庭高级版、专业版、企业版和旗舰版等，其中旗舰版包含了家庭高级版和专业版的所有功能，各版本安装过程大同小异。此项目以安装 Windows 7 旗舰版简体中文版为例。

1. 初步准备工作

1）准备好一张 Windows 7 旗舰版简体中文版安装光盘，并且检查光驱是否支持自启动的方式。

2）记录安装文件的产品密匙（安装序列号）。

3）在可能的情况下，检查所有磁盘是否都工作正常。

4）如果想在安装过程中格式化 C 盘或 D 盘（建议在安装过程中格式化 C 盘），请注意备份 C 盘或 D 盘有用的数据。

2. 用光盘启动系统安装

重新启动系统并进入 BIOS，把光驱设为第一启动盘，保存设置并重启计算机。将 Windows 7 安装光盘放入光驱。刚启动时，当出现如图 4-1 所示的画面时，按下〈Enter〉键，否则不能启动 Windows 7 系统光盘安装。

图 4-1　安装光盘启动

3. 安装 Windows 7 旗舰版

光盘自启动后，如无意外，即可见到如图 4-2 所示的安装界面。

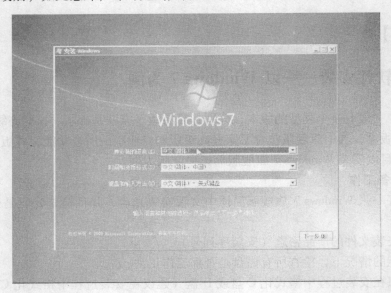

图 4-2　安装界面

在该界面下选择安装的语言，时间和货币格式，以及键盘和输入方法，单击"下一步"按钮，进入"安装 Windows"界面，如图 4-3 所示。

单击"现在安装"按钮，将启动安装程序，如图 4-4 所示。

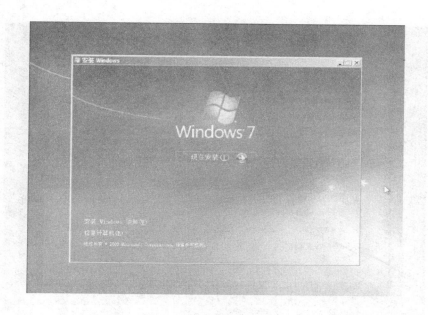

图 4-3 Windows 7 安装界面

图 4-4 启动安装程序

安装程序启动之后，进入到系统安装的"收集信息"阶段，首先显示的是 Microsoft 软件许可条款界面，选中"我接受许可条款"复选框（见图 4-5），单击"下一步"按钮，进入到安装类型选择界面（见图 4-6），选择"自定义（高级）"，再单击"下一步"按钮，进入到安装位置界面（见图 4-7），选择 Windows 7 安装的逻辑盘，然后继续单击"下一步"按钮，此时系统信息收集完毕，进入到 Windows 7 安装阶段。

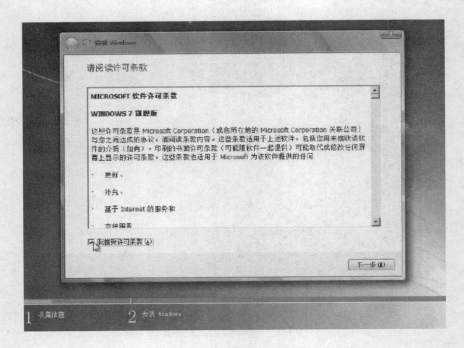

图 4-5　Microsoft 软件许可条款界面

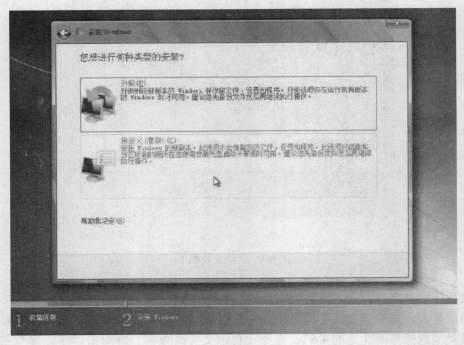

图 4-6　选择安装类型界面

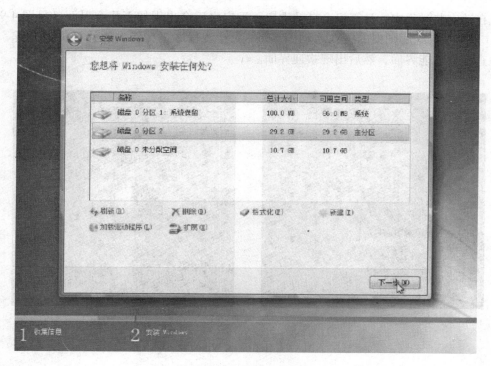

图 4-7　选择安装位置界面

安装信息收集完毕之后，进入到安装 Windows 阶段，系统会自动进行安装，如图 4-8 所示。

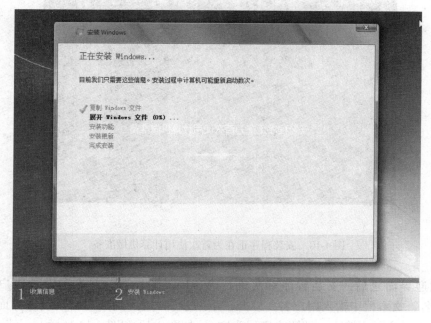

图 4-8　正在安装 Windows

在自动安装过程中，计算机会自动重启，重启之后会出现如下几个界面（见图 4-9～图 4-12），分别是有绚丽图案的正在启动 Windows、安装程序正在首次为计算机做准备、安装程序检查视频性能界面，然后出现欢迎界面。

图 4-9　正在启动 Windows

图 4-10　安装程序正在为首次使用计算机做准备

进入欢迎界面之后，安装程序首次进行 Windows 的设置，首先是设置账户信息，在"键入用户名"文本框中输入用户名，单击"下一步"，进入到账户密码设置界面，输入用户的账户密码（亦可不输入，即账户密码为空），如图 4-13 和图 4-14 所示。

图 4-11 安装程序正在检查视频性能

图 4-12 欢迎

图 4-13 输入用户名

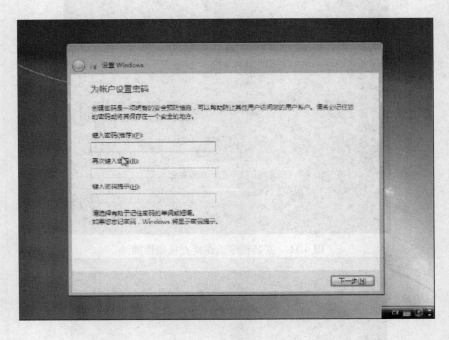

图 4-14　设置账户密码

继续单击"下一步"按钮，进入到"键入您的 Windows 产品密钥"界面，输入产品密钥（即安装序列号），如图 4-15 所示。

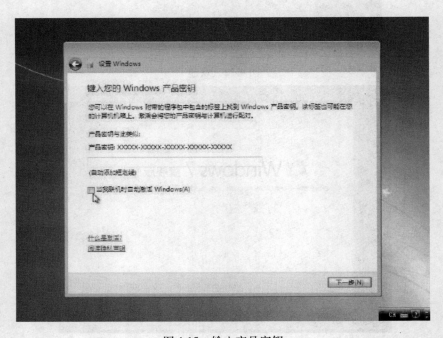

图 4-15　输入产品密钥

单击"下一步"按钮，进入"帮助您自动保护计算机以及提高 Windows 的性能"界面，选择"以后询问我"，如图 4-16 所示。

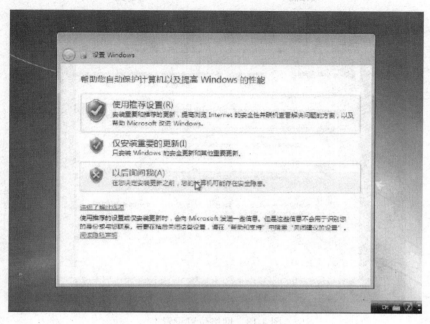

图 4-16 设置计算机

然后进入到"查看时间和日期设置"界面，在"时区"下拉列表框中选择北京时区，并设置好时间和日期，如图 4-17 所示。

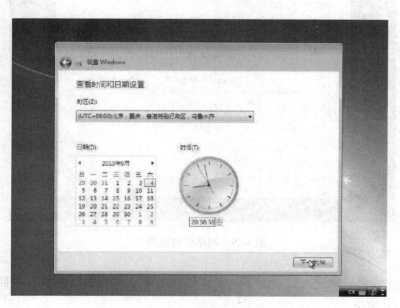

图 4-17 设置时间和日期

单击"下一步"按钮，进入"请选择计算机当前的位置"界面，选择"家庭网络"，再进入到"请选择计算机当前的位置"界面，系统会自动配置网络位置，如图4-18和图4-19所示。

图 4-18　网络位置设置 1

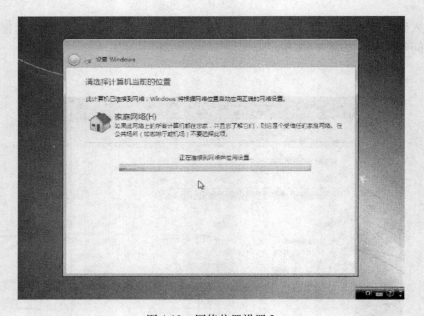

图 4-19　网络位置设置 2

以上步骤完成之后就进入到桌面了，安装程序结束。这时桌面上只有"回收站"一个图标，如图4-20所示。

图 4-20　桌面

4. 配置网络

单击"开始"按钮，进入开始菜单，选择"控制面板"，打开"控制面板"窗口，如图 4-21 和图 4-22 所示。

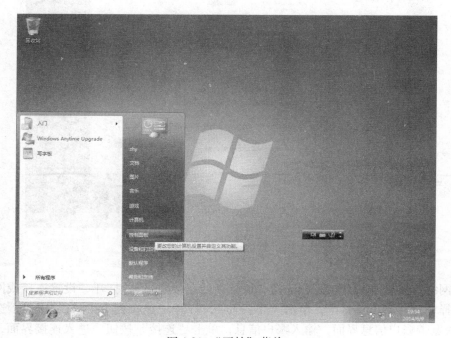

图 4-21　"开始"菜单

图 4-22　控制面板

选择"网络和 Internet",进入"网络和共享中心",如图 4-23 所示。

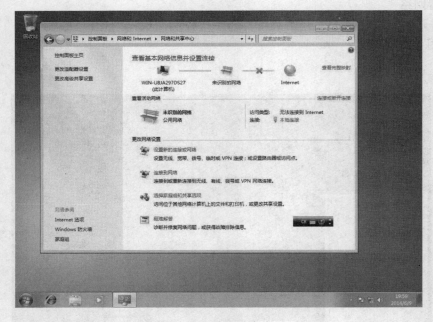

图 4-23　网络和共享中心

此时网络连接处于断开状态,选择"设置新的连接网络",打开"设置连接或网络"窗口,并选择"连接到 Internet",单击"下一步",打开"连接到 Internet"窗口,选择"宽带",进入宽带账户信息界面,输入账户信息,单击"连接"按钮,进入连接界面,如图 4-24 ~图 4-27 所示。

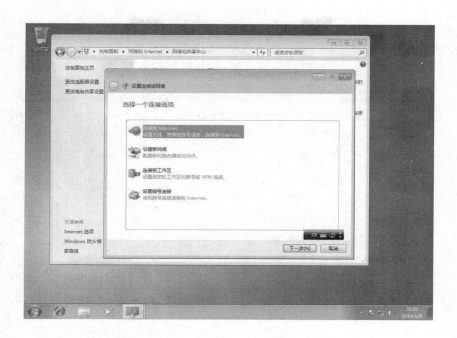

图 4-24　设置连接或网络

图 4-25　连接到 Internet

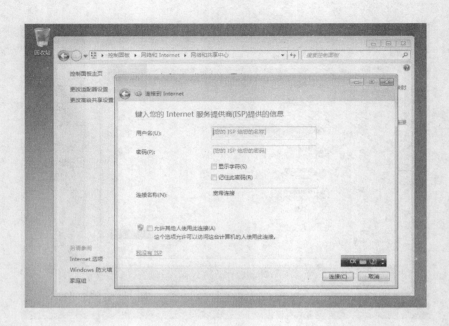

图 4-26　宽带账户

图 4-27　正在连接

连接成功之后，返回到"网络和共享中心"，此时可发现已连接到 Internet。至此，网络连接设置成功，用户打开浏览器就可以上网冲浪了。

4.4　常用软件安装——以 Office 2010 为例

首先将 Office 2010 的安装光盘放到光驱中，打开 Office 2010 文件夹，并找到安装文件 setup. exe，如图 4-28 所示。

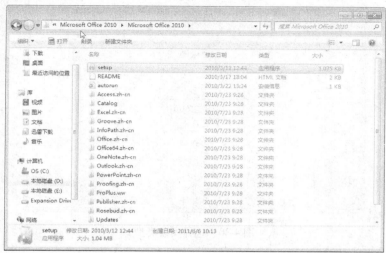

图 4-28　Office 2010 文件夹

双击运行 setup. exe 文件，开始进行 Office 2010 的安装，弹出如图 4-29 所示的软件安装许可证条款界面。

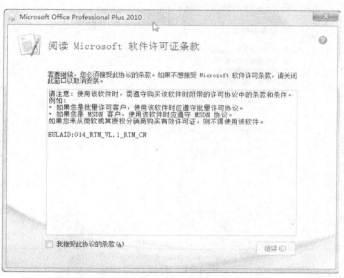

图 4-29　软件许可证条款

用户应仔细阅读软件许可证条款，确定同意许可证条款后，选中"我接受此协议条款"复选框，并单击"继续"按钮，出现如图 4-30 所示的窗口。

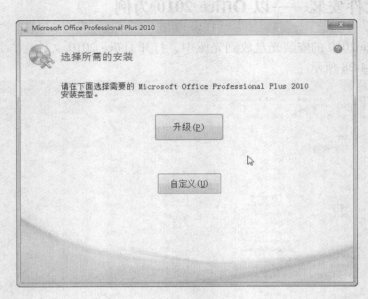

图 4-30　选择安装类型

若用户的计算机中已经安装了其他低版本的 Office，可以单击"升级"按钮，进行版本升级，弹出如图 4-31 所示的升级界面，并根据实际情况选择保留或删除原先版本的Office。

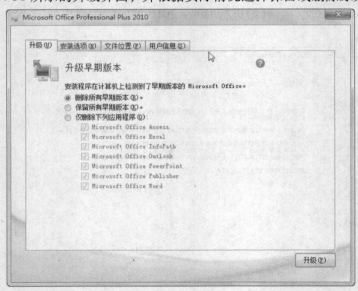

图 4-31　升级界面

若没有安装任何版本的 Office，则单击"自定义"按钮，进行自定义安装。这里选择的是"自定义"安装类型，则进入如图 4-32 所示的安装选项界面。

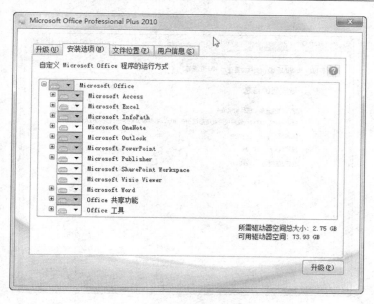

图 4-32 安装选项界面

切换至"安装选项"选项卡，单击需要安装的相应办公软件左边的三角形按钮，在弹出的菜单中选择"从本机运行全部程序"命令，如图 4-33 所示。

选择完所需软件，切换至"文件位置"选项卡，出现如图 4-34 所示的界面，选择 Office 2010 的安装位置。

图 4-33 选择安装软件

图 4-34 "文件位置"选项卡

指定了 Office 的安装路径后，可以切换至"用户信息"选项卡，输入用户信息，如图 4-35 所示。

设定完以上信息后，单击"升级"按钮，进行安装，此时，弹出如图 4-36 所示的安装进度。

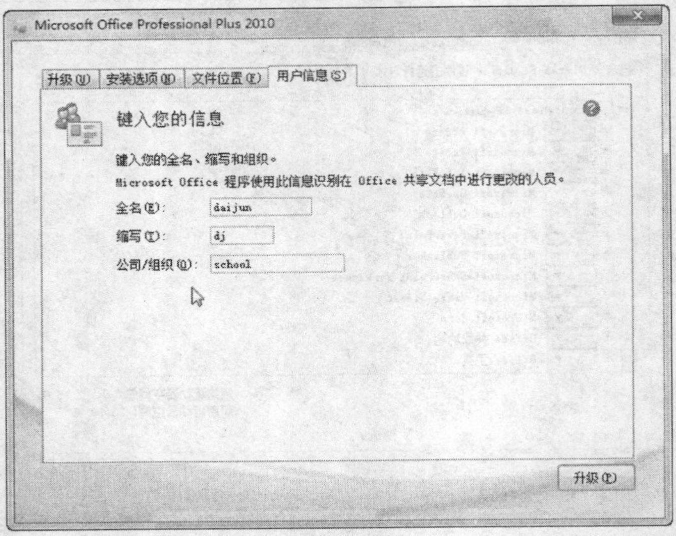

图 4-35　"用户信息"选项卡

图 4-36　安装进度

> **提示：**整个安装时间比较长，用户需要耐心等待。

当进度条运行完后，弹出如图 4-37 所示的界面，表示安装完成。

单击"关闭"按钮，安装要求重新启动 Windows 系统，如图 4-38 所示，重新启动 Windows 后安装完成。

图 4-37 安装完成

图 4-38 重启界面

提示：有很多软件安装完后还需要进行注册，需要有正版软件的注册码，注册码在购买软件时获得。

【项目考评】

项目考评表见表 4-1。

表 4-1 项目考评表

项目名称：安装多媒体计算机系统软件与连接网络

评价指标	评价要点	评价等级			
		优	良	中	差
Windows 系统安装技能	能够成功地安装 Windows 系统及其相应驱动程序				
桌面设置能力	能设置桌面的背景和常用图标				
网络连接技能	能设置正确的网络连接方式；设置正确的 IP 地址；计算机能正常上网				
Office 办公软件安装技能	Word、Excel、PowerPoint、Access 等办公软件安装正常，能正常使用				
总评	总评等级				
	评语：				

【项目拓展】

项目：Windows 7 系统与应用软件 Photoshop 的安装

本项目介绍了系统软件 Windows XP 的安装和常用办公软件 Office 2010 的安装，大家可以用类似的安装方法安装 Windows 7 操作系统和其他应用软件（如 Photoshop 的安装），进一步理解软件的安装过程。

项目思维导图如图 4-39 所示。

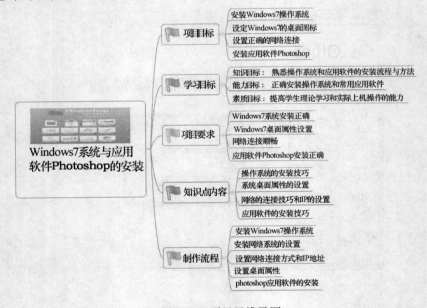

图 4-39 项目思维导图

【思考练习】

1. 网络连接是不是一定要在 Windows 的安装过程中进行设置，能否在 Windows 安装结束后进行网络连接的设置？

2. 在安装 Office 时，如果没有选择"从本机上运行全部程序"，会有什么结果？

3. 如何更改 IP 地址？

4. 操作系统的特征和功能有哪些？

5. 网络的分类有哪些？

项目五　设计制作学校招生宣传简章

【项目分析】

现代社会，计算机被广泛使用，无纸化办公已成为一种潮流。政府组织、商业机构和学校等单位，都在推行无纸化办公。无纸化办公的一大特色便是公文、信函和通信往来需要使用文档处理软件。熟练地使用文档处理软件，迅速、高效地进行文档处理，已成为一项基本的职业技能，在学习和工作中起到十分重要的作用。Word 软件是最流行的文档处理软件之一。

用 Word 2010 设计制作学校招生宣传简章，主要目的是让学生更好地掌握 Word 2010 的基础知识，熟悉软件的基本操作，能熟练地进行文档编辑，运用表格进行数据分析，利用图形进行说明，以达到熟练处理和美化文档的目的。

本项目包括 Word 2010 文档的建立、编辑文档、文档的排版、文档的样式和模板，以及在文档中插入表格和图片等一系列的操作。

【学习目标】

1. 知识目标

1）掌握 Word 2010 的基本概念、功能和特点。

2）掌握 Word 2010 的窗口界面和使用方法。

3）了解 Word 2010 的应用范围和领域。

2. 能力目标

1）熟悉建立 Word 2010 文档，熟练操作菜单、文字录入等功能。

2）熟练操作在文本中插入表格和图片，并对表格和图片进行编辑。

3）掌握页面设置和排版以及打印设置等。

4）独立完成一个完整的文档制作。

3. 素质目标

培养学生的审美观以及逻辑思维能力，使学生在今后的工作中能独立处理公文、信函以及与 Word 有关的事情。

【项目导图】

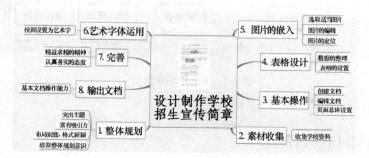

【知识讲解】

5.1　Word 2010 概述

　　Word 2010 是 Microsoft 公司推出的新一代文档处理软件，它是桌面办公软件 Office 2010 的组件之一。Word 2010 提供了出色的功能，增强后的功能可创建专业水准的文档，用户可以更加轻松地与他人协同工作，并可在任何地点访问文件。Word 2010 提供了功能强大的文档格式设置工具，用户可更轻松、高效地组织和编写文档。

5.1.1　启动和退出

1. 启动

　　启动 Word 常用以下方法：

　　1）利用程序菜单：单击任务栏中的"开始"按钮，选择"所有程序"菜单中的"Microsoft Office"子菜单中的"Microsoft Office"，然后单击"Microsoft Word 2010"，即可启动 Word 2010。

　　2）利用文档列表：单击任务栏中的"开始"按钮，选择"文档"项，出现文档列表，单击 Word 文档文件，则在启动 Word 2010 的同时打开该文档。

　　3）利用桌面快捷工具栏：如果桌面上已显示 Microsoft Office 快捷工具栏，可单击快捷工具栏中的"Microsoft Word 2010"按钮。

　　启动 Word 2010 后，屏幕会出现如图 5-1 所示的窗口。

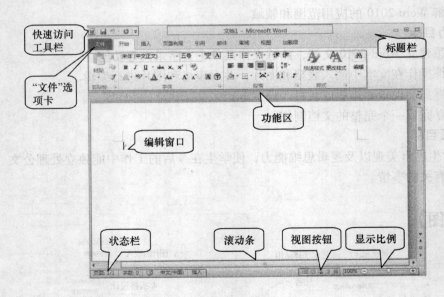

图 5-1　Word 2010 窗口

2. 退出

　　退出 Word 常用以下方法：

1）双击 Word 窗口左上角的控制菜单框图标。

2）单击 Word 窗口右上角的"关闭"按钮。

3）选择"文件"中的"退出"命令。

4）按〈Alt + F4〉组合键。

5.1.2 Word 2010 窗口组成

进入 Word 后，Word 窗口如图 5-1 所示。它是由标题栏、快速访问工具栏、"文件"选项卡、功能区、编辑窗口、滚动条、状态栏、视图按钮和显示比例组成。

1. 标题栏

显示正在编辑的文档的文件名以及所使用的软件名。其中还包括标准的"最小化"按钮、"还原"按钮和"关闭"按钮。

启动 Word 后，文档窗口为空，Word 自动将文档命名为"文档 1"，存盘时用户可以重新为其命名。

2. 快速访问工具栏

常用命令位于此处，如"保存"、"撤消"和"恢复"等命令。在快速访问工具栏的末端有一个下三角形按钮，它是一个下拉菜单，用户可以在其中添加其他常用命令。

3. "文件"选项卡

单击"文件"选项卡下的按钮可以查找对文档本身而非对文档内容进行操作的命令，例如"新建""打开""另存为""打印"和"关闭"，如图 5-2 所示。

4. 功能区

工作时需要用到的命令位于此处。功能区的外观会根据显视器的大小而发生改变。用户可以通过更改控件的排列来压缩功能区，以便适应较小的显视器。

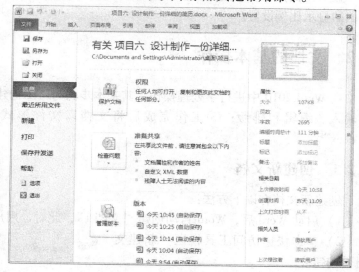

图 5-2 "文件"选项卡

5. 编辑窗口

编辑窗口用于显示正在编辑的文档的内容。

用户在编辑窗口中可以输入文本、表格或插入图形。对文章的编辑排版也可在编辑窗口中进行。

窗口中闪烁的竖线称为"插入点"。插入点用来表明当前输入内容的位置。插入点随输入向右移动。通过鼠标或键盘也可以改变插入点的位置。

6. 滚动条

滚动条用于更改正在编辑的文档的显示位置。

在编辑窗口的右侧和下方各有一个滚动条，分别称为垂直滚动条和水平滚动条。用户可利用滚动条将编辑窗口之外的文档移到可视区以便查看。

滚动条可以显示也可以隐藏。选择"文件"｜"选项"命令，在弹出的"Word选项"对话框中选择"高级"，在"显示"栏中进行设置，如图5-3所示。

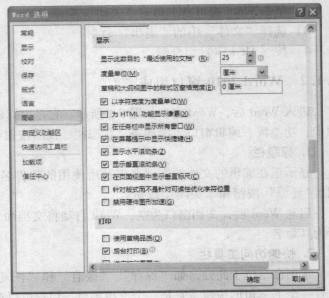

7. 状态栏

状态栏位于水平滚动条的下面，用于显示正在编辑的文档的相关信息，如页面、总页数、行号、列号等。

8. "视图"按钮

"视图"按钮用于更改正在编辑的文档的显示模式。

9. 显示比例

显示比例用于更改正在编辑的文档的显示比例设置。

图5-3　设置滚动条参数

5.2　文档的基本操作

在Word 2010中进行字处理操作，其基本步骤为：①创建或打开一个文档；②进行文档的输入、编辑和排版；③工作完成后将文档以文件形式保存，文件的默认扩展名是".docx"。

5.2.1　创建新文档

创建新文档有以下方法：

1）启动Word后，Word自动创建"文档1"，此时，用户便可以输入文本，然后存盘。

2）单击快速访问工具栏区"新建文档"按钮。

3）单击"文件"｜"新建"命令，出现如图5-4所示的界面，选择"空白文档"，单击"创建"按钮；或双击"空白文档"。

5.2.2　文档的输入

创建文档后，用户便可在文档的插入点处进行输入了，输入时插入点自动后移。当输入内容到达右边界时，Word会自动换行，插入点移至下行开头，可继续

图5-4　新建文档

输入；当本段输入完毕后，应按〈Enter〉键结束。

1. 输入时涉及的问题

1）删除错误文字：当输入有错时，可在错误处单击鼠标，使插入点定位在有错的文本处，然后按〈Delete〉键可删除插入点右面的字符，按〈Backspace〉键可删除插入点左面的字符。

2）切换输入模式：如果需要插入文本，应处于插入状态；如果需要改写文本，应处于改写状态。按〈Insert〉键或单击状态栏上的"插入"字样，可在插入模式和改写模式之间快速切换。

3）〈Enter〉键的作用：只有开始新段落，才需按〈Enter〉键。

2. 输入符号

在文档中，除了需要输入英文和中文外，往往需要输入键盘上没有的符号。切换至"插入"选项卡，单击"符号"按钮，选择所需插入的符号。

5.2.3 保存文档

用户输入的文档仅被暂时存放在内存储器中并显示在屏幕上，退出 Word 后便不存在。为了永久保存文档，应将文档存入磁盘中。用户可使用以下方法保存文档：

1. 首次保存文档

首次对新建的文档进行保存操作时，用户可使用"文件"中的"保存"和"另存为"命令，这两个命令的功能相同，都需要用户指定文档的保存位置和文件名。

2. 再次保存文档

对保存过的文档，如果希望以原位置、原文件名再次存盘，可以单击快速访问工具栏中的"保存"按钮或"文件"中的"保存"命令。如果要改变保存位置或改变文件名，应单击"文件"|"另存为"命令，在弹出的"另存为"对话框中指定保存位置和文件名，如图 5-5 所示。

3. 自动保存文档

为了防止突然断电或发生其他意外，Word 提供了每隔一段时间自动为用户保存文档的功能。单击"文件"|"选项"命令，选择对话框中的"保存"命令，从中指定保存文档的时间间隔，如图 5-6 所示。

图 5-5 "另存为"对话框

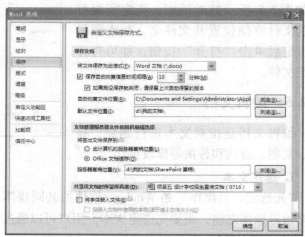

图 5-6 设置自动保存参数

5.2.4 打开文档

如果要对磁盘上的文档文件进行修改等操作，应先将其打开。

1. 打开最近使用的文档

为了方便用户，Word 会记住用户最近使用过的文件。切换至"文件"选项卡，单击"最近所用文件"，显示最近使用过的文档列表，如图 5-7 所示。

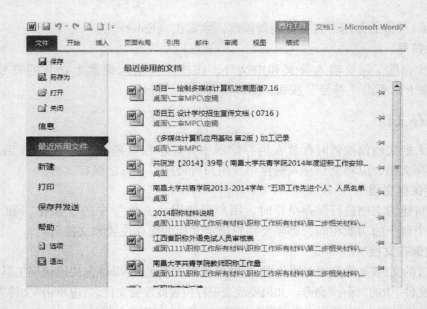

图 5-7　显示最近使用过的文档

2. 打开指定文件

在"文件"选项卡中单击"打开"，弹出如图 5-8 所示的对话框，指定所要打开的文件存储位置及文件名，双击图标或选定后单击"打开"按钮，即可打开指定文件。

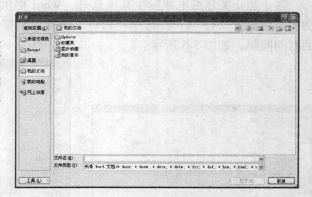

图 5-8　打开指定文件

5.2.5 编辑文档

编辑文档是指对文本进行删除、移动、复制、查找和替换等修改操作。

1. 选定文本

"先选定，后操作"是 Windows 软件的共同规律。在 Word 中，对文本进行移动、复制或排版等操作之前，需要先选定文本。用户可以通过鼠标、键盘以及命令选定文本。

（1）使用鼠标

选定任何数量的文本：将鼠标指针移到欲选定内容的起始处，按住鼠标左键拖动到欲选定内容的结尾处，释放鼠标左键。

选定一个单词：将鼠标指针移到该单词前，双击鼠标左键。

选定一个句子：按住〈Ctrl〉键，然后在该句的任何位置上单击鼠标左键。

选定一行文本：将鼠标指针移到文本选定区（该行的左侧），单击鼠标左键。

选定多行文本：将鼠标指针移到文本选定区，然后向上或向下拖动鼠标。

选定一个段落：将鼠标指针移到该段的文本选定区，然后双击；或者在该段落的任意位置上三击鼠标左键。

选定整篇文档：将鼠标指针移到文本选定区的任意位置，然后三击鼠标左键；或者单击"开始"|"选择"|"全选"命令。

（2）使用键盘

利用键盘上的光标移动键，也可快速选定文本。

选定输入点右侧的一个字符：Shift + 右箭头。

选定输入点左侧的一个字符：Shift + 左箭头。

选定输入点右侧单词：Ctrl + Shift + 右箭头。

选定输入点左侧单词：Ctrl + Shift + 左箭头。

选定输入点到行尾：Shift + End。

选定输入点到行首：Shift + Home。

选定输入点的下一行：Shift + 下箭头。

选定输入点的上一行：Shift + 上箭头。

选定输入点到段尾：Ctrl + Shift + 下箭头。

选定整篇文档：Ctrl + A。

2. 删除文本

选定文本后，若要将其删除，可按〈Delete〉键或按〈Backspace〉键。

3. 移动和复制文本

（1）使用鼠标

如果是近距离移动或复制文本，可以通过拖动鼠标完成。

选定要移动或复制的文本，按住鼠标左键，拖动文本到新位置，释放鼠标左键，则完成文本移动。如果按住〈Ctrl〉键后再移动文本，完成文本复制。

（2）使用剪贴板

选定要移动的文本，单击"开始"|"剪切"按钮或按〈Ctrl + X〉组合键，再在新位置单击"开始"|"粘贴"按钮或按〈Ctrl + V〉组合键；选定要复制的文本，单击"开始"|"复制"按钮或按〈Ctrl + C〉组合键，再在新位置单击"开始"|"粘贴"按钮或按〈Ctrl + V〉组合键。

4. 查找或替换文本

（1）查找

输入完成后，用户往往要对文章进行检查校对以修正错误，单击"开始"选项卡的"编辑"组中的"查找"按钮，界面左侧弹出"导航"窗格，在"搜索文档"文本框中输入要查找的文字，显示所有查找的内容，如图5-9所示。

用户可以单击"查找"下拉按钮，在弹出的菜单中选择"高级查找"命令，弹出"查

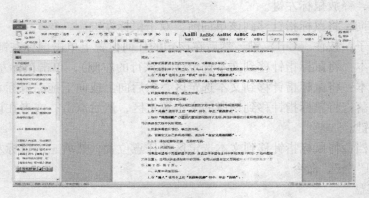

图 5-9 "导航"窗格

找和替换"对话框，如图 5-10 所示。在"查找"选项卡的"查找内容"文本框中输入要查
找的文字，单击"查找下一处"按
钮，即开始查找。

（2）替换

单击"开始"选项卡的"编辑"
组中的"替换"按钮，弹出"查找
和替换"对话框。在"替换"选项
卡的"查找内容"文本框中输入被
替换的文字，在"替换为"文本框

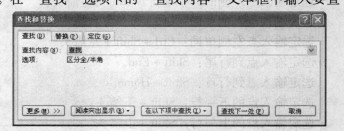

图 5-10 "查找和替换"对话框

中输入替换后的文字，单击"替换"按钮或"全部替换"按钮进行替换操作，如图 5-11 所
示。

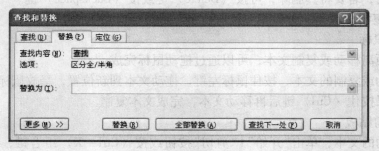

图 5-11 "替换"选项卡

5.3　文档的排版

5.3.1　设置字符格式

对文字进行编辑或设置格式之前，用户必须先选择文字。具体步骤如下。

1）将光标放在要编辑或设置格式的文字的开头，然后单击鼠标左键。

2）按住鼠标左键的同时，将鼠标向右侧移动（称为"拖动"）以选择文字。此时将在所选文字位置添加背景色以指示选择范围。

用户可以在"开始"选项卡的"字体"组中选择大部分文字格式设置工具。常用的功能按钮如图 5-12 所示。

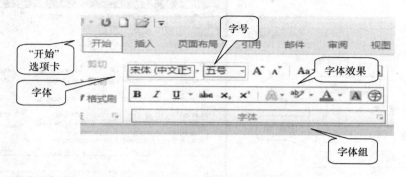

图 5-12 "字体"组常用命令

5.3.2 使用样式创建目录

1. 设置样式

用户可以使用样式对文档中的重要元素快速设置格式，例如标题和子标题。"样式"组如图 5-13 所示。用户可以按照以下步骤对文档中的文字应用样式。

1）选择要更改的文字。

2）在"开始"选项卡的"样式"组中，将鼠标指针停留在任意样式上可以直接在文档中实时预览。

3）若要应用样式，只需单击该样式。

2. 创建目录

在已经设置好相关样式后，用户可以创建目录。具体步骤如下。

1）单击要插入目录的位置，通常在文档的开始处。

2）在"引用"选项卡的"目录"组中，"选择"目录"，然后单击所需的目录样式。添加目录如图 5-14 所示。

图 5-13 "样式"组

图 5-14 添加目录

5.3.3 设置段落格式

1. 段落按钮

常用的"段落"命令按钮如图 5-15 所示。

2. 使用"段落"命令

如图 5-16 所示，在"左侧""右侧"文本框中，用户可分别指定段落的左右缩进值，在"特殊格式"下拉列表框中可设置首行缩进和悬挂缩进，在"预览"文本框中可以看到所选格式的效果。

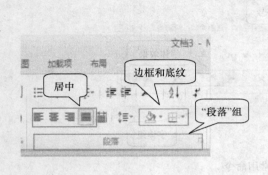

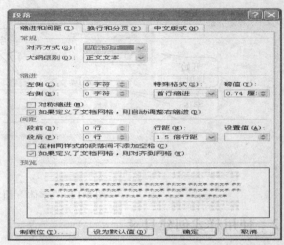

图 5-15 常用的"段落"命令按钮　　　　　　　图 5-15 "段落"对话框

若要修改文档中的行距，则可以在"行距"下拉列表框中进行选择，除系统设定的行距外，还可以选择固定行距进行设置。

3. 首字下沉

将段落的第一个字符使用下沉格式突出显示，以便引起读者的注意。

设置首字下沉的操作如下：

单击"插入"选项卡"文本"组中的"首字下沉"按钮，效果如图 5-17 所示。

4. 项目符号和编号

Word 可以快速为列表内容添加项目符号、编号或多级符号，使文章的层次更清楚。"项目符号"和"项目编号"按钮如图 5-18 所示。

图 5-17 首字下沉效果

图 5-18 "项目符号"和"编号"按钮

（1）项目符号

单击图 5-18 中的"项目符号"按钮，出现如图 5-19 所示的效果。

（2）项目编号

单击图 5-18 中的"项目编号"按钮，出现如图 5-20 所示的效果。

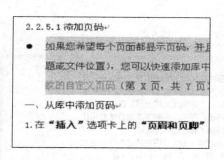

图 5-19　项目符号效果

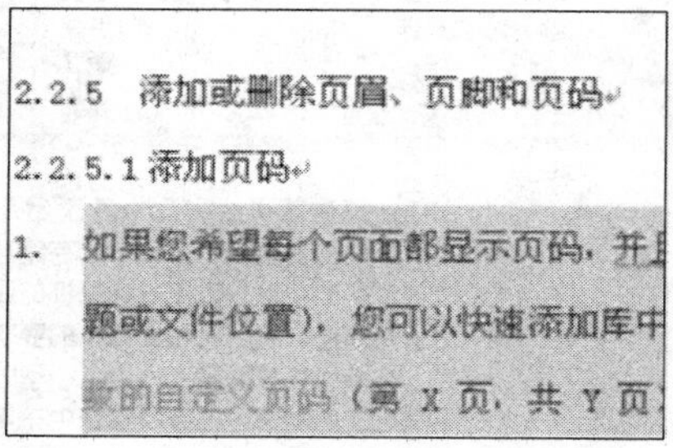

图 5-20　项目编号效果

5. 边框和底纹

用户可以为段落、表格、图形等内容添加边框和底纹，以使内容更醒目、突出。

（1）添加边框

选择要添加边框的内容，单击"下框线"按钮，选择"边框和底纹"命令，在弹出的对话框中进行设置，如图 5-21 所示。

（2）添加底纹

选择要添加边框的内容，单击"下框线"按钮，选择"边框和底纹"命令，在弹出的对话框中单击"底纹"选项卡进行设置，如图 5-22 所示。

图 5-21　"边框"选项卡

图 5-22　"底纹"选项卡

6. 分栏

在报刊中，文章通常以分栏格式排版。在 Word 2010 中，"分栏"按钮在"页面布局"选项卡的"页面设置"组中，如图 5-23 所示。

单击"分栏"按钮，可按用户的需要进行分栏设置。若选择分为两栏，则效果如图 5-24 所示。

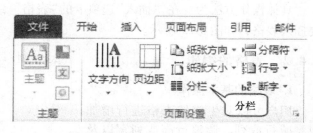

图 5-23　"页面设置"组

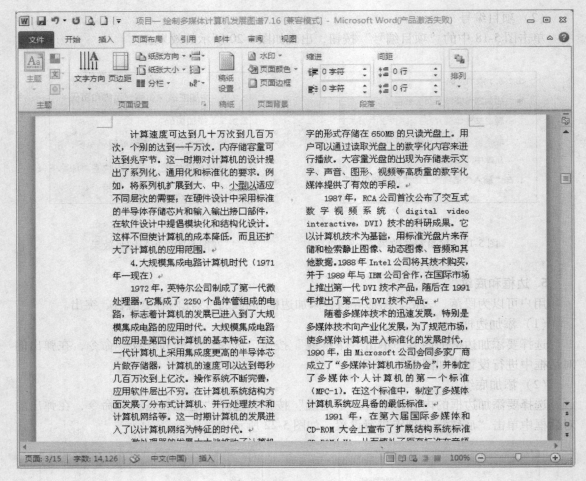

图 5-24　分栏效果

5.4　表格

5.4.1　表格的建立

在制作表格时，通常是先创建一个空白表格，然后在表格中输入内容。Word 也提供了将文字转换成表格的功能。

具体操作方法为：在"插入"选项卡的"表格"组中，单击"表格"按钮，可以根据需要插入表格，如图 5-25 所示。

5.4.2　表格的编辑

1. 表格的基本操作

用户可以对生成的表格进行增加或删减行或列、调整行高或列宽以及合并或拆分单元格等编辑操作。插入

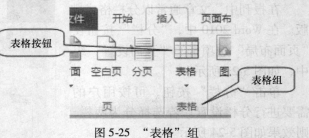

图 5-25　"表格"组

表格后，会出现"表格工具"功能区，选择"布局"菜单，可以进行相应的操作，如图 5-26 所示。

图 5-26　表格工具布局

2. 自动套用表格格式

插入表格后，会出现"表格工具"功能区，单击"设计"|"表格样式"，应用所需要的样式，如图 5-27 所示。

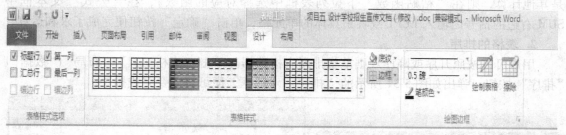

图 5-27　"表格样式"组

3. 表格边框和底纹

用户可以根据需要为表格设计边框和底纹。

在"表格工具"|"设计"|"绘图边框"组中，一般操作可以使用其中的命令，如需要进一步设置，单击"绘图边框"组的下拉按钮，弹出如图 5-28 所示的"边框和底纹"对话框。

4. 表格环绕方式

插入表格后，在"表格工具"|"布局"|"表格大小"组中进行选择，单击下拉按钮，弹出如图 5-29 所示的"表格属性"对话框，根据需要进行选择。

图 5-28　"边框和底纹"对话框　　　　　　　　图 5-29　"表格属性"对话框

5.4.3 表格的计算和排序

Word 表格提供了计算和排序功能。

1. 表格的计算

Word 提供了常用的表格计算功能。成绩单统计表见表 5-1。

表 5-1　成绩单统计表

姓　　名	数　　学	英　　语	总　　分
张力	85	95	180
马刚	92	85	177
王晴	90	82	172

要计算总分，可运用求和函数。单击"表格工具"|"布局"|"数据"|"f_x 公式"按钮，弹出如图 5-30 所示的"公式"对话框，在"粘贴函数"下拉列表框中选择 SUM 函数（若是其他计算，则在"粘贴函数"下拉列表框中选择对应的函数），在"公式"文本框中 SUM 右边的括号内输入 LEFT 或者是具体的单元格，单击"确定"按钮便完成了求和运算。

2. 表格的排序

用户可以按照升序或降序规则重新排列表格数据。单击"表格工具"|"布局"|"数据"|"排序"按钮，弹出如图 5-31 所示的"排序"对话框，便可按需要完成排序。

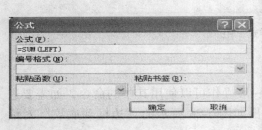

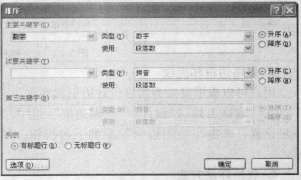

图 5-30　"公式"对话框　　　　　　　　图 5-31　"排序"对话框

此处按数学成绩从低至高排序，完成的效果见表 5-2。

表 5-2　排序后的成绩统计表

姓　　名	数　　学	英　　语	总　　分
张力	85	95	180
王晴	90	82	172
马刚	92	85	177

5.5　图形

Word 文档中不仅可以包含文字，还可以插入图形，形成图文并茂的文档。Word 文档中的图形包括剪辑库中的剪贴画、图片文件、手工画出的图形、具有图形效果的艺术字、使用公式编辑器建立的数学公式等，这些图形可以插入到 Word 文档中并对其进行编辑。

5.5.1　插入图片

1. 插入剪贴画

单击"插入"选项卡的"插图"组中的"剪贴画"按钮，在界面右侧弹出"剪贴画"窗格，按需要选择后单击即完成了插入，效果如图 5-32 所示。

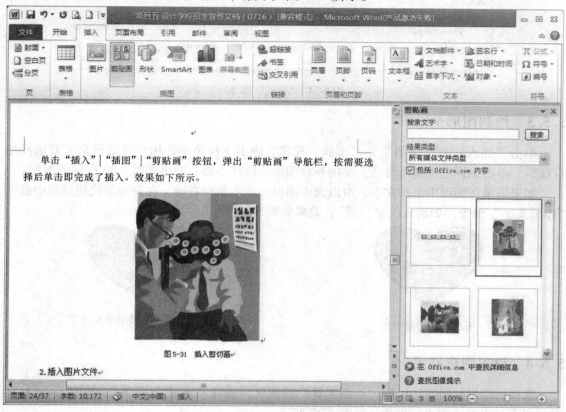

图 5-32　插入剪贴画

2. 插入图片文件

在 Word 文档中，不仅可以插入剪贴画，也可以直接插入通用的其他类型图片文件，如".bmp"".wmf"".pic"".jpg"等。

单击"插入"选项卡的"插图"组中"图片"按钮，弹出"插入图片"对话框，选择要插入的文件，单击"插入"按钮即完成操作，如图 5-33 所示。

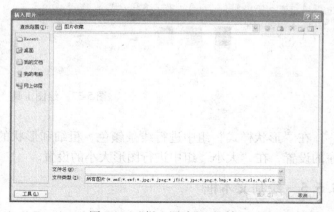

图 5-33　"插入图片"对话框

5.5.2 设置图片格式

选择要进行设置的图片，出现"图片工具"功能区，选择"格式"选项卡，可以在"调整""图片样式""排列"和"大小"组中根据需要进行操作，如图5-34所示。

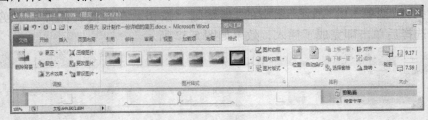

图5-34 "格式"菜单

5.5.3 绘制图形

单击"插入"｜"插图"｜"形状"按钮，弹出下拉菜单，用户可以根据需要选择相应按钮，单击鼠标左键画出合适大小的各种图形。选择心形，画出如图5-35所示的图形。

如果需要在图形中添加文字，可以选中图形，单击鼠标右键，在弹出的快捷菜单中选择"添加文字"命令，如输入汉字"爱"，效果如图5-36所示。

图5-35 绘制图形

图5-36 在图形中添加文字

5.5.4 设置图形格式

选择已绘制的图形，出现"绘图工具"功能区，选择"格式"菜单，可以在"形状样式"组中，根据需要进行操作，如图5-37所示。

图5-37 绘图工具

在"形状样式"组中进行线条颜色、粗细和形状的设置，在"排列"组中进行叠放次序的设置，在"大小"组中进行图形大小的设置。

5.5.5 绘制文本框

用户可以在文档中插入文本框。文本框可以看作容纳文字和图形的容器。单击"插入"

选项卡的"文本"组中的"文本框"按钮，可按需要绘制文本框，如图 5-38 所示。

图 5-38　绘制文本框

5.5.6　艺术字

艺术字是图形效果的文字，在文档中插入艺术字可以美化文档。

1. 插入艺术字

单击"插入"|"文本"|"艺术字"按钮，如图 5-39 所示弹出下拉菜单，选择相应的艺术字格式（如选择艺术字样式 13），单击鼠标即弹出如图 5-40 所示的艺术字编辑框，输入"风舞"。

显示效果如图 5-41 所示。

图 5-39　文本组常用功能

图 5-40　艺术字编辑框

2. 编辑艺术字

用户可以对插入到文档中的艺术字进行修改和设置格式。在编辑艺术字前，必须选中已插入的艺术字，选中后出现"艺术字工具"功能区，选择"格式"菜单，可以在"艺术字样式"组中进行编辑，如图 5-42 所示。

图 5-41　插入艺术字

图 5-42　"艺术字工具"功能区"格式"菜单

单击"艺术字工具"|"格式"|"阴影效果"|"阴影效果"按钮，若选择倒影效果，则显示效果如图 5-43 所示。

5.5.7　水印

用户可以在文档的背景中添加隐约显示的图形或文字，这种效果称为水印，例如，某些重要文件通常印有"绝密"水印文字。

在 Word 中，如果要在文档的每一页添加同样的水印，应单击"页面布局"选项卡的"页面背景"组中的"水印"按钮，弹出下拉菜单，可以根据需要选择模板水印样式，例如，选择"草稿"，效果如图 5-44 所示。

图 5-43　倒影效果

图 5-44　水印效果

还可以设置自定义水印，选择"页面布局"选项卡的"页面背景"组中的"水印"按钮，在弹出的下拉菜单中选择"自定义水印"命令，弹出如图 5-45 所示的"水印"对话框。

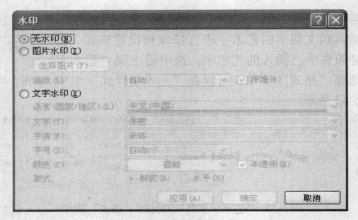

图 5-45　"水印"对话框

5.6　页面排版和打印文档

页面排版是文档排版的最后工作。页面排版包括设置页码、纸张大小、页边距等。

5.6.1　页眉、页脚和页码

页眉和页脚分别是页面的顶端和底端。用户也可以在页眉和页脚处加入文字、图形等信息。

1. 插入页码

Word 文档默认没有页码。用户可以使用以下方法为文档添加页码。

（1）从库中添加页码

单击"插入"选项卡的"页眉和页脚"组中的"页码"按钮，弹出下拉菜单，可以根据需要在库中选择相应的模板。

（2）添加自定义页码

1）双击页眉区域或页脚区域（靠近页面顶部或页面底部），打开"页眉和页脚工具"下的"设计"选项卡。

2）若要将页码放置到页面中间或右侧，请执行下列操作：

若要将页码放置到中间，则单击"设计"选项卡中"位置"组中的"插入'对齐方式'选项卡"，单击"居中"，再单击"确定"按钮。

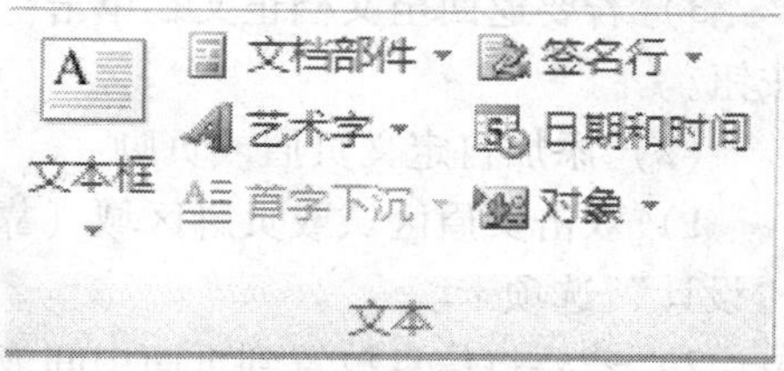

若要将页码放置到页面右侧，则单击"设计"选项卡中"位置"组中的"插入'对齐方式'"选项卡"，单击"靠右"，再单击"确定"按钮。

图 5-46　"文本"组

3）在"插入"选项卡的"文本"组中，单击"文档部件"右侧的按钮，在弹出的菜单中单击"域"命令，如图 5-46 所示。

4）在"域名"列表中，单击"Page"，再单击"确定"按钮。

5）若要更改编号格式，单击"页眉和页脚"组中的"页码"，再单击"设置页码格式"按钮。

6）若要返回至文档正文，单击"设计"选项卡的"关闭"组中的"关闭页眉和页脚"按钮，如图 5-47 所示。

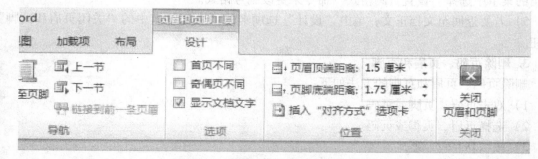

图 5-47　"关闭页眉和页脚工具"按钮

2. 添加包含页码的页眉或页脚

（1）在"库"列表中添加页眉或页脚

1）单击"插入"选项卡的"页眉和页脚"组中的"页眉"或"页脚"按钮，如图 5-48 所示。

图 5-48　添加页眉和页脚

2）单击要添加到文档中的页眉或页脚。

3）若要返回至文档正文，单击"设计"选项卡的"关闭"组中的"关闭页眉和页脚"按钮。

（2）添加自定义页眉或页脚

1）双击页眉区域或页脚区域（靠近页面顶部或页面底部），将打开"页眉和页脚工具"|"设计"选项卡。

2）若要将信息放置到页面中间或右侧，请执行下列任一操作：

若要将信息放置到中间，则单击"设计"|"位置"|"插入'对齐方式'选项卡"，单击"居中"，再单击"确定"按钮。

若要将信息放置到页面右侧，则单击"设计"|"位置"|"插入'对齐方式'选项卡"，单击"靠右"，再单击"确定"按钮。

3）可以输入要在页眉中包含的信息。如要添加域代码，方法是：依次单击"插入"|"文档部件"|"域"，然后在"域名"列表中单击所需的域。

可使用域来添加的信息的示例包括 Page（表示页码）、NumPages（表示文档的总页数）和 FileName（可包含文件路径）。

4）若添加了"Page"域，则可以通过单击"页眉和页脚"组中"页码"右侧的按钮，在弹出的菜单中选择"设置页码格式"命令来更改编号格式。

5）若要返回至文档正文，单击"设计"选项卡的"关闭"组中的"关闭页眉和页脚"按钮。

3. 删除页码、页眉和页脚

删除页码、页眉和页脚的方法如下：

1）双击页眉、页脚或页码。

2）选择页眉、页脚或页码。

3）按〈Delete〉键。

4）在具有不同页眉、页脚或页码的每个分区中重复步骤 1）~3）。

4. 插入分页符

当到达页面末尾时，Word 会自动插入分页符。

如果想要在其他位置分页，用户可以插入手动分页符，还可以为 Word 设置规则，以便将自动分页符放在所需要的位置。如果需要处理的文档很长，此方法尤其有用。

1）单击要开始新页的位置。

2）单击"插入"选项卡的"页"组中的"分页"按钮，如图 5-49 所示，即可实现分页功能。

5. 删除分页符

删除手动插入的任何分页符的步骤如下：

1）单击"草稿"按钮，如图 5-50 所示。

2）通过单击虚线旁边的空白，选择分页符，如图 5-51 所示。

3）按〈Delete〉键。

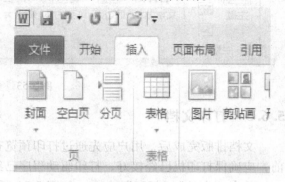

图 5-49 插入分页符

6. 插入分节符

插入分节符后可以更改部分文档的页眉和页脚、页码编号、页边距等元素。

1）单击要更改格式的位置。在需要更改部分文档的前后插入一对分节符。

2）单击"页面布局" | "页面设置"组，选择"分隔符" | "下一页" | 。如图 5-52 所示。

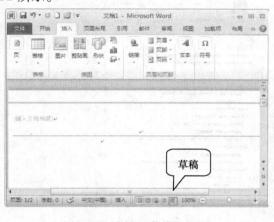

图 5-50 选择"草稿"视图

图 5-51 选择分页符

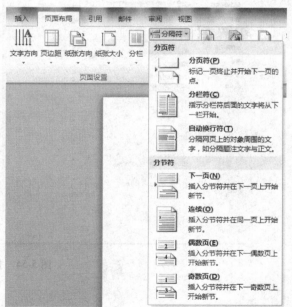

图 5-52 插入分节符

5.6.2 页面设置

通过"页面设置"组中的命令可以设置纸张大小、页边距等格式，如图 5-53 所示。

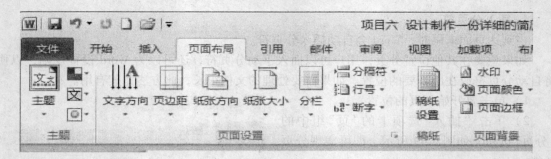

图 5-53　页面设置

5.6.3　打印文档

文档排版完成后，用户应先通过打印预览查看排版效果，若满意便可以打印了。打印之前，应确保打印机已经接好、打印驱动程序已经安装，并检查打印机电源是否开启。

单击"文件"|"打印"命令，如图 5-54 所示。设置好参数后，单击"打印"按钮即可完成文档的打印。

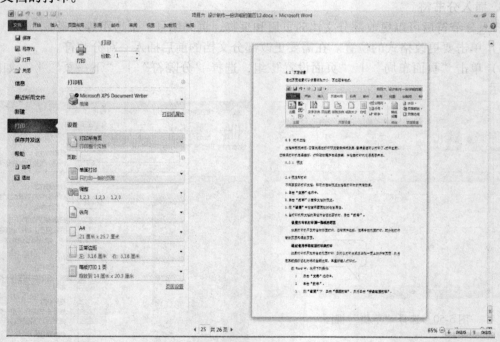

图 5-54　打印文档

【项目实施】

1．实施条件

1）每位同学配备计算机一台，最低配置 500MB 处理器、256MB 内存、28MB 显卡、Windows XP 系统。

2）系统安装有 Office 2010。

2. 实施步骤

1）在桌面上双击 Word 2010 的快捷方式打开一个空白文档，在空白文档内输入某学院的简介，再对文字进行格式设置。

设置文字格式的步骤如下：

①选定文本，如图 5-55 所示。

②单击"格式"|"字体"命令，弹出"字体"对话框，其中有"字体""字符间距"和"文字效果"3 个选项卡，里面有所有文字有关的设置，用户可以根据自己的需要设置文字效果，如图 5-56 所示。

设置段落格式的步骤如下：

①选定文本。

②单击"格式"|"段落"命令，弹出"段落"对话框，其中有"缩进和间距""换行和分页"和"中文版式"3 个选项卡，里面有所有段落有关的设置，用户可以根据自己的要求设置段落。

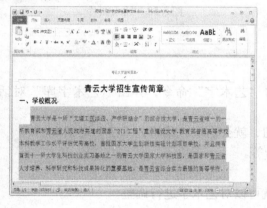

图 5-55　选定文本

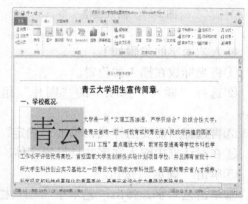

图 5-56　对文字段落进行编辑

2）在招生简章下应以表格的形式插入某学院年度的招生计划。

创建表格的步骤如下：

①选定插入表格的位置，即把光标移到此处。

②选择"表格"|"插入"|"表格"命令，弹出"插入表格"对话框。

③在"行数"和"列数"中输入相应的行、列数。

④单击"确定"按钮。

⑤要调整表格，只需选中调整区域，单击鼠标右键，在弹出的快捷菜单中选择"表格属性"就可以对表格进行设置。

插入的表格如图 5-57 所示。

3）对招生简章进行美化，插入图片、艺术字等相关信息。

插入图片的步骤如下：

①将光标放在插入的位置。

②选择"插入"｜"图片"｜"来自文件"命令，弹出"插入图片"对话框。

③接着单击"查找范围"的下拉按钮。

④在下拉列表框中选择需要插入的图片的路径，并选中该图片的文件名。

⑤单击"插入"按钮。

插入的图片如图 5-58 所示。

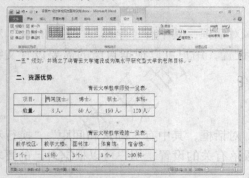

图 5-57　插入表格

图 5-58　插入图片

插入艺术字的步骤如下：

①将光标放在插入的位置。

②选择"插入"选项卡的"图片"组中的"艺术字"命令，弹出"艺术字库"对话框。

③再选择所需要的样式，单击"确定"按钮，就会出现"编辑艺术字"对话框。

④在对话框中输入文字并且设置字体、字号等。

⑤单击"确定"按钮。

⑥单击艺术字，弹出"艺术字"工具栏，就可以对艺术字进行调整。

插入的艺术字及调整后的效果如图 5-59 所示。

4）插入页眉和页码，如图 5-60 所示。完整的项目效果如图 5-61 所示。

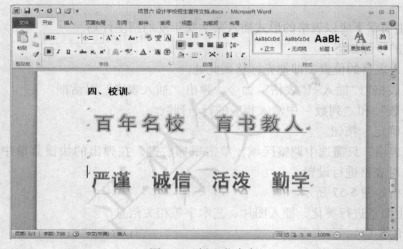

图 5-59　插入艺术字

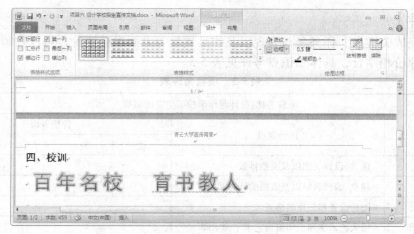

项目六 设计学校招生宣传文档.docx - Microsoft Word
文件
开始
插入
页面布局
引用
邮件
审阅
视图
设计
布局
青云大学宣传简章
四、校训
百年名校　　育书教人
页面: 1/2
字数: 455
中文(中国)
插入
100%

图 5-60　插入页眉和页码

××大学宣传简章
青云大学招生宣传简章
一、学校概况
青云大学是一所"文理工医渗透、产学研结合"的综合性大学，是目前×省唯一的一所教育部和青云省人民政府共建的国家"211工程"重点大学，是目前青云省综合实力最强的高等学府。学校现正朝着"国内一流、国际知名的高水平研究型大学"的目标不断前进
二、资源优势
青云大学教学师资一览表

项目	两院院士	博士	硕士	本科
数量	3 人	50 人	150 人	120 人

青云大学教学设施一览表

教学校区	教学大楼	图书馆	体育馆	宿舍楼
3 个	45 栋	3 个	3 个	200 栋

三、校训
百年名校　育书教人
严谨　诚信　活泼　勤学

图 5-61　完整的宣传简章

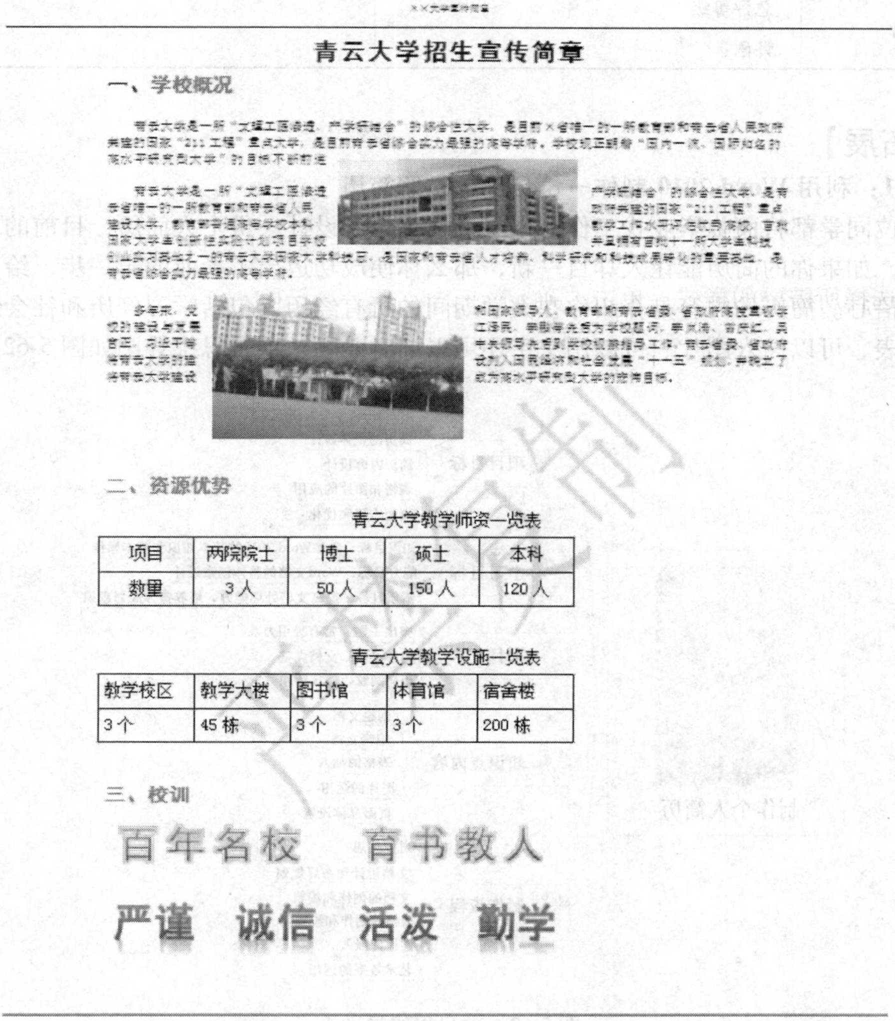

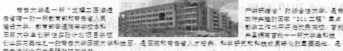

【项目考评】

从任务完成关键点、任务参与表现以及作品质量等方面进行评价，可以教师评价、本人评价和同学评价相结合，具体知识点考评见表5-3。

表5-3　项目考评表

项目名称：设计制作学校招生宣传简章

评价指标	评价要点	评价等级			
		优	良	中	差
基本操作	建立、设置文档以及文档排版				
表格	建立、编辑表格以及表格的计算和排序				
图片	图片设置和图片的格式				
艺术字和水印	插入艺术字和水印编辑艺术字和水印				
页面布局	页面布局设置打印稿效果				
总评	总评等级				
	评语：				

【项目拓展】

项目1：利用 Word 2010 制作一份自己的求职简历

每一位同学都将面临毕业找工作，很有必要为自己设计一份个人简历，目前的就业形式十分严峻，如果你的简历能让人耳目一新，那么你便成功迈出了择业的第一步，给自己增加了成功的信心。简历的内容是介绍你在大学期间的所有经历，包括学习经历和社会经历，你可以用图表、可以插入图片、可以用文字还可以同时兼顾，项目思维导图如图5-62所示。

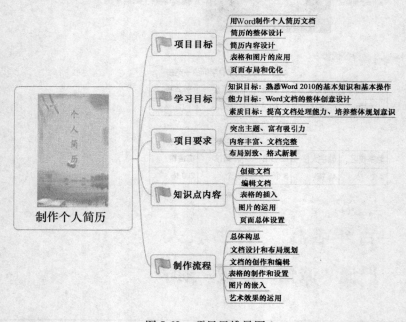

图5-62　项目思维导图1

项目2：为某公司设计一张名片

假如你找到了一份合适的工作进入了公司，在日常工作中，需要为公司设计名片。公司名片可以包括公司一些特殊的标志、公司的座右铭，以及一些吸引顾客的内容，要有特色，项目思维导图如图5-63所示。

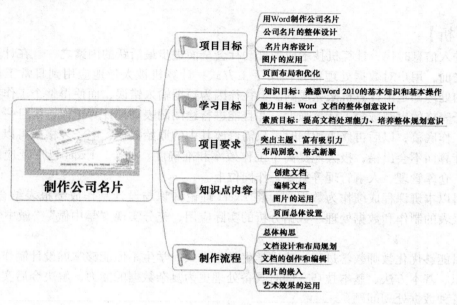

图 5-63 项目思维导图 2

【思考题】

1. Word 是什么软件？简述其功能。
2. 建立表格有几种方法？
3. 文本框的作用是什么？
4. 如何设置图形的前后叠放次序？
5. Word 2010 窗口由哪几部分组成？
6. 复制、剪切、粘贴的快捷键分别是什么？

项目六　设计制作成绩报表

【项目分析】

　　人类进入信息时代，计算机技术成为推动社会全面进步最活跃的因素之一。在计算机被广泛使用之前，用户对数据处理都是使用手工方式；计算机被大量地应用到日常工作中以后，数据的处理都是由计算机来完成的。但往往因为数据输入错误，而使得整个工作都必须重来。电子表格的出现减轻了计算强度，并且能进行绘图制表和统计等工作，而且一旦建立好了一个工作底稿，以后再修改数据时，只需修改其中的原始数据，电子表格就可以重新对数据进行计算而不会出错，极大地提高了工作效率和准确度。如今，Excel 已广泛应用在文秘、财务、仓库管理、人事管理等重要工作岗位上。

　　本项目以本班课程成绩作为数据源，将 Excel 理论知识与设计制作成绩报表结合起来，进行成绩报表的制作和数据处理、数据分析的实际应用，充分实现"学中做""做中学"的教学目标。

　　本项目能够优化教师教学过程，改进学生学习方式，学生不但能够掌握设计制作成绩报表基本知识、基本方法、基本技巧，同时具备处理更为复杂数据的能力，解决今后实际工作中碰到的各种数据处理问题。

【学习目标】

1. 知识目标

1）掌握 Excel 2010 基本知识、基本操作方法。

2）了解 Excel 2010 的基本功能、特点。

2. 能力目标

1）能够熟练建立数据的二维表格。

2）制作富有特色的表格版式，计算、处理、分析和统计数据。

3. 素质目标

1）学会运用电子表格常用公式和函数对数据进行计算和统计。

2）学会分类汇总和筛选数据，并将数据用图表方式表示。

3）学会数据透视表和模拟运算表的运用。

4）理解使用数据库函数处理大量数据的方法。

【项目导图】

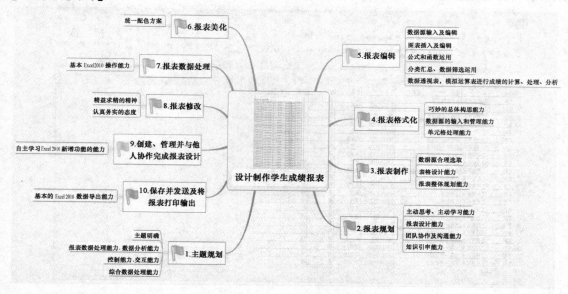

【知识讲解】

6.1 Excel 2010 概述

Excel 2010 是 Microsoft 公司推出的新一代电子表格软件，它是桌面办公软件 Office 2010 的组件之一。Excel 不但能完成一般的表格制作及数据处理，而且能够完成数据库管理、数据分析、图表化数据等许多复杂的工作。使用 Excel，可以对数据进行组织、统计和分析，能够显示或打印输出美观的报表，还可以把数据用各种统计图表形象地表示出来，使数据一目了然。

随着计算机网络技术与应用的迅猛发展，Excel 2010 与网络结合得更为密切，可以通过比以往更多的方法分析、管理和共享信息，从而帮助用户作出更好、更明智的决策。全新的分析和可视化工具可帮助用户跟踪和突出显示重要的数据趋势。用户可以在移动办公时从几乎所有 Web 浏览器或 Smartphone 访问用户的重要数据，甚至可以将文件上传到网站并与其他人同时在线协作。无论用户是要生成财务报表还是管理个人支出，使用 Excel 2010 都能够更高效、更灵活地实现目标。

6.2 Excel 的功能结构

Excel 适用于处理表格形式的数据，它不仅能够完成简单的表格处理工作，还能够完成许多复杂的工作。

6.2.1 基本的制表功能

Excel 最基本的功能就是制表，利用 Excel 可以方便快速地完成一张复杂表格的制作；利用格式化操作，还可以使表格设计得更加完美，无论是在屏幕上演示还是打印输出，都可以让用户得到满意的效果。图 6-1 所示是用 Excel 制作的一张表格。

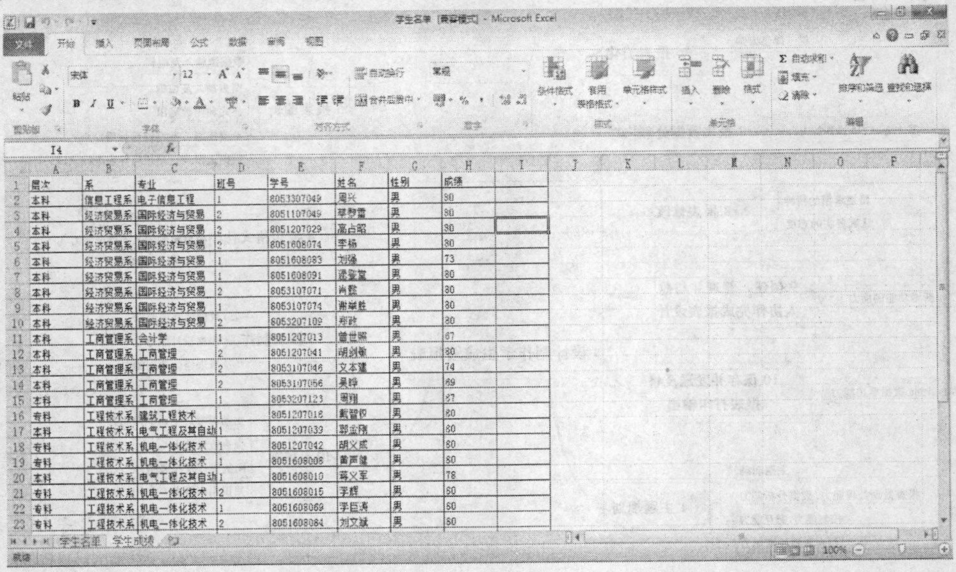

图 6-1　利用 Excel 2010 制作的成绩表

6.2.2　计算功能

表格中通常包含有数值数据，人们常常需要对这些数据进行计算，如求和、求平均值等。Excel 提供了公式和函数的功能，用户可以在表格中输入公式，由公式自动计算结果，并且当公式与相关的数据改变时，公式会自动进行重新运算。为了完成更为复杂的计算工作，Excel 还提供了丰富的内置函数，如数学与三角函数、财务函数、统计函数、数据库函数等。

6.2.3　数据库管理功能

Excel 除了对表格的处理外，还能够对表格中大量的数据完成类似数据库管理功能。用户无需编程，就能够对数据进行增加、删除、排序、筛选、检索、分类汇总及统计等操作，并且操作非常简单。Excel 还可以从多种外部数据源导入数据，大大方便了用户的需要。

6.2.4　数据分析功能

Excel 提供了许多的数据分析工具来帮助用户对大量的数据进行分析、制订最佳方案。例如，利用"数据透视表"功能，能够通过简单的鼠标拖动，对复杂的数据表以各种方式进行观察和分析；利用"规划求解"功能，可以求解最佳值；利用"单变量求解"功能，可实现目标搜索，即可用来寻找要达到目标时需要的条件；利用"方案"可解决多个变量对多个公式的影响，多个变量的一组值及其产生的结果构成一个方案，用户可以使用方案摘要报告对比各个方案等。

6.2.5　图表功能

使用 Excel，用户可以很方便地由表格数据绘制出各种各样的统计图形，而图形化的方式使用户很容易观察出数据的变化情况、数据之间的关系及数据变化的趋势等。图表具有很强的说服力和感染力，Excel 提供了丰富的图表类型，如图 6-2 所示。用户可以根据具体说明数据的特点选择适合的类型，以达到最佳效果。

柱形图　折线图　饼图　条形图　面积图　散点图　其他图表

图 6-2　图表类型

6.2.6　图形处理功能

Excel 的图形与 Word 相似，是以图形对象的方式来进行处理。用户可以在表中插入剪贴画、图片文件、艺术字等，也可以绘制单个图形，并对单个图形对象进行操作及组合多个图形对象以构成复杂的图形等，还可以从数码相机或扫描仪导入图片。用户可以精心地绘制、组合和格式化图形对象，然后运用在表格中，将会使表格具有更好的表现效果。

6.3　Excel 的使用方法

6.3.1　Excel 的基本概念和操作

单击"开始"｜"程序"｜"Microsoft Office"｜"Microsoft Office Excel 2010"，即可进入 Excel 窗口界面，如图 6-3 所示。

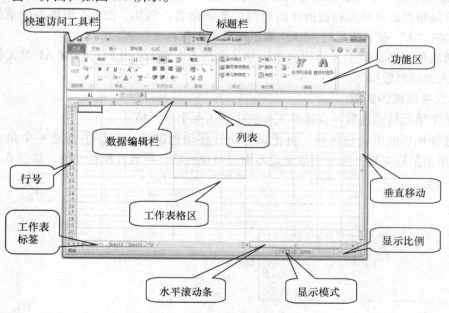

图 6-3　Excel 窗口界面

1. 工作簿和工作表

工作簿是指 Excel 环境中用来存储并处理工作数据的文件，也就是说，Excel 文档就是工作簿。它是 Excel 工作区中一个或多个工作表的集合，其扩展名为 .xls。每一本工作簿可以拥有许多不同的工作表，工作簿中最多可建立 255 个工作表，如图 6-4 所示。

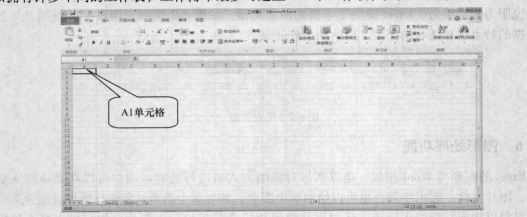

图 6-4　工作簿

> **提示**：工作表标签位于 Excel 程序界面的下方，其默认的名称为 "Sheet1" "Sheet2" "Sheet3"。每个工作表中的内容相对独立，通过单击工作表标签可以在不同的工作表之间进行切换。

2. 单元格、单元格地址及活动单元格

1）单元格是表格中的最小单位，可拆分。单元格是表格中行与列的交叉部分，它是组成表格的最小单位，单个数据的输入和修改都是在单元格中进行的。

2）单元格地址是单元格按所在的行列位置的命名，例如，图 6-4 黑体方框单元格地址是 A1，其中 "A" 表示的是列，"1" 表示的是第 1 行。

3）活动单元格是指正在使用的单元格，如图 6-4 所示，此时可以对 A1 单元格进行操作，如输入或编辑数据等。

3. 单元格区域的选取

1）单个单元格的选取。直接在工作表中单击某个单元格。

2）选择相邻的单元格区域。可把鼠标指针移动到欲选定范围的任意一个角上的单元格，然后单击鼠标左键并拖动到欲选定范围对角单元格，再放开鼠标左键，如图 6-5 所示。

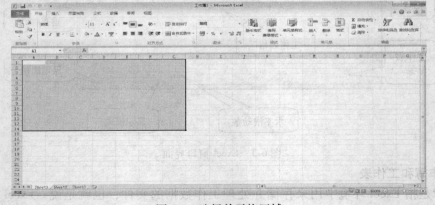

图 6-5　选择单元格区域

提示：该区域表示的是 A1：G14 的矩形区域。

3）选取不相邻单元格或单元格区域。可以先选中第一个单元格或单元格区域，然后按住〈Ctrl〉键选中其他单元格或单元格区域。

4）选中整行或整列的单元格，只需选中行号或列号。

5）选中整个表中的单元格，只需单击表中左上角的按钮，如图 6-5 所示的"A"与"1"之间的按钮。

4. 数据的类型

用户可以在 Excel 的单元格中输入多种类型的数据，如文本、数值、日期、时间等，如图 6-6 所示。

5. 公式和函数

公式和函数是 Excel 处理数据非常重要的手段，大大提高了用户工作效率。

（1）公式

公式是 Excel 工作表中进行数值计

图 6-6 数据类型

算的等式。公式输入是以"＝"开始的。简单的公式有加、减、乘、除等计算。

例如 $= 5 * 8 - 9$

$\quad = A2 + B16$

$\quad = C4 / A6$

……

复杂一些的公式可能包含函数（函数是预先编写的公式，可以对一个或多个值执行运算，并返回一个或多个值。函数可以简化和缩短工作表中的公式，尤其在用公式执行很长或复杂的计算时）、引用、运算符（一个标记或符号，指定表达式内执行的计算的类型，有数学、比较、逻辑和引用运算符等）和常量（不进行计算的值，因此也不会发生变化）。

（2）单元格地址的引用

1）相对引用。Excel 公式中的相对单元格引用（例如 A1）是基于包含公式和单元格引用的单元格的相对位置。如果公式所在单元格的位置改变，引用也随之改变。如果多行或多列地复制公式，引用会自动调整。默认情况下，新公式使用相对引用，例如，如果将单元格 B2 中的相对引用复制到单元格 B3，将自动从 = A1 调整到 = A2。

2）绝对引用。单元格中的绝对单元格引用（例如＄A＄1）总是在指定位置引用单元格。如果公式所在单元格的位置改变，绝对引用保持不变。如果多行或多列地复制公式，绝对引用将不作调整。默认情况下，新公式使用相对引用，需要将它们转换为绝对引用，例如，如果将单元格 B2 中的绝对引用复制到单元格 B3，那么在两个单元格中一样，都是＄A＄1。

3）混合地址引用。混合引用具有绝对列和相对行，或是绝对行和相对列。绝对引用列采用＄A1、＄B1 等形式。绝对引用行采用 A＄1、B＄1 等形式。若公式所在单元格的位置改变，则相对引用改变，而绝对引用不变。如果多行或多列地复制公式，相对引用自动调整，而绝对引用不作调整，例如，如果将一个混合引用从 A2 复制到 B3，它将从 = A $ 1 调整到 = B $ 1。

4）三维地址引用。如果要分析同一工作簿中多张工作表上的相同单元格或单元格区域中的数据，就要用到三维引用。三维引用包含单元格或区域引用，前面加上工作表名称的范围。Excel 使用存储在引用开始名和结束名之间的任何工作表，例如，= SUM（Sheet2：Sheet13！B5）将计算包含在 B5 单元格内所有值的和，单元格取值范围是从工作表 2 到工作表 13。

（3）函数

Excel 中所提供的函数其实是一些预定义的公式，它们使用一些称为参数的特定数值按特定的顺序或结构进行计算。用户可以直接用它们对某个区域内的数值进行一系列运算，如分析和处理日期值和时间值、确定贷款的支付额、确定单元格中的数据类型、计算平均值、排序显示和运算文本数据等，例如，SUM 函数对单元格或单元格区域进行加法运算。

Excel 函数一共有 11 类，分别是数据库函数、日期与时间函数、工程函数、财务函数、信息函数、逻辑函数、查询和引用函数、数学和三角函数、统计函数、文本函数以及用户自定义函数，如图 6-7 所示。

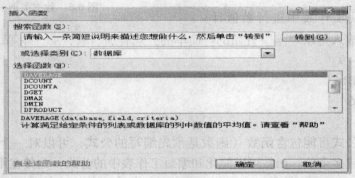

图 6-7　插入函数

（4）公式计算错误的提示

公式计算错误的提示见表 6-1。

表 6-1　Excel 的错误值

错误提示	表示的含义
#DIV/0!	在公式中出现了除以 0 的错误
#N/A:	在公式中引用的一些数据不可用
#NAME?	公式中的文字，系统不能识别
#NULL!	指定的相交并没有发生
#NUM	参数输入值不正确
#REF!	单元格引用无效
#VALUE	提供的参数没有使用系统期望的数值类型
####	列的宽度不够，或者使用了负的日期或时间

例如，如图 6-8 所示，在公式中出现了除以 0 的错误。

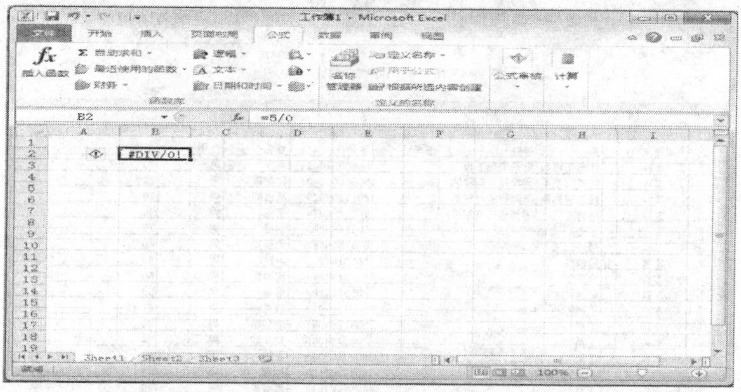

图 6-8 错误提示

6.3.2 工作表的编辑和格式化

为了使工作表规范一致并且美观，方便阅读和打印保存，有必要对工作表进行编辑和排版修饰。

1. 工作表的删除、插入和重命名

（1）在工作表间的切换

在一个工作簿中有多张工作表的情况下，要不断地在不同工作表中进行切换，以完成不同的工作。使用鼠标在"工作表标签"栏中单击工作表名称就可以快速进行切换，如图 6-9 所示。

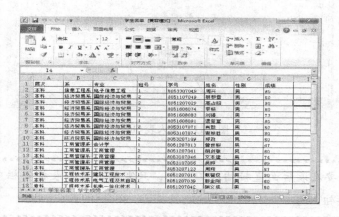

图 6-9 工作表标签切换

（2）插入新工作表和重命名

1）通常工作簿中默认 3 张工作表，如果要插入新表，只需选中要插入表的位置，单击鼠标右键，在弹出的快捷菜单中选择"插入"命令，再选择工作表，单击"确定"按钮，例如，要在图 6-9 中"学生名单"与"学生成绩"之间插入新表，操作如图 6-10 所示，图 6-11 所示为插入新表 Sheet4。

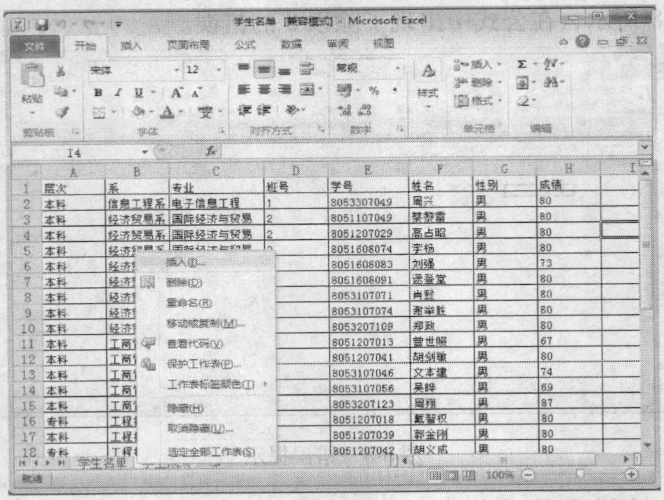

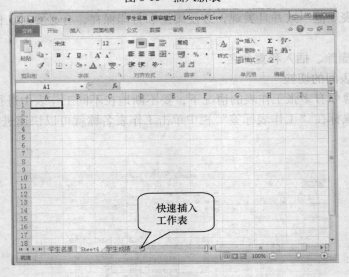

图 6-10　插入新表

图 6-11　插入表 Sheet4

提示： 如果要在表后面直接插入工作表，只需单击工作表标签栏中的"快速插入工作表"图标按钮。

2）工作表重命名、删除工作表、工作表复制和移动。工作表重命名，选中需要重命名工作表标签，单击鼠标右键，在弹出的快捷菜单中选择"重命名"命令，输入要命名的名字即可。删除工作表、工作表复制和移动操作方式与插入新表类似，如图 6-10 所示。

2. 工作表的单元格格式

设计单元格数据的格式主要是指对数字表示、对齐方式、字体风格、边框样式、填充等方面进行修饰。选中要设计的单元格，单击鼠标右键，在弹出的快捷菜单中单击"设置单元格格式"命令，在弹出的对话框中即可进行相应设置，如图 6-12 和图 6-13 所示。

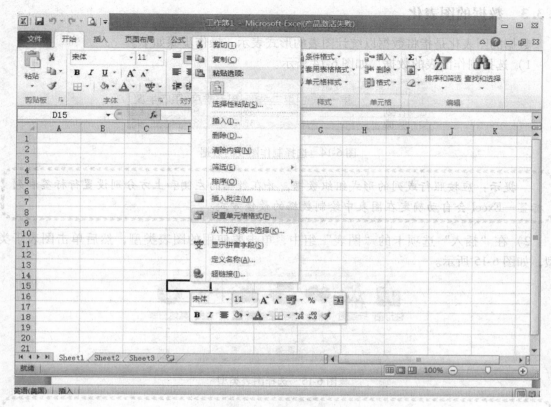

图 6-12　选中单元格

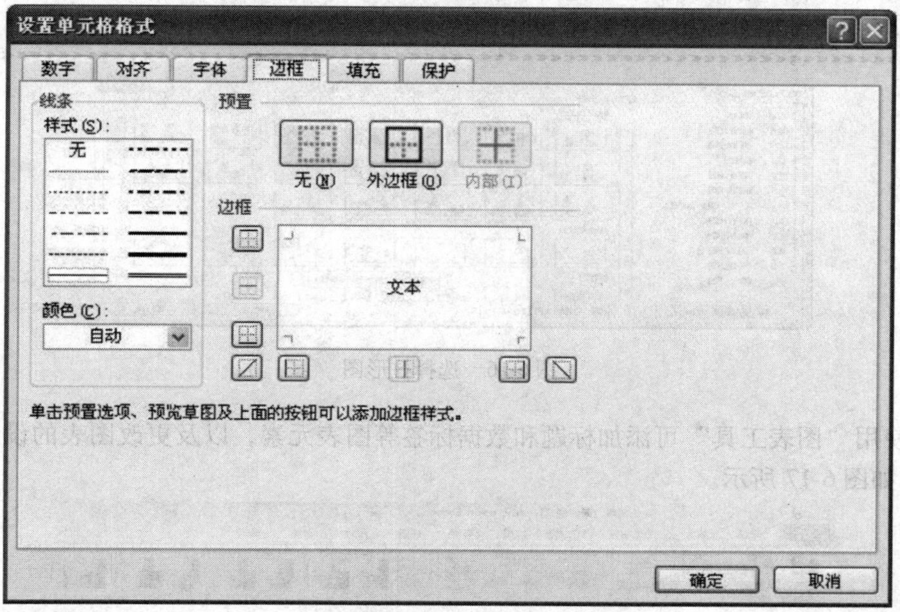

图 6-13　"设置单元格格式"对话框

6.3.3　数据的图表化

数据的图表化是指将数据以统计图表的形式表示，操作步骤如下。

1）选择制作图表的数据，如图 6-14 所示。

图 6-14　选择制作图表的数据

> **提示：** 应按照行或列的形式组织数据，并在数据的左侧和上方分别设置行标签和列标签—Excel 会自动确定在图表中绘制数据的最佳方式。

2）在"插入"选项卡的"图表"组中，单击要使用的图表类型，然后单击图表子类型，如图 6-15 所示。

图 6-15　选择图表类型

> **提示：** 若要查看所有可用的图表类型，请单击 按钮以启动"插入图表"对话框，然后单击相应箭头以滚动浏览图表类型。将鼠标指针停留在任何图表类型上时，屏幕提示将会显示其名称，如图 6-16 所示。

图 6-16　选择柱形图

3）使用"图表工具"可添加标题和数据标签等图表元素，以及更改图表的设计、布局或格式，如图 6-17 所示。

图 6-17　选择图表工具

提示：若"图表工具"不可见，则单击图表内的任何位置将其激活。

4）通过以上步骤，数据图表关系如图6-18所示。

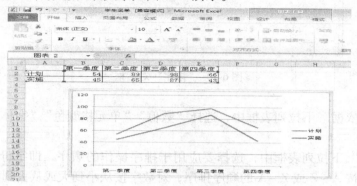

图6-18　数据图表关系

提示：若要清楚地知道在图表中可以添加或更改哪些内容，可单击"设计""布局"和"格式"选项卡，然后查看每个选项卡上提供的组和选项。还可以通过在图表中的某些图表元素（如图表轴或图例）上单击鼠标右键，访问这些图表元素特有的设计、布局和格式设置功能。

6.3.4　数据的分析与管理

Excel 2010提供了强大的数据管理功能，可以很容易地对数据进行排序、查询、筛选、分类、汇总等数据库管理操作，也可以使用各种函数、数据透析表、数据透视图、模拟运算表等工具完成对数据的分析。

1. 对数据进行排序

1）选择数据区域，例如A1：L5（多个行和多个列）或C1：C80（单个列）。区域可以包含为标识列或行而创建的标题。

2）在要对其进行排序的列中选择一个单元格。

3）单击 图标按钮以按升序排序（A~Z或最小数到最大数），单击 图标按钮以按降序排序（Z~A或最大数到最小数），如图6-19所示。

图6-19　"升序""降序"按钮

4）若要按特定条件排序，则执行下列操作：

①在要排序的区域中的任意位置选择一个单元格。

②在"数据"选项卡的"排序和筛选"组中，单击"排序"，弹出如图6-20所示的对话框。

③在"列"下拉列表框中，选择第一个排序依据列。

图 6-20　"排序"对话框

④在"排序依据"下拉列表框中，选择"数值""单元格颜色""字体颜色"或"单元格图标"。

⑤在"次序"下拉列表框中，选择要应用于排序操作的顺序，即字母或数字的升序或降序（即对文本按 A ~ Z 或 Z ~ A 的顺序排序，对数字按从小到大或从大到小的顺序排序）。

2. 对数据进行筛选

（1）选择要筛选的数据

1）在"数据"选项卡的"排序和筛选"组中，单击"筛选"，如图 6-19 所示。

2）单击列标题中的下拉箭头 ▼，会显示一个筛选器选择列表。

（2）通过选择值或搜索进行筛选

从列表中选择值和搜索是最快的筛选方法。在启用了筛选功能的列中单击箭头时，该列中的所有值都会显示在列表中，如图 6-21 所示。

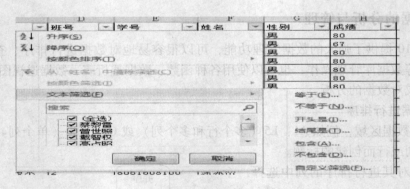

图 6-21　文本筛选

（3）按指定的条件筛选数据

通过指定条件，用户可以创建自定义筛选器，完全按照所需的方式缩小数据范围。用户可以通过构建筛选器实现此操作。

1）指向列表中的"数字筛选"或"文本筛选"，随即会出现一个菜单，允许用户按不同的条件进行筛选，如图 6-21 所示。

2）选择一个条件，然后选择或输入其他条件。单击"与"按钮组合条件，即筛选结果必须同时满足两个或更多条件；而选择"或"按钮，只需要满足多个条件之一即可。

3）单击"确定"按钮应用筛选器并获取所需结果。

3. 分类汇总

分类汇总就是将数据表格按某个字段进行分类，进行求和、求平均值、计数等运算。在 Excel 中，分类汇总分为简单汇总和嵌套汇总两种方法。

简单汇总是指对数据表格的一个字段仅统一作一种方式的汇总。

嵌套汇总是指对同一字段进行多种方式的汇总。

> **提示**：在分类汇总之前，首先必须对要分类的字段进行排序，否则分类无意义，而且，排序的字段与后面分类汇总的字段必须一致。

1）如要求各系平均分，先对数据进行排序，再单击"数据"|"分类汇总"按钮，弹出如图 6-22 所示的对话框。

2）在"分类字段"下拉列表框中选择"系"，在"汇总方式"下拉列表框中选择"平均值"，在"选定汇总项"选项组中选择"成绩"，单击"确定"按钮，结果如图 6-23 所示。

4. 数据透视表

数据透视表是一种交互式的 Excel 报表，用于对多种来源（包括 Excel 的外部数据）的数据（如数据库记录）

图 6-22　"分类汇总"对话框

进行汇总和分析，例如，要对图 6-10 学生成绩数据进行数据统计分析，可通过使用 Excel 2010 数据透视表功能完成，步骤如下：

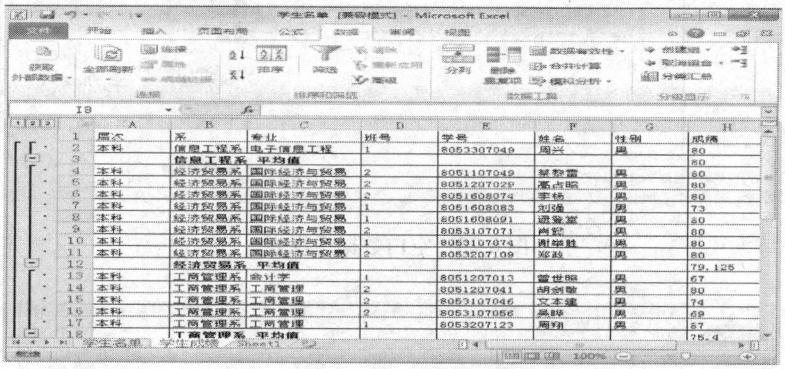

图 6-23　分类汇总结果

1）单击 Excel 2010 中的"插入"按钮。下面显示一排功能按钮视图。在功能按钮视图中单击"数据透视表"，弹出"创建数据透视表"对话框。默认选择 Excel 工作表中的所有数据创建数据透视表，单击"确认"按钮即可，如图 6-24 所示。

2）单击"确定"按钮后，Excel 将自动创建新的空白数据透视表，如图 6-25 所示。

3）把报表字段中的"系"字段拖动到"列标签"，"层次"字段拖动到"行标签"，"成绩"字段拖动到"数值"，即可统计显示每个系分层次的平均分，如图 6-26 所示。

> **提示**：用户也可根据需要选择其他字段作为列标签、行标签。

图 6-24　"创建数据透视表"对话框

图 6-25　空白数据透视表

图 6-26　各系分层次的平均分

4）数据透视表中数据过滤设置。在图6-26中，把"专业"字段拖动到"报表筛选"，就可按专业把相关数据筛选出来，如图6-27所示。

图6-27　专业成绩求和筛选

> **提示：** 数据透视表功能强大，可以把数据进行分类、汇总、过滤等，制作出所需要的数据统计报表。

5. 模拟分析工具

Excel中包含3种模拟分析工具：方案、模拟运算表和单变量求解。方案和模拟运算表根据各组输入值来确定可能的结果。单变量求解与方案和模拟运算表的工作方式不同，它获取结果并确定生成该结果的可能的输入值。

（1）单变量求解

单变量求解是解决假定一个公式要取得某一结果值，其中变量的引用单元格应取值为多少的问题。在Excel中根据所提供的目标值，将引用单元格的值不断调整，直至达到所需要求的公式的目标值时，变量的值才确定。

例如，一个职工的年终奖金是全年销售额的30%，前3个季度的销售额已知，该职工想知道第四季度的销售额为多少时，才能保证年终奖金为1500元，如图6-28所示。

图6-28　"单变量求解"对话框

其中，单元 E2 中的公式为"=（B2+B3+B4+B5）*30%"。

1）选定包含想产生特定数值的公式的目标单元格，例如，单击单元格 E2。

2）单击"数据"｜"模拟求解"｜"单变量求解"命令，会弹出如图 6-28 所示的"单变量求解"对话框。此时，"目标单元格"框中含有刚才选定的单元格。

3）在"目标值"文本框中输入想要的解，例如，输入"1500"（见图 6-28）。

4）在"可变单元格"框中输入"B5"或"B5"（见图 6-28）。

5）单击"确定"按钮，弹出如图 6-29 所示的"单变量求解状态"对话框。在这个例子中，计算结果"1264"显示在单元格 B5 内。要保留这个值，单击"单变量求解状态"对话框中的"确定"按钮。

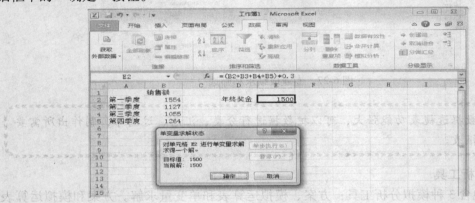

图 6-29　"单变量求解状态"对话框

（2）模拟运算表

模拟运算表是一个单元格区域，它可显示一个或多个公式中替换不同值时的结果。系统有两种类型的模拟运算表：单变量模拟运算表和双变量模拟运算表。

单变量模拟运算表中，用户可以对一个变量输入不同的值，从而查看它对一个或多个公式的影响。

双变量模拟运算表中，用户对两个变量输入不同值，从而查看它对一个公式的影响。

1）单变量模拟运算表。

例：本金 200 000，年利率 0.035，求年利率 0.04、0.044、0.046、0.048 时的利息，利息=本金×年利率。

①在 Excel 中输入数据，如图 6-30 所示。

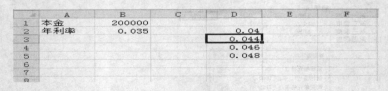

图 6-30　输入数据

②在 E1 单元格中输入公式 =B1*B2。

提示：如果模拟运算表为列方向的（变量值位于一列中），在紧接变量值列右上角的单元格中输入公式，如图 6-31 所示。如果模拟运算表为行方向的（变量值位于一行中），那么在紧接变量值行左下角的单元格中输入公式，如图 6-32 所示。

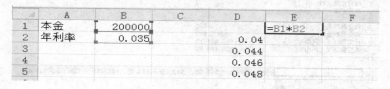

图 6-31　输入公式 1

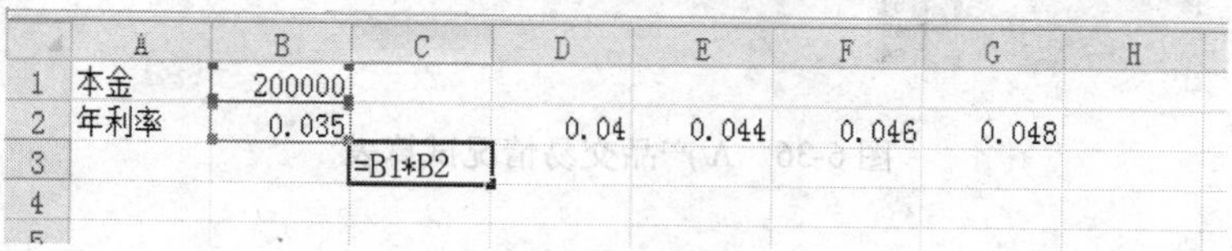

图 6-32　输入公式 2

③选定包含需要替换的数值和公式的单元格区域。图 6-33 所示的选定区域为 D1：E5。

④在"数据"选项卡的"数据工具"组中，单击"模拟分析"，然后单击"模拟运算表"，弹出如图 6-34 所示的"模拟运算表"对话框。

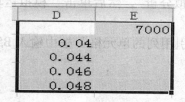

图 6-33　选定区域

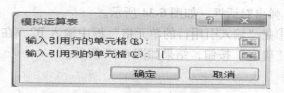

图 6-34　"模拟运算表"对话框

⑤在"输入引用列的单元格"框中输入 B2，单击"确定"按钮。运算结果如图 6-35 所示。

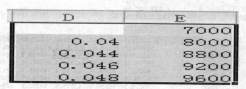

图 6-35　运算结果

提示：如果模拟运算表为列方向，如图 6-31 所示，可在"输入引用列的单元格"框中，为输入单元格键入单元格引用（单元格引用：用于表示单元格在工作表上所处位置的坐标集，例如，显示在第 B 列和第 3 行交叉处的单元格，其引用形式为"B3"）。如果模拟运算表是行方向的，可在"输入引用行的单元格"框中，为输入单元格键入单元格引用，如图 6-32 所示。

2）双变量模拟运算表。

例：求 A 产品交易情况试算表，如图 6-36 所示。

图 6-36　　A 产品交易情况试算表

①在 A13 中输入公式 = B2 * B5 * B7，操作方式如图 6-31 所示。

> **提示**：这里用到了两个单元格变量 B2、B5。

②选定包含需要替换的数值和公式的单元格区域为 A13：G20。

③在"数据"选项卡的"数据工具"组中，单击"模拟分析"，然后单击"模拟运算表"，弹出对话框，如图 6-34 所示。

④在"输入引用行的单元格"框中输入 B2，在"输入引用列的单元格"框中输入 B5，单击"确定"按钮，结果如图 6-37 所示。

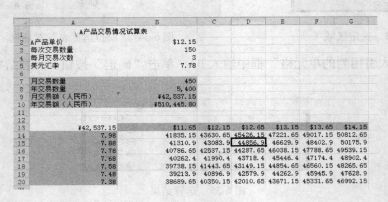

图 6-37　　交易情况显示

【项目实施】

1. 实施条件

1）每位同学配备计算机一台，最低配置 500MB 处理器、256MB 内存、28MB 显卡、Windows XP 系统。

2）系统安装有 Execl 2010。

2. 实施步骤

1）在桌面上双击 Excel 2010，打开一个空白文档，以本班期中或期末"高等数学""大学英语"和"大学计算机基础"课程成绩作为数据源。

①在工作表标签处建立 3 张工作表，并分别命名为"高等数学""大学英语"和"大学计算机基础"，如图 6-38 所示。

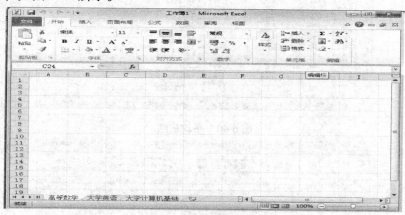

图 6-38 建立成绩工作表

②录入本班成绩，建立各成绩表。

③选定系、学号、姓名、班级列表，设置为文本类型；选定成绩列表，设置为数值类型，并保留小数点后一位，如图 6-39 所示。

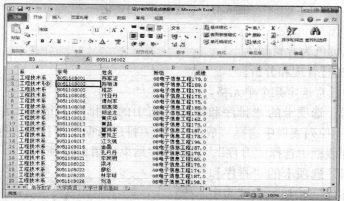

图 6-39 单元格设置

④利用求平均值函数计算本班该门课程平均成绩，如图 6-40 所示。

2）对成绩表进行编辑和格式化，如图 6-41 所示。

①选定成绩表。

②设置单元格文字对齐居中，超过单元格宽度自动换行。

③文字字体为常规、字号 12、文字颜色为红色。

④单元格加入外边框和内边框，边框颜色为黑色。

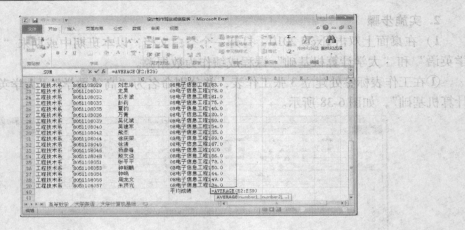

图 6-40　平均成绩

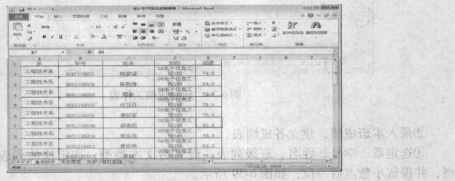

图 6-41　表格编辑和格式化

⑤工作表填充黄色为背景颜色。

3）对成绩表进行管理和分析。

①在成绩表中任意选定某个单元格。

②单击"数据"选项卡的"排序和筛选"组中的"排序"按钮，在弹出的对话框中"列主要关键字"下拉列表框中选择"成绩"，在"排序依据"下拉列表框中选择"数值"，在"次序"下拉列表框中选择"升序"，成绩排序结果如图 6-42 所示。

③单击"数据"选项卡的"排序和筛选"组中的"筛选"按钮，成绩表中第一行每个单元格显示下拉标志，单击"成绩"下拉单元格，在弹出的菜单中选择"数字筛选"｜"大于"，弹出"自定义自动筛选方式"对话框，在"大于"下拉菜单后面空白对话框中填写 60，就可以将本班大于 60 分同学的成绩筛选出来，成绩筛选结果如图 6-43 所示。

图 6-42　成绩排序结果

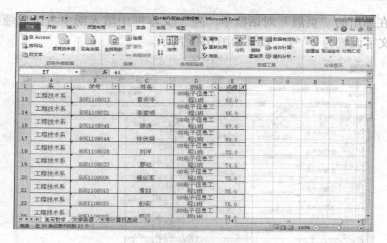

图 6-43 成绩筛选结果

④选定成绩表，切换至"插入"选项卡，在"图表"组中单击"折线图"处的下拉按钮，在弹出的菜单中选用折线图，分别双击"图表区""绘图区""数据序列"和"主要网格线"等，在弹出的对话框进行相应的设置。插入图表如图 6-44 所示。

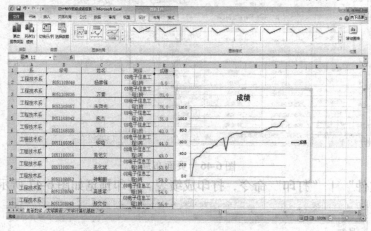

图 6-44 插入图表

⑤单击"数据"选项卡的"分级显示"组中的"分类汇总"按钮，在弹出的"分类汇总"对话框中，将"分类字段"设置为"成绩"、"汇总方式"设置为"最大值"、"选定汇总项"设置为"成绩"进行统计，结果如图 6-45 所示。

4）设置表格的页面布局，打印出表格。

①单击"页面布局"选项卡。

②单击"主题"，在弹出的菜单中选择"行云流水"，以同样的方式将"文字"设置为"微软雅黑"，"效果"设置为"相邻"。

③选择"页面设置"组中"页边距"菜单中的"自定义边距"，在弹出的"页面设置"对话框中切换至"页面"选项卡，设置"页面方向"为"纵向"、"纸张大小"为 A4；切换至"页边距"选项卡，设置"页边距"的"上"为 1.9、"下"为 1.9、"左"和"右"为 1.8；切换至"页眉/页脚"选项卡，设置"页眉"和"页脚"为 0.7，再单击"自定义

页眉"按钮，在弹出的"页眉"对话框中"左"文本框中填入期中考试成绩报表或期末考试成绩报表，文字设置为 24 号，效果如图 6-46 所示。

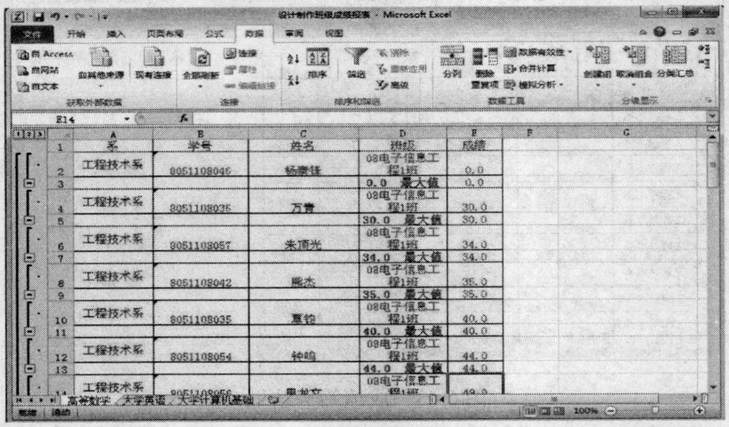

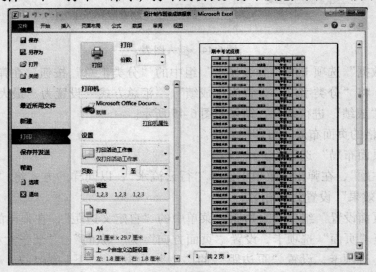

图 6-45　成绩分类汇总

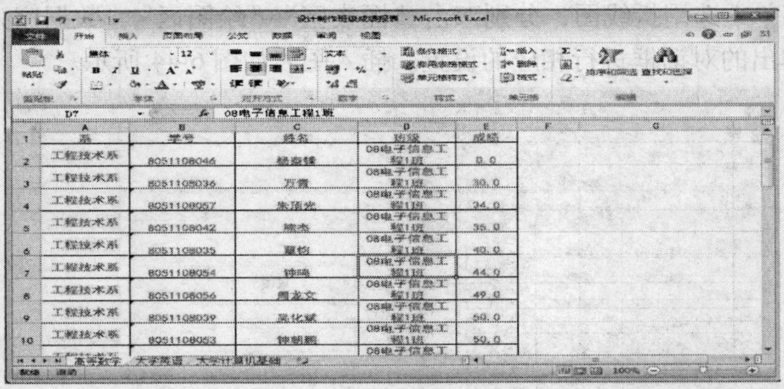

图 6-46　页面布局

④单击"文件"｜"打印"命令，打印成绩表。打印预览如图 6-47 所示。

图 6-47　打印预览

5）上交成绩报表电子稿和打印稿。

【项目考评】

本项目考查学生对 Excel 2010 基本理论知识的掌握程度，考查学生是否具备自主设计制作成绩报表的能力。具体考评指标见表 6-2。

表 6-2 项目考评表

项目名称：设计制作成绩报表

评价指标	评价要点	评价等级			
		优	良	中	差
基本操作	建立成绩报表、设置单元格数据类型、正确运用公式和函数、成绩表编辑和格式化				
数据处理	成绩表的排序、成绩表的筛选、图表的运用、分类汇总的运用				
页面布局	页面布局设置、打印稿效果				
总评	总评等级				
	评语：				

【项目拓展】

项目1：设计制作教师课堂教学效果考评表

以本班教师教学为例，设计制作教师课堂教学效果考评表。该表能科学地考评教师在课堂教学过程中的教学效果。学生不但要设计报表的样式，而且必须合理安排考评指标，并要对每项指标进行量化。具体要求如下：

1）策划报表样式。

2）建立报表指标体系。

3）建立报表具体评价指标。

4）建立指标量化得分。

5）通过得分分析教师教学效果。

项目思维导图如图 6-48 所示。

项目2：设计制作公司利润表

以某公司为例，设计制作公司利润表。该表能充分反映公司在 1～3 月中的经营成果。为公司决策层提供决策数据，制订下一阶段经营目标提供参考。具体要求如下：

1）以某公司 1～3 月经营数据作为数据源，建立数据表。

2）利用图表对数据进行分析。

3）利用函数、分类汇总、模拟分析工具、数据透视表等对数据进行处理。

项目思维导图如图 6-49 所示。

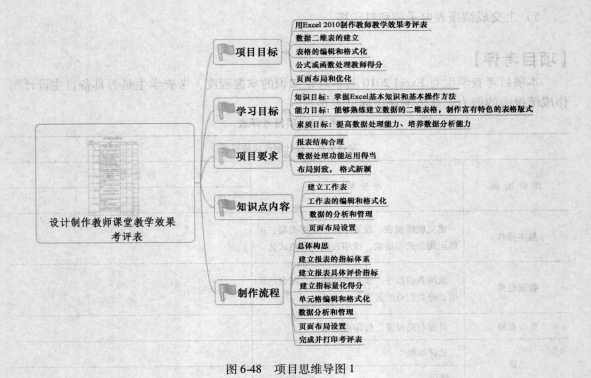

图 6-48　项目思维导图 1

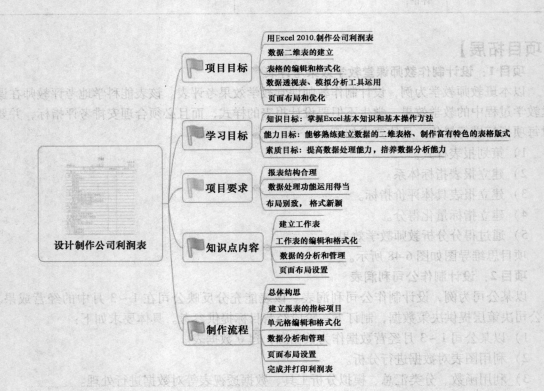

图 6-49　项目思维导图 2

【思考与练习】

1. 使用 Excel 制作表格与使用 Word 制作表格在操作上有何异同？哪种更方便？

2. 什么是工作簿、工作表和单元？它们之间的关系如何？

3. 什么叫相对引用、绝对引用、混合引用和三维地址引用？它们在使用时有什么差别？

4. 什么是函数？在 Excel 中如何使用函数？

5. 什么是数据透视表？数据透视表的作用是什么？

6. Excel 2010 有哪些功能？

7. 在 Excel 2010 的单元格中可以输入哪些类型的数据？

项目七　设计制作大学生
职业规划演示文稿

【项目分析】

现代社会交流越来越广泛，无论是公司内部的会议，还是对外的信息披露，要展示的内容更是多样化，不仅包括文字，还有图形、图片、声音、动画、视频等。而要实现这些信息的展示，演示文稿无疑是一个不错的选择。PowerPoint 2010 是一款可方便、快捷地制作和演示幻灯片（演示文稿）的软件，能够制作出集文字、图表、颜色、图形、音频、视频、特效和演示等多媒体元素于一体的演示文稿，主要用于专家报告、产品演示、教师授课、广告宣传、会议交流等各种场合。用户不仅可以在计算机或投影仪上进行演示，还可以将演示文稿打印输出，以应用到更广泛的领域之中。

本项目利用 PowerPoint 2010 设计制作大学生职业规划演示文稿。在项目实施之前，首先向读者介绍 PowerPoint 2010 的基础知识，包括它的工作界面、功能结构、使用方法和技巧等内容；其次通过项目的实施，向读者详细讲解如何更快、更好地设计一个包含文字、图表、颜色、图形、特效和演示等多媒体并具有专业水准的演示文稿，在幻灯片上方便地输入标题、正文、插入图表等对象，改变幻灯片中各对象的版面布局，方便快捷地管理幻灯片的结构，以及更快速、更人性化地设计具有电影画面效果的动画方案等；最后通过对该项目的学习，让读者详细了解 PowerPoint 2010 的用法，最终使之具有利用该软件设计制作专业演示文稿的能力。

【学习目标】

1. 知识目标

1）掌握多媒体演示文稿中幻灯片的基本制作方法。

2）熟练掌握幻灯片的自定义动画、幻灯片切换、幻灯片放映方式等设置。

3）掌握多种媒体的插入方法与超链接设置。

4）能够对幻灯片进行保存并发送，以及将演示文稿打包成 CD 并解包放映。

2. 能力目标

1）通过项目的制作过程提高学生综合运用多种媒体技术的能力。

2）通过幻灯片版面的整体布局和设计以及背景、色彩的搭配，提高学生的艺术表现力和审美能力。

3）通过创建超链接培养学生在设计作品过程中的控制能力和交互能力。

3. 素质目标

1）制作图文声像并茂的演示文稿，激发学生学习兴趣。

2）通过项目制作，培养学生自主学习、主动思考、相互协作等能力。

3）通过制作大学生职业规划演示文稿，培养学生独立完成其他相似项目制作的能力。

【项目导图】

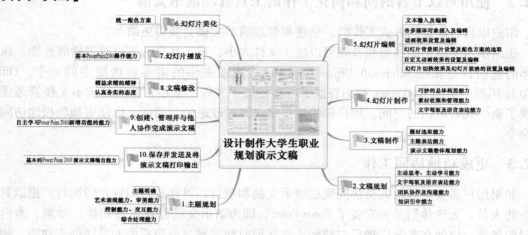

【知识讲解】

7.1　PowerPoint 2010 概述

　　PowerPoint 和 Word、Excel 等应用软件一样，都是 Microsoft 公司推出的 Office 系列产品，主要用于演示文稿的创建，即幻灯片的制作，可有效帮助演讲、教学和产品演示等。Power-Point 可用于设计制作专家报告、教师授课、产品演示和广告宣传的电子版幻灯片，制作的演示文稿可以通过计算机显示器或投影仪播放。PowerPoint 是制作和演示幻灯片的软件，能够制作出集文字、图形、图像、声音以及视频剪辑等多媒体元素于一体的演示文稿，可把用户所要表达的信息组织在一组图文并茂的画面中，用于介绍公司的产品、展示自己的学术成果。与 PowerPoint 早期版本相比，PowerPoint 2010 提供了新界面，改进了效果与主题，增强了格式选项，可以帮助用户更快、更好地创作具有专业水准的演示文稿。

7.2　PowerPoint 2010 的功能结构

7.2.1　创建出色的演示文稿

　　PowerPoint 2010 提供了新增和改进的工具，可使用户的演示文稿更具感染力。在 Power-Point 2010 中嵌入和编辑视频，用户可以添加淡化、格式效果、书签场景并剪裁视频，为演示文稿增添专业的多媒体体验。此外，由于嵌入的视频会变为 PowerPoint 演示文稿的一部分，因此用户无需在与他人共享的过程中管理其他文件。使用新增和改进的图片编辑工具（包括通用的艺术效果和高级更正、颜色以及裁剪工具）可以微调用户的演示文稿中的各个图片，使其看起来效果更佳；还可添加动态三维幻灯片切换和更为逼真的动画效果，吸引观众的注意力。

7.2.2　使用可以节省时间和简化工作的工具管理演示文稿

用户以自己期望的方式工作时，创建和管理演示文稿会变得更简单。

压缩演示文稿中的视频和音频可以减少文件大小，易于共享并可以改进播放性能。压缩媒体的选项只是新增 Microsoft Office Backstage™ 视图提供的诸多新功能中的一个。Office 2010 应用程序中的 Backstage 视图替换了所有传统"文件"菜单，为所有演示文稿管理任务提供了集中式有组织的空间。用户轻松地自定义经过改进的功能区，以便更加轻松地访问所需命令。

7.2.3　更成功地协同工作

如果用户需要与其他人员协同完成演示文稿和项目，可在放映幻灯片的同时广播给其他地方的人员，无论他们是否安装了 PowerPoint，即为演示文稿创建包括切换、动画、旁白和计时的视频，以便在实况广播后与任何人在任何时间共享。使用新增的共同创作功能，用户可以与不同位置的人员同时编辑同一个演示文稿，甚至可以在工作时直接使用 PowerPoint 进行通信。

7.2.4　从更多位置访问和共享内容

当用户迸发创意、到达期限、项目和工作出现紧急情况时，手边不一定有计算机，但用户可以使用 Web 或 Smartphone 在需要的时间和地点完成工作。用户可以查看演示文稿的高保真版本、编辑灯光效果或查看演示文稿的幻灯片放映。用户几乎可以在任何装有 Web 浏览器的计算机上使用熟悉的 PowerPoint 界面和一些相同的格式和编辑工具。PowerPoint 2010 可帮助团队更轻松、更灵活地工作，实现目标。

7.3　PowerPoint 2010 的使用方法

7.3.1　PowerPoint 2010 的基本操作

1. PowerPoint 2010 的启动

PowerPoint 2010 的启动有下面几种方法：

1）单击"开始" | "程序" | "Microsoft Office" | "Microsoft PowerPoint 2010"，启动 PowerPoint 2010。

2）双击桌面快捷方式。

3）在"Windows 资源管理器"或者"我的文档"中双击后缀为 .ppt 的文件，便会在启动 PowerPoint 的同时打开该文件。

2. PowerPoint 2010 的退出

PowerPoint 2010 的退出有以下几种方法：

1）用鼠标单击 PowerPoint 2010 的"文件"菜单，然后在弹出的菜单中选择"退出"命令。

2）用〈Alt + F〉组合键打开"文件"下拉菜单，然后按〈X〉键退出 PowerPoint 2010。

3）在 PowerPoint 2010 窗口中用鼠标单击窗口右上角的"关闭"按钮。

7.3.2　PowerPoint 2010 的工作界面

PowerPoint 2010 启动之后，其工作界面如图 7-1 所示。窗口由功能区、快速访问工具栏、幻灯片编辑区与状态栏组成。

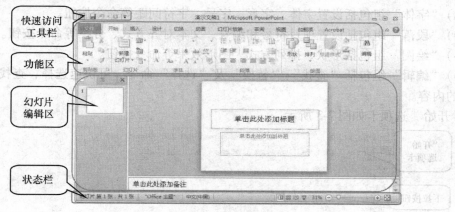

图 7-1　PowerPoint 2010 的工作界面

1. 功能区

功能区包含在 PowerPoint 2003 及更早版本中的菜单和工具栏上的命令和其他菜单项。功能区的主要优势是将通常需要使用的菜单、工具栏、任务窗格与在其他用户界面才能显示的任务或入口点集中在一个地方，可以帮助用户快速找到完成某任务所需的命令。

（1）"文件"选项卡

使用"文件"选项卡可创建新文件，打开、关闭或保存现有文件，打印演示文稿文件，保存并发送演示文稿文件和显示演示文稿信息等，如图 7-2 所示。

图 7-2　"文件"选项卡

（2）"开始"选项卡

使用"开始"选项卡可插入新幻灯片、将对象组合在一起，以及设置幻灯片上的文本的格式。

1）单击"新建幻灯片"旁边的下拉按钮，可从多种幻灯片版式布局中选择所需幻灯片版式。

2）"字体"组包括设置字体、字形、字号、字符间距等命令按钮。

3）"段落"组包括设置项目符号和编号、文本对齐方式、分栏等命令按钮。

4）"绘图"组包括形状、排列方式、图形效果等命令按钮。

5）"编辑"组包括"查找"、"替换"及"选择"命令，可快速选择、查找和替换幻灯片中的内容。

"开始"选项卡如图7-3所示。

图7-3　"开始"选项卡

（3）"插入"选项卡

使用"插入"选项卡可将表格、图像、插图、链接、文本、符号及媒体等对象方便地插入到演示文稿中。"插入"选项卡如图7-4所示。

图7-4　"插入"选项卡

（4）"设计"选项卡

使用"设计"选项卡可自定义演示文稿的背景、主题及页面设置等。

1）单击"页面设置"可启动"页面设置"对话框，以设置幻灯片大小及方向等。

2）在"主题"组中，单击某个主题可将其应用于演示文稿。

3）单击"背景样式"可为演示文稿选择背景样式。

"设计"选项卡如图7-5所示。

图7-5　"设计"选项卡

（5）"切换"选项卡

使用"切换"选项卡可设置幻灯片的切换方式，对当前幻灯片应用、更改或删除切换效果。

1）在"切换到此幻灯片"组中，单击某切换效果可将其应用于当前幻灯片。

2）在"声音"下拉列表框中，可从多种声音中进行选择并在切换过程中播放。

3）在"换片方式"下，可选择"单击鼠标时"以便在单击时进行切换。

4）单击"预览"，可预览幻灯片的切换效果。

"切换"选项卡如图7-6所示。

图7-6 "切换"选项卡

（6）"动画"选项卡

使用"动画"选项卡可对幻灯片上的各对象设置动画效果，如应用、更改或删除自定义动画。

1）单击"添加动画"，可选择应用于选定对象的动画。

2）单击"动画窗格"，可启动"动画窗格"任务窗格。

3）"计时"组包括用于设置"开始"和"持续时间"等的区域。

"动画"选项卡如图7-7所示。

图7-7 "动画"选项卡

（7）"幻灯片放映"选项卡

使用"幻灯片放映"选项卡可设置开始放映幻灯片、自定义放映幻灯片和隐藏单个幻灯片等。

1）"开始放映幻灯片"组，包括"从头开始"和"从当前幻灯片开始"。

2）单击"设置幻灯片放映"，可弹出"设置放映方式"对话框，在此可设置放映类型、放映幻灯片范围及换片方式等。

3）单击"隐藏幻灯片"，可设置当前幻灯片在放映时隐藏。

"幻灯片放映"选项卡如图7-8所示。

（8）"审阅"选项卡

使用"审阅"选项卡可检查拼写、更改演示文稿中的语言、插入批注或比较当前演示文稿与其他演示文稿的差异等。

图 7-8　　"幻灯片放映"选项卡

1）"拼写检查"，用于启动拼写检查程序。

2）单击"语言"按钮，可以选择不同编辑语言。

3）在"批注"组，可以新建批注、编辑批注等。

4）在"比较"组中单击"比较"按钮，用户可以比较当前演示文稿与其他演示文稿的差异。

"审阅"选项卡如图 7-9 所示。

图 7-9　　"审阅"选项卡

（9）"视图"选项卡

使用"视图"选项卡可以选择不同演示文稿视图方式、设置不同母版视图方式、设置显示或隐藏标尺、网格线或参考线、设置窗口的排列方式及切换窗口等。

1）在"演示文稿视图"组，可以选择幻灯片的不同视图方式，有普通视图、幻灯片浏览、备注页和阅读视图。

2）在"母版视图"组，可以设置幻灯片母版、讲义母版或备注母版。

3）在"显示"组，有"标尺"、"网格线"、"参考线" 3 个复选项供选择。

4）在"窗口"组，可以新建窗口、排列窗口及切换窗口等。

"视图"选项卡如图 7-10 所示。

图 7-10　　"视图"选项卡

2. 快速访问工具栏

快速访问工具栏 是一个可自定义的工具栏，它包含一组独立于当前显示的功能区上选项卡的命令。用户可以从两个可能的位置之一移动快速访问工具栏，并且可以向快速访问工具栏中添加代表命令的按钮。用户可通过两种方法向快速访问工具栏中添加所需的常用命令：方法一，单击快速访问工具栏的下拉按钮，在弹出的菜单中选择"其他命令"，打开"PowerPoint 2010 选项"对话框，从打开的对话框中选择命令；方法二，在功能区上要添加的命令上单击鼠标右键，从弹出的快捷菜单中单击"添加到快速访问工具栏"命令。另外，快速访问工具栏的位置也可改变，通过单击快速访问工具栏的下拉按钮，在弹出的菜单中选择"功能区下方显示"或"功能区上方显示"命令来实现。

3. 幻灯片编辑区

幻灯片编辑区由幻灯片窗格、"幻灯片"选项卡窗格和备注窗格组成。

在幻灯片窗格中，用户可以编辑演示文稿的每张幻灯片中的文本外观，添加标题、正文、图表、表格、图片、影片与声音等对象，并创建超链接以及向幻灯片中各对象添加动画效果等。

在"幻灯片"选项卡窗格中显示了幻灯片窗格中每张完整幻灯片的缩略图。添加其他幻灯片后，用户可以单击"幻灯片"选项卡窗格上的缩略图使该幻灯片显示在幻灯片窗格中，用户也可以拖动缩略图重新排列演示文稿中的幻灯片，还可以在"幻灯片"选项卡窗格上添加或删除幻灯片。在左窗格有"幻灯片"选项卡与"大纲"选项卡，"大纲"选项卡将显示每张幻灯片的文本内容，大纲排列序号由幻灯片创建时的顺序决定。

在备注窗格中，用户可以输入当前幻灯片的备注内容。在发布演示文稿时，用户可以将备注内容分发给访问群体，也可提示访问群体在演示者视图中查阅备注。

4. 状态栏

幻灯片状态栏显示了演示文稿的基本信息。

5. PowerPoint 2010 的视图

PowerPoint 2010 提供了普通视图、幻灯片浏览视图、备注页视图、幻灯片放映视图（包括演示者视图）、阅读视图、母版视图（幻灯片母版、讲义母版和备注母版）等 6 种视图。下面主要介绍普通视图、幻灯片浏览视图和幻灯片放映视图。

（1）普通视图

普通视图包括幻灯片视图和大纲视图，如图 7-11 所示。单击"视图"选项卡的"演示文稿视图"组中的"普通视图"按钮，即可以普通视图方式查看演示文稿。

图 7-11　幻灯片普通视图

（2）幻灯片浏览视图

在此浏览方式中，用户可以方便地在屏幕上同时看到演示文稿中的所有幻灯片，它们都以缩略图的形式显示。单击"视图"选项卡的"演示文稿视图"组中的"幻灯片浏览"按钮，以幻灯片浏览视图方式查看，如图 7-12 所示。

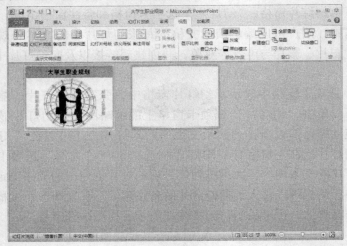

图 7-12   幻灯片浏览视图

通过按住〈Ctrl〉键，并上下移动鼠标滑标，可改变一个屏幕所能显示的幻灯片张数。

（3）幻灯片放映视图

幻灯片放映视图即是幻灯片实际播放的情景，按〈F5〉键或单击状态栏中的视图按钮组中的幻灯片放映按钮，以幻灯片放映的方式查看演示文稿，如图 7-13 所示。

图 7-13   幻灯片放映视图

7.3.3   演示文稿的基本操作

1. 新建、打开、关闭、保存演示文稿

（1）新建演示文稿

制作演示文稿之前，都要先创建一个演示文稿。新建演示文稿主要有以下两种方法：

1）启动 PowerPoint 2010，默认新建一个演示文稿。

2）启动 PowerPoint 2010 后，单击"文件"选项卡，选择"新建"命令，弹出"新建演示文稿"对话框，在左侧选择创建演示文稿所使用的模板，在中间区域选择演示文稿类型，单击"创建"按钮即可，如图 7-14 所示。

图 7-14 新建演示文稿

（2）打开演示文稿

对于已经编辑好的演示文稿，可能在日后需要对其中的内容进行修改或将其打印到纸张上。在进行这些操作之前，用户都要先打开演示文稿。打开演示文稿的方法有以下两种：

1）启动 PowerPoint 2010，单击快速访问工具栏中的"打开"按钮或单击"文件"选项卡，从弹出的菜单中选择"打开"命令，弹出"打开"对话框，选择要打开的演示文稿，单击"打开"按钮即可。

2）进入到要打开的演示文稿所在的文件夹下，双击需要打开的演示文稿即可将其打开。

（3）关闭演示文稿

如果不再使用当前打开的演示文稿，可以将其关闭，方法如下：

1）单击"文件"选项卡，在弹出的菜单中选择"关闭"命令。

2）单击 PowerPoint 窗口右上角的"关闭"按钮，即可关闭所有演示文稿并退出 Power-Point 应用程序。

3）单击窗口左上角的控制菜单图标，选择"关闭"，即可关闭当前打开的演示文稿文件。

（4）保存演示文稿

在编辑完演示文稿的内容后，应将其保存，以便日后继续编辑或操作，步骤如下：

1）单击"文件"选项卡，在弹出的菜单中选择"保存"命令，弹出"另存为"对话框，选择演示文稿的保存位置，在"文件名"文本框中输入演示文稿的保存名称，单击"保存"按钮即可。

2）单击"保存"按钮，即可看到 PowerPoint 窗口标题栏中显示保存后的演示文稿名称。如果需要将当前已保存的演示文稿以其他名称保存，可以单击"文件"｜"另存为"命令，然后将演示文稿以其他名称保存。

2. 新建幻灯片及幻灯片的移动、复制、删除

（1）插入新幻灯片

编辑演示文稿中的内容要在幻灯片中进行，启动 PowerPoint 2010 后，将默认新建一张幻灯片，也可以根据需要手动创建幻灯片。操作步骤如下：

1）启动 PowerPoint 2010，默认创建"演示文稿1"，单击"开始"选项卡的"幻灯片"组中的"新建幻灯片"按钮，在弹出的菜单中选择要创建的幻灯片版式，即可插入一张新幻灯片，如图7-15所示。

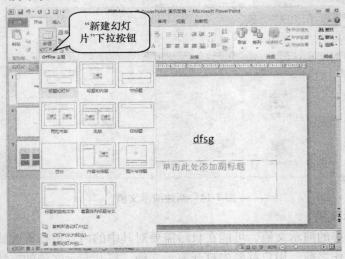

图 7-15　新建幻灯片

2）在"幻灯片"选项卡窗格中当前幻灯片的下面单击右键，弹出快捷菜单，选择"新建幻灯片"命令，即可新建一张幻灯片，默认创建的幻灯片的版式为"标题和内容"。如果要更改幻灯片的版式，可以单击"开始"选项卡的"幻灯片"组中的"版式"按钮，在弹出的菜单中选择所需幻灯片版式。

（2）复制、移动、删除幻灯片

1）复制幻灯片：用户可以根据需要调整幻灯片的位置，也可以通过复制功能快速制作出内容版式完全相同的幻灯片。在"幻灯片"选项卡窗格上右键单击需要复制的幻灯片，弹出如图7-16所示的快捷菜单，选择"复制幻灯片"即可。然后在"幻灯片"选项卡窗格上适当位置单击鼠标右键，在弹出的快捷菜单中选择"粘贴"命令。

2）移动幻灯片：在"幻灯片"选项卡窗格中要移动的幻灯片上单击并按住鼠标左键不放，然后将其拖动到所需位置松开，即实现幻灯片的移动。或在"幻灯片"选项卡窗格上右键单击需要移动的幻灯片，弹出如图7-16所示的快捷菜单，选择"剪切"，然后在"幻灯片"选项卡窗格上适当位置单击鼠标右键，在弹出的快捷菜单中选择"粘贴选项"命令中的"保留原格式"即可。

3）删除幻灯片：在"幻灯片"选项卡窗格中要删除的幻灯片上单击鼠标右键，在弹出的如图 7-16 所示的快捷菜单中选择"删除幻灯片"命令。

7.3.4 制作多媒体幻灯片

启动 PowerPoint 2010 后，默认建立一个名称为"演示文稿 1"的演示文稿，并且自动进入到"开始"选项卡，如图 7-1 所示。该选项卡包括"剪贴板""幻灯片""字体""段落""绘图"和"编辑"等 6 个部分，其主要功能是对演示文稿的内容做各种格式设置及编辑操作。

在演示文稿中可向其添加各种各样的内容，如文本（包括文本框、页眉和页脚、艺术字、日期和时间、幻灯片编号和对象等）、图像（包括图片、剪贴画、屏幕截图和相册等）、插图（包括形状和图表等）、链接（包括超链接和动作）、符号（包括符号和公式）以及媒体（音频和视频）等。

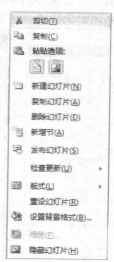

图 7-16　复制、移动、
删除幻灯片

1. 添加文字

为了在幻灯片中添加文字，单击新建幻灯片对象中的文本框即可在文本框中显示光标插入点，可在标题或正文对象中输入文字。

也可以在幻灯片中添加文本框来添加文字。添加文本框的方法是单击"插入"选项卡的"文本"组中的"文本框"按钮，用户可以在使用"文本框"输入文字之前，设置好文字的属性，如字体、字型、字号等，也可先选定文本对象的位置与大小，或在建立了文本对象之后，根据幻灯片整体布局的需要，调整文本对象的位置、大小以及文本属性，然后在添加的文本框中输入相应的内容。图 7-17 所示为在添加的竖排文本框中输入文字"规划职业生涯"。

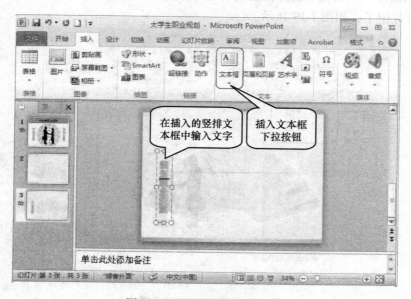

图 7-17　利用文本框输入文字

添加文本之后，在文本上单击鼠标右键，在弹出的菜单中选择"设置文字效果格式"，弹出"设置文本效果格式"对话框，以设置文本填充、文本边框、轮廓样式、阴影、映像、发光和柔化边缘、三维格式、三维旋转以及文本框等，如图 7-18 所示。

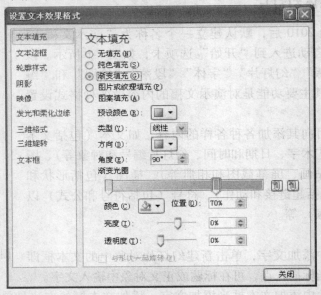

图 7-18 "设置文本效果格式"对话框

2. 插入剪贴图、图片等

为了增加演示文稿的感染力，一般都在演示文稿的幻灯片中加入一些图片和剪贴画等元素。下面以插入一幅图片为例。单击"插入"选项卡的"插图"组中的"图片"按钮，在弹出的"插入图片"对话框中选择要插入的图片，再单击"插入"按钮，一幅漂亮的图片就插入到幻灯片中了，如图 7-19 所示。

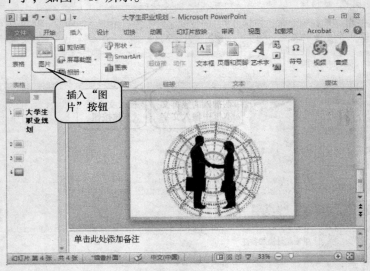

图 7-19 向幻灯片中插入图片

插入其他各种图像元素的操作与此类似。

3. 插入超链接

在 PowerPoint 2010 中，超链接可以从一张幻灯片链接到另一张幻灯片，或者链接到其他幻灯片文件中，也可以链接到电子邮件地址或网页等。超链接的方式有文本超链接和图片超链接两种。

插入超链接的方法是选择要插入链接的文本或图片，单击"插入"选项卡的"链接"组中的"超链接"按钮，弹出"插入超链接"对话框，如图7-20所示，插入超链接可以链接到：原有文件或网页、本文档中的位置、新建文档和电子邮件地址，在"链接到"选项组中选择相应的目标内容即可。这样可以在演示文稿中方便地从某张幻灯片链接到另外的幻灯片或文件中。

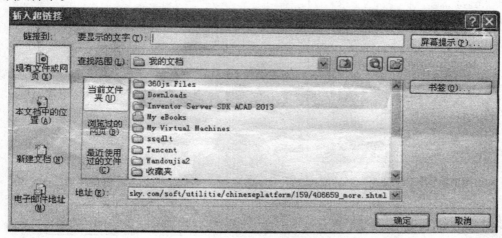

图7-20 "插入超链接"对话框

另外，用户还可以向幻灯片中插入"动作"，如图7-21所示。单击"插入"选项卡的"链接"组中的"动作"按钮，弹出"动作设置"对话框，用户可在"单击鼠标"和"鼠标移过"选项卡中设置跳转的方式。

4. 插入公式和符号

在制作 PowerPoint 2010 演示文稿时，用户可能需要插入一些公式。插入公式有多种方法：单击"插入"｜"公式"旁边的下拉按钮，在弹出的下拉列表框中会显示一些常用公式，单击即可，如图7-22所示；或者单击"插入"｜"公式"，进入"公式工具-设计"选项卡，如图7-23所示，根据所输入的公式选择适合的结构，编辑自己的公式。

用户也可以在演示文稿中插入各种符号，例如要插入符号"→"：选择插入该符号的位置，单击"插入"｜"符号"按钮，进入"符号"对话框，如图7-24所示，在"子集"下拉列表框中选择"箭头"，界面中出现各种箭头及符号，选择"→"，单击"插入"按钮即可。

5. 插入声音或视频

在 PowerPoint 2010 幻灯片中插入音频或者视频文件可以为文稿添色不少。

插入音频文件的方法如下：单击"插入"选项卡的"媒体"组中的"音频"按钮，在弹出的菜单中选择"文件中的音频"命令，弹出"插入声音"对话框，选择声音文件，单击"插入"按钮；或者在"插入"选项卡的"媒体"组中选择音频命令，在其下拉列表中选择音频文件的文件来源即可，如图 7-25 所示。插入音频后，单击"音频工具"丨"格式"或"播放"按钮，对声音图标或播放格式进行进一步设置。

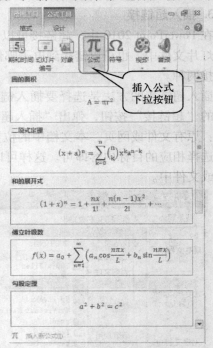

图 7-22　直接插入常用公式

图 7-21　"动作设置"对话框

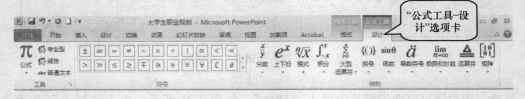

图 7-23　"公式工具-设计"选项卡

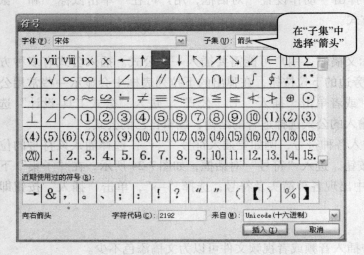

图 7-24　"符号"对话框

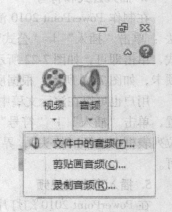

图 7-25　音频下拉列表框

在幻灯片上插入声音或视频后，将显示一个表示所插入声音文件的图标 或视频文件的视频框，再通过"音频工具"或"视频工具"对插入的对象进行更详细的设置，比如播放设置，以完成音频或视频对象的插入，如图 7-26 所示。

图 7-26 "播放"选项卡

7.3.5 演示文稿的版面设置

一个完整专业的演示文稿，有很多地方需要统一进行设置，如幻灯片中统一的内容、背景、配色和文字格式等。若对每张幻灯片一一进行设置，效率必然很低，此时可利用演示文稿的母版、模板或主题来对统一进行设置。

1. 更改幻灯片版式

若要更改幻灯片的布局，可通过"版式"来实现：单击"开始"选项卡的"纪灯片"组中的"版式"按钮，从弹出的下拉列表框中选择相应的版式即可，如图 7-27 所示。

2. 选择主题

若要为部分或全部幻灯片设置主题，则可通过"主题"来实现：单击"设计"选项卡，"主题"组中显示了备选的主题样式，从中选择一个主题即可，如图 7-28 所示。

单击"主题"下拉按钮，弹出所有主题列表，如图 7-29 所示，从中可以选择 Office 主题或导入来自本地的主题。

选择好一个主题后，用户可以设置所选主题的

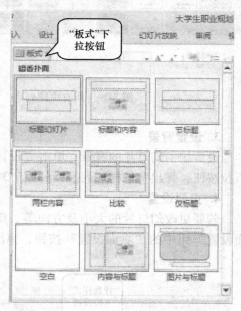

图 7-27 幻灯片版式列表

相应效果，单击"效果"下拉按钮，弹出主题效果下拉列表框，如图 7-30 所示。

图 7-28 Office 主题

用户也可以对主题颜色、文本等进行设置，在图 7-30 中选择"颜色"或"字体"下拉按钮，即可设置相应属性。

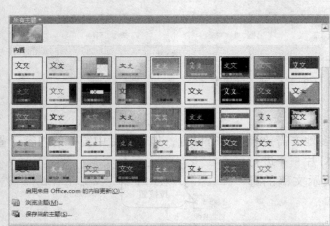

图 7-29　所有主题列表

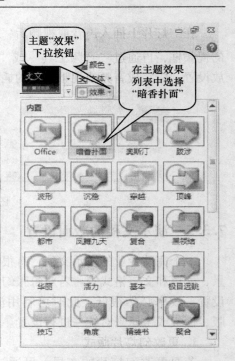

图 7-30　主题效果下拉列表

3. 设置背景

设置统一幻灯片的背景，单击"设计"选项卡的"背景"组中的"背景样式"旁边的下拉按钮，弹出背景样式列表，如图 7-31 所示。

4. 页面设置

若要更改幻灯片的大小及方向等，则可通过页面设置完成，单击"设计"选项卡"页面设置"组中的"页面设置"按钮，弹出如图 7-32 所示的"页面设置"对话框。

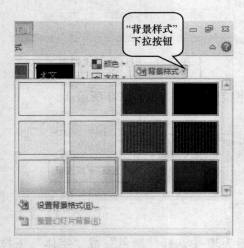

图 7-31　"背景样式"选项卡

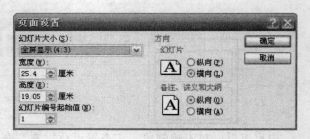

图 7-32　"页面设置"对话框

5. 母版设置

母版是指一张已经设计好的特殊格式的占位符，这些占位符是为标题、主要文本以及在所有幻灯片中出现的对象而设置的。通常将每一张幻灯片都要用到的内容直接放在母版中，避免出现重复输入以及风格不统一的问题。若要为幻灯片设置母版（包括幻灯片母版、讲义母版和备注母版）则可通过单击"视图"选项卡的"母版视图"组中的各个按钮实现，如图 7-33 所示。

图 7-33　"母版视图"组

7.3.6　幻灯片放映设置

1. 动画设置

用户可将 Microsoft PowerPoint 2010 演示文稿中的文本、图片、形状、表格、SmartArt 图形和其他对象制作成动画，并赋予它们进入、退出、大小或颜色变化，甚至移动等视觉效果。

PowerPoint 2010 中有以下 4 种不同类型的动画效果，如图 7-34 所示。

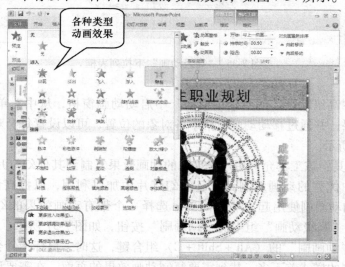

图 7-34　动画设置界面

1）"进入"效果：包括使对象逐渐淡入焦点、从边缘飞入幻灯片或者跳入视图中等效果。

2）"退出"效果：包括使对象飞出幻灯片、从视图中消失或者从幻灯片旋出等效果。

3）"强调"效果：包括使对象缩小或放大、更改颜色或沿着其中心旋转等效果。

4）"动作路径"效果：包括使对象上下移动、左右移动或者沿着星形或圆形图案与其他效果一起移动等效果。

用户可以单独使用任何一种动画，也可以将多种效果组合在一起使用，例如，用户可以对某一文本应用"强调"进入效果及"陀螺旋"强调效果，使它旋转起来。

2. 为对象添加动画

为对象添加动画的方法如下：选择要设置动画的对象（图片或文本），单击"动画"选项卡，在"动画"中选择相应的动画即可，或者在"高级动画"中单击"添加动画"下拉按钮，如图 7-35 所示，从弹出的动画列表中选择相应的动画效果。

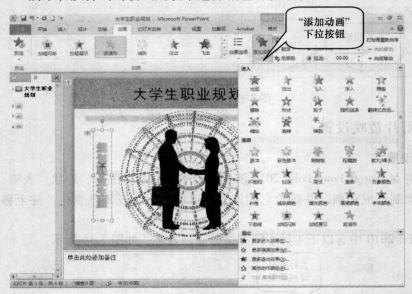

图 7-35　"高级动画"下拉列表框

用户也可从"高级动画"的"动画窗格"中启动动画窗格，从中对单个或多个对象一起设置其动画效果，并通过移动动画窗格中各对象的位置，可以设置每个对象的动画的出场顺序，如图 7-36 所示。

"动画刷"工具：该工具允许用户把现成的动画效果复制到其他幻灯片中，可以帮助用户把其他幻灯片中优秀的动画复制到自己的幻灯片中加以利用，以提高设置动画的效率。PowerPoint 2010 的动画刷使用起来非常简单，选择一个带有动画效果的幻灯片对象，单击"动画"选项卡的"高级动画"组中的"动画刷"按钮，如图 7-37 所示。

或直接使用"动画刷"的〈Alt + Shift + C〉组合键，这时，鼠标指针会变成带有小刷子的样式，与格式刷的样式差不多。找到需要复制动画效果的页面，在需要设置动画效果的对象上单击鼠标左键，则动画效果已经复制下来了。在多个演示文稿之间复制动画效果的方法也是如此。通过 PowerPoint 2010 的"动画刷"工具，用户可以快速地制作具有相同动画效果的幻灯片动画。

3. 幻灯片的切换

切换是向幻灯片添加视觉效果的另一种方式。幻灯片切换效果是在演示期间从一张幻灯片移到下一张幻灯片时，在"幻灯片放映"视图中出现的动画效果。用户可以控制切换效果的速度，添加声音，选择换片方式，甚至还可以对切换效果的属性进行自定义。

图 7-36 动画窗格

图 7-37 "动画刷"按钮

向幻灯片添加切换效果的方法：选择需要设置切换效果的幻灯片，在"切换"选项卡的"切换到此幻灯片"组中，单击要应用于该幻灯片的幻灯片切换效果，如图 7-38 所示。

图 7-38 "切换"选项卡

单击图 7-38 中所示的幻灯片"切换"下拉按钮，弹出幻灯片切换效果详细列表，如图 7-39 所示，从中选项合适的幻灯片切换效果应用于当前幻灯片或所有幻灯片中。

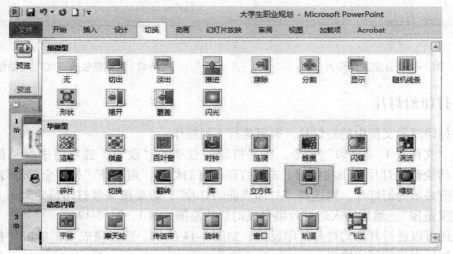

图 7-39 幻灯片切换效果详细列表

4. 幻灯片的放映设置

演示文稿做好之后就可以放映了。用户可以根据需要选用不同的方式放映幻灯片，图 7-40 为"幻灯片放映"选项卡。

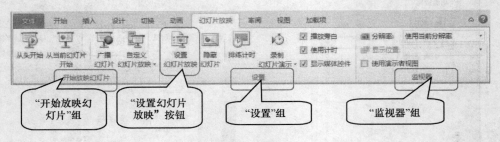

图 7-40　"幻灯片放映"选项卡

在"开始放映幻灯片"组中，有"从头开始"（〈F5〉快捷键）"从当前幻灯片开始"（〈Shift + F5〉组合键）、"广播幻灯片"和"自定义幻灯片放映"等几种不同的放映方式。其中"自定义幻灯片放映"可以根据需要播放哪些幻灯片，如图 7-41 所示。

另外，在"设置"组中，单击如图 7-40 所示的"设置幻灯片放映"按钮，弹出"设置放映方式"对话框，可以方便地设置幻灯片的放映方式，如图 7-42 所示。用户还可以利用"录制幻灯片演示"来录制幻灯片而进行放映设置。

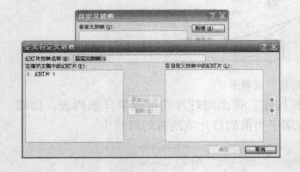

图 7-41　自定义幻灯片放映　　　　　　　图 7-42　"设置放映方式"对话框

7.3.7　打印幻灯片

若要打印演示文稿中的幻灯片，则可执行下列操作：

单击"文件" | "打印"命令，在"打印"选项的"设置"选项组中（见图 7-43），单击"打印全部幻灯片"下拉按钮，若要打印所有幻灯片，则选择"打印全部幻灯片"；若仅打印当前显示的幻灯片，则选择"打印当前幻灯片"；若要按编号打印特定幻灯片，则选择"自定义范围"，然后输入幻灯片编号或幻灯片范围，如1，3，5-12。

用户还可以进行其他幻灯片打印设置，如图 7-44 所示，选择完成后，单击"打印"按钮，完成演示文稿的打印输出。

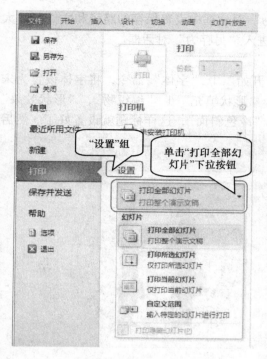

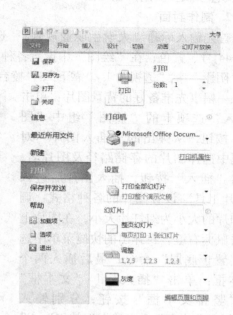

图 7-43 打印幻灯片设置   图 7-44 打印选项

【项目实施】

7.4 设计制作大学生职业规划演示文稿的具体步骤

7.4.1 素材的准备阶段

在设计制作演示文稿之前，首先准备所需要的素材。素材包括演示文稿中的文字内容（若文稿文字内容较多，可先用文字处理软件编辑好）以及需要插入的图片、表格、动画、音频、视频等。

本演示文稿的主题内容是大学生职业规划，因此要先构思设计与之相关的内容，如自我分析，学习、生活环境分析，职业分析，短期目标，长期目标，学校学习目标以及职业目标等。另外，为了不让幻灯片太单调，还应准备一些图片及一些背景音乐，如有必要，还应准备一些视频剪辑等。

7.4.2 演示文稿的制作阶段

素材准备好之后，进入演示文稿的制作阶段。以下就以设计制作"大学生职业规划"演示文稿为例，详细介绍文稿的制作方式、方法以及制作步骤。

1. 新建演示文稿

启动 PowerPoint 2010，自动新建一个文件名默认为"演示文稿 1"的演示文稿文件，单

击"文件"|"保存"按钮,从弹出的"另存为"对话框中设置保存的路径和文件名"大学生职业规划"。用户也可按〈Ctrl + S〉组合键进入"另存为"对话框。

2. 制作封面

首先输入标题"大学生职业规划",选择"开始"|"字体"命令,将字体设置为宋体、44 号、紫色;在"绘图"中设置各种效果:"形状填充"|"编织物","形状效果"|"阴影"|"透视"|"靠下","棱台"|"冷色斜面",这样标题就设置好了。然后插入一幅事先准备好的背景图片:单击"插入"选项卡的"插图"组中"图片"按钮,从弹出的"插入图片"对话框中选择图片的存储路径及图片名,单击"插入"按钮,插入图片后进入"图片工具"设置图片的各种格式:调整图片的大小为幻灯片大小,在图片上单击鼠标右键,在弹出的快捷菜单中选择"置于底层"命令;最后插入两个文本框:单击"插入"|"文本框"|"竖排文本框"按钮,分别输入"规划职业生涯""成就人生梦想",设置字体为黑体,36 号,黄色、加粗、

图 7-45   制作完毕的封面

阴影效果。这样文稿封面的静态效果就制作完成了,如图 7-45 所示。

为了增加文稿播放时的动态和视听效果,用户还应进行其他相应设置,例如设置背景音乐或动画效果等。背景音乐设置如下:单击"插入"选项卡"媒体"组中的"音频",在弹出的菜单中选择"文件中的音频"命令,从弹出的"插入声音"对话框中选择相应音频文件,单击"插入"按钮即可。

另外,为了使整个文稿的风格或主题统一协调,应设置相应主题:单击"设计"选项卡的"主题"组中的"暗香扑鼻"样式,一个主题就选择并设置好了。

3. 制作文稿的主体内容

下面以制作一张"自我分析"幻灯片为例,介绍幻灯片制作的基本方法和步骤。

1)新建幻灯片:单击"开始"选项卡的"幻灯片"组中的"新建幻灯片"在展开的"Office 主题"列表中选择"空白",建立一张空白的新幻灯片。

2)标题制作:单击"开始"选项卡的"形状"按钮,在展开的形状列表中选择"矩形",绘制一个矩形,然后单击"快速样式",在展开的样式列表中选择"强烈效果-深黄,强调颜色1",设置矩形的效果,如图 7-46 所示。

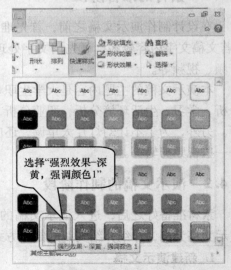

图 7-46   "形状"效果设置

在已绘制好的矩形被选中状态下，单击"插入"选项卡的"文本"组中的"文本框"，在弹出的菜单中选择"横排文本框"，输入"自我分析"；然后在矩形左右两边分别插入一幅剪贴画和一幅图片，插入剪贴画步骤如下：单击"插入"选项卡的"插图"组中的"剪贴画"按钮，选择一幅图画并单击，剪贴画就插入到幻灯片中了，调整其大小并将其拖放至矩形左边；插入图片的过程类似。做好的标题效果如图7-47所示。

图 7-47 标题效果图

3）正文制作：单击"开始"选项卡的"绘图"组中的"形状"｜"标注"｜"椭圆形标注"命令，绘制一个椭圆形，选择"形状填充"｜"浅绿"命令，然后插入艺术字，选择"插入"｜"艺术字"｜"填充-无，轮廓-强调文字颜色2"命令，如图7-48所示。

输入文字"性格"，单击"绘图工具"｜"艺术字样式"｜"文字样式"｜"转换"｜"弯曲"｜"停止"命令进行效果设置，如图7-49所示。

图 7-48 艺术字样式设置

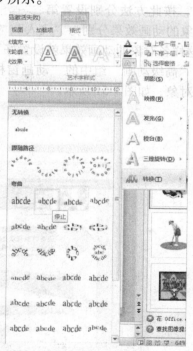

图 7-49 艺术字文字效果设置

然后与制作标题的步骤类似绘制一个矩形，并设置其"快速样式"为"细微效果，蓝灰-强调颜色5"，选择"形状效果"｜"预设"｜"预设4"和"棱台"｜"圆"命令，再选择"插入"选项卡的"文本"组中的"文本框"命令，输入"喜欢安静的环境，喜欢一个人学习、上网、看书。但有时也喜欢热闹，和朋友在一起谈天，给彼此带来快乐，我会感觉很开心。"这些文字内容，至此，"性格"部分的内容就做好了。与以上方法类似，再制作"爱好"和"优缺点"两部分内容。这样，一种幻灯片的静态内容就制作完成了，如图 7-50 所示。

为了增加幻灯片放映时的动态视觉效果，用户还应为幻灯片设置幻灯片中对象的动画效果以及幻灯片切换效果。

4）动画设置：首先将幻灯片中所有对象按依次出现的顺序分为 7 组：标题部分为一组，"性格"和"性格"内容、"爱好"和"爱好"内容、"优缺点"和"优缺点"内容分别为第二～七组。选中第一组，选择"动画"｜"劈裂"，在"动画"｜"计时"｜"开始"中选择"单击"，按此方法分别设置第二～

图 7-50 "自我分析"幻灯片效果图

七组对象的动画效果分别为"飞入"、"缩放"、"旋转"、"轮子"、"形状"以及"随机线条"，这样各对象的动画效果就设置好了。若要更改各对象的动画顺序，可单击"动画"选项卡的"高级动画"组中的"动画窗格"命令，展开"动画窗格"，在其中可以方便地拖动各个对象，如图 7-51 所示。

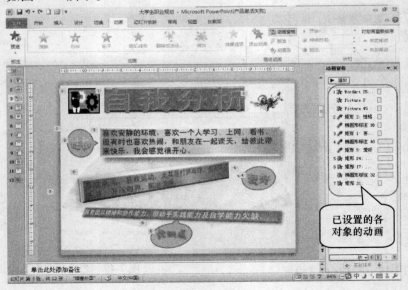

图 7-51 各对象的动画设置

5）幻灯片的切换：单击"切换"选项卡的"切换至此幻灯片"组中的"推进"，"效果选项"｜"自底部"，"声音"｜"抽气"，"持续时间"｜"01.00"，"换片方式"｜"单击鼠标时"命令。

　　至此，一张完整的幻灯片就制作完成。其他幻灯片亦按此方式制作，限于篇幅，不再一一详述。整个"大学生职业规划"演示文稿的内容如图 7-52 所示。

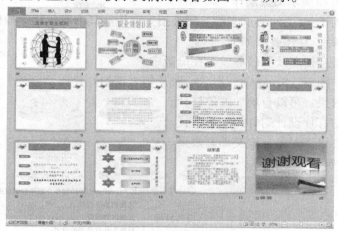

图 7-52　"大学生职业规划"演示文稿的内容

7.4.3　结束语

　　在制作以上标题幻灯片和"自我分析"这两张幻灯片的过程中，为大家详细介绍了制作幻灯片的方法和步骤。该过程基本覆盖了使用 PowerPoint 2010 制作演示文稿过程中的常规操作，包括文字的输入与格式化设置，文本框、艺术字、剪贴画、图形、图片及音频等对象的插入、操作及各种格式效果的设置，幻灯片的切换及动画效果的设置，利用设置主题来统一风格等。

【项目考评】

　　项目考评表见表 7-1。

表 7-1　项目考评表

项目名称：设计制作大学生职业规划演示文稿

评价指标	评价要点	评价等级			
		优	良	中	差
主题的明确	主题表达清晰、准确				
风格的统一	版式、模板的选择和使用				
内容的设计	各对象的插入与设置（包括文字、文本框、图片、艺术字、自选图形、声音、视频、动画等）				
内容的完善	内容描述清晰、完整				
特殊效果的运用	幻灯片中各特殊效果的设置（包括自定义动画效果、幻灯片切换效果、幻灯片背景、幻灯片放映方式等的设置）				
制作的步骤	演示文稿制作步骤清晰、准确				
工具及媒体的使用	制作工具及多媒体技术的使用得当				
放映的效果	幻灯片播放效果流畅、生动				
总评	总评等级				
	评语：				

【项目拓展】

项目1：学院介绍演示文稿制作

设计一个介绍学院情况的演示文稿，用于招生宣传。其内容包括学校概况、学校发展规模、学校组织结构等，具体要求如下：

1）将学院校徽、校名及页码等放置在母版中。

2）使用图片、图表、SmartArt、形状、影片等表现幻灯片。

3）设置播放效果，可以自动放映幻灯片。

4）为每一张幻灯片设计幻灯片切换方式。

5）为重要内容设计对象自定义动画效果。

项目思维导图如图7-53所示。

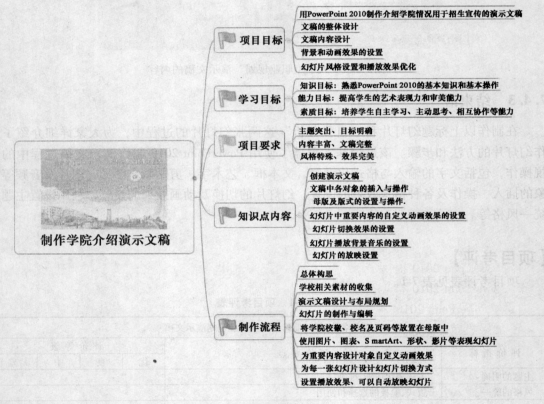

图7-53　项目思维导图1

项目2：同学聚会演示文稿制作

设计一个毕业之后同学聚会的演示文稿，用于展示同学聚会主题。其内容包括大学生活回顾、班级同学近况、同学成果展示、将来聚会规划等，具体要求如下：

1）收集相关相片，设置为每张幻灯片的背景，在不同的背景上输入文字时，注意颜色的对比。

2）设置对象动画效果和幻灯片切换效果。

3）根据输入文字与插入图片的需要，为每张幻灯片选择合适的模板。

4）为幻灯片设置从头到尾循环播放的背景音乐。

项目思维导图如图 7-54 所示。

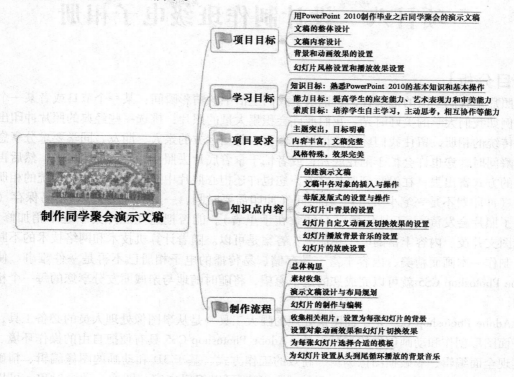

项目目标
- 用PowerPoint 2010制作毕业之后同学聚会的演示文稿
- 文稿的整体设计
- 文稿内容设计
- 背景和动画效果的设置
- 幻灯片风格设置和播放效果设置

学习目标
- 知识目标：熟悉PowerPoint 2010的基本知识和基本操作
- 能力目标：提高学生的应变能力、艺术表现力和审美能力
- 素质目标：培养学生自主学习，主动思考，相互协作等能力

项目要求
- 主题突出，目标明确
- 内容丰富，文稿完整
- 风格特殊，效果完美

知识点内容
- 创建演示文稿
- 文稿中各对象的插入与操作
- 母版及版式的设置与操作
- 幻灯片中背景的设置
- 幻灯片自定义动画及切换效果的设置
- 幻灯片播放背景音乐的设置
- 幻灯片的放映设置

制作流程
- 总体构思
- 素材收集
- 演示文稿设计与布局规划
- 幻灯片的制作与编辑
- 收集相关相片，设置为每张幻灯片的背景
- 设置对象动画效果和幻灯片切换效果
- 为每张幻灯片选择合适的模板
- 为幻灯片设置从头到尾循环播放的背景音乐

制作同学聚会演示文稿

图 7-54　项目思维导图 2

【思考练习】

1. PowerPoint 2010 提供了哪些视图？各有什么特点？

2. PowerPoint 2010 有几种母版，各有何用途？

3. 在 PowerPoint 2010 中，播放演示文稿有哪些方法？这些方法之间有何不同？

4. 如果想撤销原定义的幻灯片内动画效果该如何进行？

5. 怎样进行超链接？代表超链接的对象是否只能是文本？

6. PowerPoint 2010 的启动有哪几种方法？

7. 如何插入公式？如何插入声音？

*项目八 设计制作班级电子相册

【项目分析】

照片是我们生活的记录者，它记录了我们生活中的精彩瞬间：某一个节日或者某一个阶段，例如我们大学的美好时光。我们或许会积累大量的照片，挑选一些经典的照片冲印出来形成传统的相册，留住我们珍贵的记忆。然而，每当远方的亲人、朋友、同学要求分享您的精彩瞬间时，您也许会忙于翻找底片，或者忙于拿着底片去照片冲印店冲印出来，然后再用邮寄的方式寄出去，在没收到照片之前，您也许还担心照片中途弄丢……这种传统的相册花费大（冲印费不是一笔小费用）、耗时间（冲印需要时间，一般需要3天）、不易保存（时间长了照片会发黄）、不易传播（只能拿在手里看）。能否把这些照片集中起来稍加修饰，制成图文并茂、内容丰富的电子相册呢？答案是可以。随着计算机技术和网络技术的不断发展，制作一本画面精美、内容丰富、易存储、易传播的电子相册已不再是一件难事。使用Adobe Photoshop CS5 就可以完成您的这个愿望，将随时随地与亲戚朋友分享您的每一个精彩瞬间。

Adobe Photoshop CS5 是平面图像处理的强大工具，是从事图像处理人员的必备工具，也是平面图形创作和动画创作的重要工具。Adobe Photoshop CS5 具有便捷自由的操作环境、轻松实现全面编辑、非破损图像编辑、高效的工作方式、基于3D和动画的图像编辑、精确的图像分析等特点。用户使用 Adobe Photoshop CS5 可以编辑文字、图像、动画对象，可以制作出画面精美、内容丰富、易存储和传播的电子相册，而且还可以省去一笔冲印照片的费用。

本项目主要是使用 Adobe Photoshop CS5 制作班级电子相册。在制作过程中，学习的内容包括对照片的裁剪、移动、组合、分割、制作特效动画等，目的是培养学生处理图像的能力，提高学生对图像的欣赏能力和判断能力，同时还注重学生创新能力的培养，进一步增强集体荣誉感和自豪感。

【学习目标】

1. 知识目标

1）学习数字图像的基础知识。

2）了解图像处理软件 Photoshop 的主要作用。

3）掌握 Photoshop CS5 的主要功能。

4）认识 Photoshop CS5 的工作界面以及基本的工具。

5）掌握 Photoshop CS5 的文件操作、图层和图层样式的设定。

6）掌握 Photoshop CS5 的"动画"功能。

2. 能力目标

1）能够打开并存储文件。

2）能够使用工具箱进行图像的选取、复制、剪切和移动等操作。

3）能够使用移动工具将多个文件合并为一个文件。

4）能够使用自由变换工具调整图像。

5）能够掌握图像的分割技能。

6）能够使用"图层"面板进行图层的复制、移动、排序、链接、合并、拆分或拼合等操作。

7）能够使用 Photoshop CS5 的"动画"功能创建简单的帧动画。

8）具备制作 Photoshop 作品的基本技能。

9）能够对班级电子相册的 Photoshop 作品及其创作过程进行评价。

3. 素质目标

1）培养学生的审美观。

2）培养学生的实际动手能力。

3）培养学生的团队精神和创新意识。

4）激发学生的学习兴趣，培养积极主动的学习态度。

5）培养学生的集体荣誉感和凝聚力，探索学生表达情感和沟通的新途径。

【项目导图】

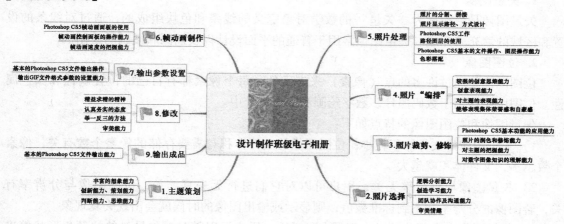

【知识讲解】

8.1　数字图像基础知识

数字图像分为矢量图像和位图图像，数字图像处理软件由此可以分为矢量软件和位图软件两种类型，数字图像的风格因此也有矢量风格和位图风格之分。

8.1.1　像素和分辨率

1. 像素

像素（Pixel）一词是由 Picture（图像）和 Element（元素）这两个单词的字母所组成的，是用来计算数码影像的一种单位。像素最早用来描述电视图像成像的最小单位，在位图图像中，像素是组成位图图像的最小单位，可以被看作带有颜色的小方块。将位图图像放大到一定程度，就可以看见这些"小方块"。像素所占用的存储空间决定了图像色彩的丰富程度，因此，一个图像的像素越多，所包含的颜色信息点就越多，图像效果就越好，但生成的图像文件也会越大。

2. 分辨率

分辨率是指每英寸所包含的点、像素或者线条的多少。分辨率有以下3种重要形式。

1）图像分辨率：用来描述图像画面质量的参数，表示每英寸图像所包含的像素/点数，单位为 ppi（像素/英寸）。

2）显示器分辨率：用来描述显示器显示质量的参数，表示显示器上每英寸显示的点/像素数，单位为 dot/in（点/英寸）。

3）专业印刷分辨率：也称为线屏，表示半色调网格中每英寸的网线数，描述打印或者印刷的质量，单位为 lpi（线/英寸）。一般情况下，对图像的扫描分辨率应该是专业印刷分辨率的两倍。

8.1.2　矢量图像和位图图像

1. 矢量图像

矢量图像是由被称为"矢量"的数学对象定义的线条和色块组成的，通过对线条的设置和区域的填充来完成。矢量图像常用于普通的平面设计以及插画和漫画的绘制。

2. 位图图像

位图图像是通过许多的点（像素）来表示的，每个像素都有自己的位置属性和颜色属性。位图图像常用于数码照片、数字绘画和广告设计中。

矢量图像和位图图像的特点如下：

1）矢量图像的文件体积较小；位图图像的文件体积与需要存储的像素个数有关，像素个数越多，文件体积就越大。

2）矢量图像与分辨率无关，用户可以对它们进行无失真缩放；位图图像与分辨率有关，若图像的分辨率达不到标准数值，则显示或输出图像的时候就会出现失真现象。

3）矢量图像中大部分的操作都具有可逆性，用户可以随时对矢量对象的颜色形状等进行修改；位图图像中大部分的操作都不具有可逆性，图像修改的次数越多，清晰度越差。

4）矢量图像不易制作色调丰富或者色彩变化较大的图像；位图图像则可以表现出更为丰富的细节和细节的层次。

8.1.3　矢量软件和位图软件

1. 矢量软件

主要用来设计和处理矢量图像的软件，称为矢量软件。常见的矢量软件有 Illustrator、CorelDRAW、FreeHand、Flash 等。

2. 位图软件

用来设计和处理位图图像的软件，称为位图软件。常用的位图软件有 Photoshop、Corel Painter、Photoshop Impact、Photo-PAINT 等。

8.2 Photoshop 的主要作用

Photoshop 是一款图像处理与合成软件，其作用是将设计师的创意以图形化的方式展示出来。随着计算机技术的普及与人类社会的进步，使用计算机进行各种设计已经成为必然手段，Photoshop 的作用与地位也因此越来越突出。

从技术角度来分，Photoshop 的作用主要体现在三个方面：

1）绘画。使用 Photoshop 可以完成一些美术作品的绘画，这里既包括简单图形，如纺织品图案、艺术字、基本几何体等；也包括复杂的手绘作品，如人物、国画、产品造型等。总的来说，凡是没有使用创作素材，直接在 Photoshop 中完成的作品，我们都归结为 Photoshop 的绘画功能，这是 Photoshop 极其重要的作用之一。

2）合成。所谓合成就是在现有图像素材的基础上进行二次加工或艺术再创作的过程，这是 Photoshop 的主要功能，其中包括图像的处理，即对图像进行放大、缩小、变换、修补、修饰等操作，然后对这些图像进行创意合成，通过图层、通道、路径、工具的应用使图像很好地融合在一起。

3）调色。调色是 Photoshop 最具威力的功能之一，可以方便快捷地对图像的颜色进行明暗、色相、饱和度等参数的调整和校正，也可以在不同颜色模式之间进行转换，以满足图像在不同领域中的应用。

从应用的角度来分，Photoshop 的作用主要体现在以下几个方面：

1）包装设计。Photoshop 在包装和装帧设计领域有着广泛的应用，也是主要的创作工具之一。

2）广告设计。主要是平面广告设计，诸如日常生活中所见到的报纸广告、杂志广告、商场广告、促销广告、电影海报等，都可以通过 Photoshop 进行创作和表现。

3）网页美工设计。随着计算机技术和网络技术的飞速发展，网络世界的内容越来越丰富，各类网站主页面的界面越来越丰富多彩、赏心悦目，这一切都要归功于 Photoshop 在网页制作领域的功劳。Photoshop 是网页制作领域中一个非常重要的工具，主要用来完成网页页面的规划、图片的制作，甚至一些 GIF 动画的制作，同时也是制作网页效果图的主要工具。

4）数码照片后期处理。数码摄影时代的到来为 Photoshop 提供了广阔的创意空间，在婚纱影楼、照相馆、摄影工作室、冲印店中，Photoshop 已经成为了主要的后期处理工具，它可以方便地完成抠图、调色、创意和版式设计等工作。

5）效果图后期制作。在效果图制作行业中，前期与中期的制作分别在 3ds Max 和 Vray 环境下完成，而渲染输出后的图片则需要在 Photoshop 中进行润饰或表现环境。

6）界面设计。当开发多媒体课件、应用程序、工具软件时，用户往往需要一个非常漂亮的界面，使用 Photoshop 进行界面设计是非常方便的，这里既可以设计界面，还可以设计功能按钮，甚至标题文字等。

以上介绍了 Photoshop 的主要应用领域，事实上，Photoshop 的应用几乎渗透到了生活的各个领域，如 VI 设计、手绘作品、制作艺术字、网站图片处理等。

8.3 Photoshop CS5 基本介绍

使用 Photoshop 制作班级相册或进行设计创作之前，用户必须掌握 Photoshop 的基本技术，只有对 Photoshop 运用自如，才能使其在不同的工作领域中发挥出应有的作用。下面简单介绍一下 Photoshop 的基础知识。更多详细内容参见 Photoshop 教程。

Adobe Photoshop CS5 Extended 软件拥有无与伦比的编辑与合成功能，更为直观的用户体验，还有用于编辑基于 3D 模型和动画的内容以及执行高级图像分析的工具，能够大幅提高用户的工作效率。

8.3.1 Photoshop CS5 的配置要求及简介

1. Photoshop CS5 的配置要求

1）1.8GHz 或更高处理器。

2）1GB 内存（推荐使用 2GB 以上主存储器）。

3）推荐使用 80GB 及以上硬盘。

4）DVD-ROM 驱动器。

5）16 位显卡，推荐使用 1024×768，1280×1024，1360×768 或更高屏幕分辨率。

6）某些 GPU 加速功能需要 Shader Model 3.0 和 OpenGL 2.0 图形支持。

2. Photoshop CS5 的基本功能

1）支持多种文件格式：Photoshop CS5 可识别 PSD、BMP、GIF、JPEG、PNG、EPS、PDF、TIFF 和 AI 等图像文件以及 3D 和视频转换 HSB、RGB、CMYK、Lab、灰度、索引颜色、位图和双色调等多种颜色模式。

2）支持图像大小和分辨率的修改：用户可以按照需要修改图像画面的尺寸（即图像大小）、画布的大小以及图像的分辨率，如图 8-1 和图 8-2 所示。

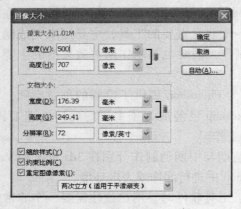

图 8-1 "图像大小" 对话框

图 8-2 "画布大小" 对话框

3）强大的 "Adobe Bridge" 程序：使用 "Adobe Bridge" 可以查看和管理所有图像文件（在预览 PDF 文件时，甚至可以浏览多页），还可以为图片评出一颗星到五颗星的等级，并使用色彩表示标签，然后根据评分和标签过滤显示图像内容。

4）提供更为专业的配色方案：新增了"Kuler"面板，为设计师们提供了多种更为专业的配色方案。"Kuler"面板的使用流程如图8-3～图8-5所示。

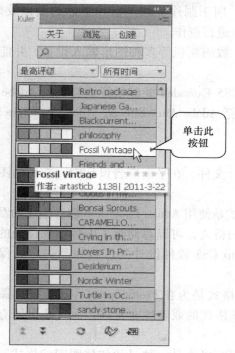

图8-3　选择配色方案

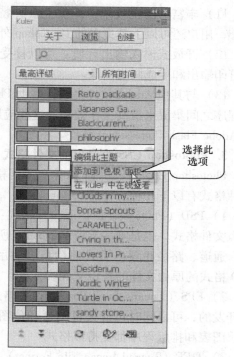

图8-4　将配色方案添加到"色板"面板

5）强大的"绘图"工具：提供"画笔"工具、"铅笔"工具、"渐变"工具、"填充"工具、"加深"工具和"减淡"工具等多达22种绘图工具，Photoshop CS5着重提高了"加深"、"减淡"和"海绵"工具的性能，使位图图像具有更强大的表现力和竞争力。

6）强大的矢量工具：具有超强的文字、路径、形状的输入和创建工具，使位图图像也可以拥有矢量风格的元素。

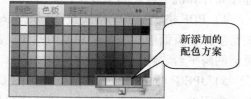

图8-5　"色板"面板中新添加的配色方案

7）强大的选区功能：通过各种方式创建和存储选区，并对选区或者选区内的图像进行各种编辑处理，使图像效果更加多姿多彩。

8）强大的3D功能：工具箱中新增了两组专门的三维工具，主菜单中新增了3D菜单。可以将二维图片转换为三维对象，对其进行位置、大小和角度的调整；也可以生成基本的三维形状，包括立方体、易拉罐、酒瓶和帽子等常用的基本形状。用户不但可以使用材质进行贴图，还可以直接使用画笔和图章在三维对象上绘画，以及与时间轴配合完成三维动画。

9）色调和色彩调整功能：具有惊人的图像色彩把握功能，用户可以随意调整图像的曲线、色阶和色相/饱和度，还可以反转、替换颜色等。新的"调整"面板使图像的各种色调和色彩调整更加方便快捷。

10）Camera Raw 捆绑软件：面向专业摄影师的图像调整工具 Camera Raw 已经成为了 Photoshop 紧密的捆绑软件，Camera Raw 6 版本可以支持近 200 种型号的专业相机。

11）丰富的滤镜效果：提供上百种特效滤镜，用于制作更加丰富和奇妙的图像效果。此外，用户还可以下载更多的 Photoshop 外挂滤镜，进行创作。

12）开放式输入输出环境：可以接受扫描仪、数码相机等多种图形输入设备，并能及时打印输出和生成网络图像。

13）与其他 Adobe 软件集成：借助 Photoshop CS5 Extended 能够很好地与其他 Adobe 应用程序之间集成来提高工作效率。这些应用程序包括 Adobe After Effects、Adobe Premiere Pro 和 Adobe Flash Professional 软件。

3. Photoshop CS5 中常见的文件格式

Photoshop CS5 可以识别 40 多种不同格式的设计文件。在平面广告设计中，常用的图像文件格式有以下几种。

1）PSD（Photoshop Document）格式：PSD 格式是使用 Adobe Photoshop 软件生成的默认图像文件格式，也是唯一支持 Photoshop 所有功能的格式，可以存储除了图像信息以外的图层、通道、路径和颜色模式等信息。使用 Photoshop CS5 软件设计的广告作品一定要保留 PSD 格式的原始文件的备份文件。

2）EPS（Encapsulated PostScript）格式：EPS 格式是为在 PostScript 打印机上输出图像而开发的，可以同时包含矢量图形和位图图形。该格式的兼容性非常好，而且几乎所有图形、图表和排版程序都支持该格式。

3）TIFF（Tagged Image File Format）格式：TIFF 格式是一种灵活的位图图像格式，最大文件大小可达到 4GB，采用无损压缩模式。几乎所有绘画、图像编辑和页面排版程序都支持该格式文件，而且几乎所有桌面扫描仪都可以产生 TIFF 格式的图像文件，常用于在应用程序和计算机平台之间交换文件。

4）PDF 格式：PDF 格式是 Adobe Acrobat 程序生成的电子图书格式，能够精确地显示并保留字体、页面版式、矢量和位图图像，甚至可以包含电子文档的搜索和导航功能，是一种灵活的跨平台、跨应用程序的文件格式。

5）JPEG（Joint Photographic Experts Group）格式：JPEG 格式是在万维网及其他联机服务商常用的一种压缩文件格式。该格式可以保留 RGB 图像中的所有颜色信息，能够有选择地扔掉数据来压缩文件大小。

6）GIF（Graphics Interchange Format）格式：GIF 格式也是在万维网及其他联机服务上常用的一种 LZW 压缩文件格式，可以制作简单的动画。

7）PNG（Portable Network Graphic）格式：PNG 格式也是万维网及其他联机服务上常用的文件格式。该格式可以保留 24 位真彩色，并且具有支持透明背景和消除锯齿边缘的功能。常用的 PNG 格式有 PNG-8 和 PNG-24 两种，PNG-24 是唯一支持透明颜色的图像格式，而且其显示效果和质量都可以和 JPEG 格式相媲美。

8）BMP（Windows-bitmap）格式：BMP 格式是 DOS 和 Windows 兼容计算机上的标准 Windows 图像格式，使用 RLE 压缩方案进行压缩。

9）RAW 格式：RAW 格式常用于应用程序和计算机平台之间的数据传递。有一些数码相机中的图像是以 RAW 格式形式存储的，后期利用数码相机附带的 RAW 数据处理软件将其转换成 TIFF 的普通图像数据格式。进行转换时，大多由用户任意设置白平衡等参数，创作出自己喜爱的图像数据，而不会有画质差的情况。

10）AI（Adobe Illustrator）格式：AI 格式是由 Adobe Illustrator 矢量绘图软件制作生成的矢量文件格式。

4. Photoshop CS5 中的常用术语

Photoshop 中有很多术语是图形图像处理者必须了解和掌握的，它们涉及色彩、选区和矢量工具等方面的内容。

（1）色域、色阶和色调

1）色域：是指颜色系统可以表示的颜色范围。不同的装置、不同的颜色模式都具有不同的色域。在 Photoshop 中，Lab 颜色模式的色域最宽，RGB 颜色模式的色域次之，CMYK 颜色的色域更小一些，只能包含印刷油墨能够打印的颜色。同一种颜色模式的色域也不尽相同，例如 RGB 颜色模式就有 Adobe RGB、sRGB 和 Apple RGB 等色域。

2）色阶：是指各种颜色模式下相同或不同颜色的明暗度，对图像色阶的调整也是对图像的明暗度进行调整。色阶的范围是 0 ~ 255，共 256 种色阶。

3）色调：是指颜色外观的基本倾向。在颜色的色相、饱和度和明度 3 个基本要素中，某一种或几种要素起主导作用时，就可以定义为一种色调。例如，红色调、蓝色调、冷色调、暖色调等。

（2）色相、饱和度和明度

1）色相：是指色彩的颜色表象，如红、橙、黄、绿、青、蓝、紫等颜色的种类变化就叫色相。

2）饱和度：也称为纯度，指色彩的鲜艳程度。饱和度越高，颜色就越鲜艳、刺眼。

3）明度：是指色彩的明亮程度。

色相、饱和度和明度是颜色的 3 大基本要素。调整图像的色相、饱和度、明度，可以得到不同的效果。

（3）亮度和对比度

1）亮度：是指颜色明暗的程度。

2）对比度：是指颜色的相对明暗程度。

（4）选区、通道和蒙版

1）选区：是指图像中受到限制的作用范围，用户可以使用多种方法来创建选区，如使用选择工具创建选区，或者从通道或路径转换，或者从图层载入，还可以使用快速蒙版等创建选区。

2）通道：是指存储不同类型信息的灰度图像，分为复合通道、单色通道、专色通道、Alpha 通道和图层蒙版 5 种存储方式。

3）蒙版：是指作用于图像上的特殊的灰度图像，用户可以利用它显示和隐藏图层的内容，创建选区等。

（5）文字、路径和形状

文字、路径和形状是 Photoshop 中的 3 种矢量元素。

1）文字：由"文字"工具组中的工具创建而成，以文本层的形式存在于图像中。一旦文本层被栅格化之后就不再具有矢量性质了。

2）路径：由"路径"工具组或"形状"工具组中的工具（必须单击工具栏中的"路径"按钮）绘制而成。绘制完成的路径保存在"路径"面板中。路径无法显示在图像的最终效果里，用户需要将路径转换为选区或者适量蒙版，再做进一步的处理。

3）形状：由"路径"工具组或者"形状"工具组中的工具（必须单击工具栏中的"形状图层"按钮）创建而成，以形状层的形式存在于图像中，一旦形状层被栅格化之后也不再具有矢量性质了。

8.3.2 Photoshop CS5 的工作界面

Adobe 对 Photoshop CS5 的工作界面进行了许多改进，在标题栏中添加了一些应用程序按钮，图像文档的管理也更加多样，整个界面更加整洁漂亮，如图 8-6 所示。

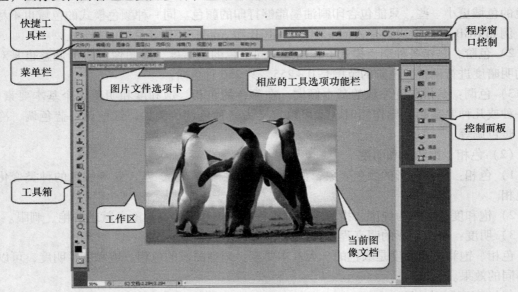

图 8-6　Adobe Photoshop CS5 工作界面

1. 快捷工具栏

快捷工具栏是 Photoshop CS5 新增的功能，它将一些常用的应用程序和命令整合在一起，便于快速地操作与切换界面。当窗口最大化时，快捷工具栏将出现在菜单栏的右侧，否则出现在菜单栏的上方。其最右侧的按钮用于更换工作区设置，如图 8-7 所示。不同的工作区设置，界面会有一些变化。

2. 菜单栏

Photoshop CS5 程序中的菜单主要有主菜单、面板菜单和右键快捷菜单 3 种形式。

1）主菜单：Photoshop CS5 的菜单栏中包含 9 个主菜单，它们分别是"文件""编辑""图像""图层""选择""滤镜""视图""窗口"和"帮助"菜单，"文件"菜单如图 8-8 所示。使用这些菜单中的菜单项，用户可以执行大部分的 Photoshop 编辑操作。

2）面板菜单：单击各个控制面板右上方的 按钮即可打开相应的面板菜单，完成各种面板设置和操作，例如，在"颜色"面板菜单中选择"灰度滑块"命令，即可打开"灰度滑块"设置面板，进行图像灰度参数设置，如图 8-9 所示。

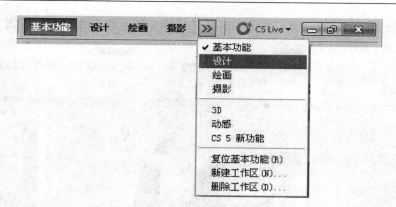

图 8-7　Photoshop CS5 程序窗口控制图

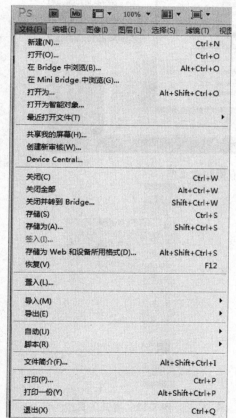

图 8-8　Photoshop CS5 "文件" 菜单

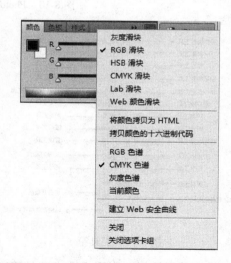

图 8-9　Photoshop CS5 "颜色" 面板和菜单

3）右键快捷菜单：选择不同的工具，然后在图像窗口中的图层上、控制面板中的项目上和快捷工具栏上单击鼠标右键，都可以打开相应的快捷菜单。使用这些快捷菜单项可以方便用户进行各种图像编辑操作。图 8-10 所示为在图层上的右键快捷菜单。

3. 工具栏及其属性栏

1）工具栏：Photoshop 软件将所有的操作工具以按钮的形式集中在工具箱中，并将它们分栏排列，用户可以选择单列或者双列显示这些工具，如图 8-11 所示。如果工具按钮右下

角有小三角 ◢ 标志，表示此处有一组工具，按住鼠标左键不放或者在工具按钮上单击右键即可展开该组工具，如图 8-12 所示。

图 8-10　Photoshop CS5 右键快捷菜单

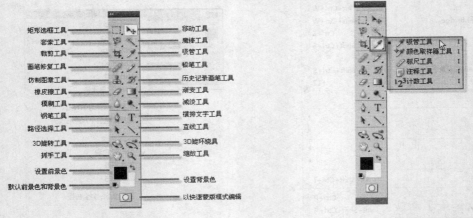

图 8-11　工具箱　　　　　　　　　　　　　　　图 8-12　展开工具组

2）工具属性栏：当用户选中工具箱中的一种工具时，在菜单栏下方的工具属性栏（简称工具栏）中就会显示相应的工具参数设置选项。图 8-13 所示为选中"矩形选框工具" ▭ 时，工具栏所显示的状态。

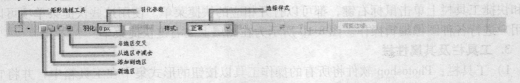

图 8-13　"矩形选框工具"工具属性栏

4. 控制面板

控制面板是 Photoshop 中特殊的功能模块，用户可以随意打开、关闭、移动、排列和组合 Photoshop 中的 24 个控制面板，以配合图像窗口中的绘图和编辑操作。

1）"3D" 面板：Photoshop CS5 版本中新增的面板，用来完成各种 3D 物件的绘图和编辑功能。

2）"测量记录" 面板：Photoshop CS5 版本中新增的面板，用于测量和记录使用标尺工具或选择工具定义的任何区域（包括不规则的选区），也可以计算高度、宽度和周长，或跟踪一个或多个图像的测量。

3）"导航器" 面板：用来显示图像缩略图，以方便用户控制图像的显示。

4）"调整" 面板：Photoshop CS5 版本中新增的面板，用来在图像文档中添加各种调整层。

5）"动画" 面板：Photoshop CS5 中的动画面板是集成了 Image Ready 中的控制面板，具有创建动画图像的功能。

6）"动作" 面板：用来录制一连串的编辑操作，并将录制的操作用于到其他一个或多个图像文件中。

7）"段落" 面板：控制矢量文本的对齐方式、段落缩进和段落间距等段落属性。

8）"仿制源" 面板：具有用于仿制图章工具或者修复画笔工具的选项。使用该面板可以设置和存储 5 个不同的样本源，而不用在每次需要更改为不同的样本源时重新取样。

9）"工具预设" 面板：设置多种工具的预设参数。

10）"画笔" 面板：用来选取和设置不同类型绘图工具的画笔大小、形状以及其他动态参数。

11）"画笔预设" 面板：提供了各种预设的画笔笔尖。它们带有诸如大小、形状和硬度等定义的特性。Photoshop CS5 画笔预设面板如图 8-14 所示。

12）"历史记录" 面板：回复和撤销指定步骤的操作或者为指定的操作步骤创建快照，以减少用户因操作失误而导致的损失。

13）"路径" 面板：用来存储矢量式的路径以及矢量蒙版的内容。

14）"蒙版" 面板：Photoshop CS5 版本中新增的面板，方便用户对矢量蒙版或者图层蒙版进行各种编辑操作。

15）"色板" 面板：提供系统预设的各种常用颜色并支持当前前景色及背景色的存储。

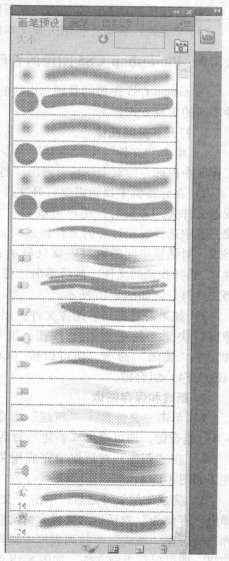

图 8-14　Photoshop CS5 画笔预设面板

16）"通道"面板：用来记录图像中的颜色数据，对不同的颜色数据进行存储和编辑操作。

17）"图层"面板：用来显示图像文件中的图层信息和控制图层的操作。

18）"图层复合"面板：用来存储图层的位置、样式和可视性，可以用以给客户做演示。

19）"信息"面板：用鼠标指针所在位置的坐标、颜色值以及选区的相关信息。

20）"颜色"面板：提供 6 种颜色模式滑块，以方便用户完成颜色的选取和设置。

21）"样式"面板：提供系统预设的各种图层样式，单击该面板中的图层样式图标即可将该图层样式应用到当前图层中。

22）"直方图"面板：显示图像的像素、色调和色彩信息。

23）"注释"面板：方便用户在图像中添加注释。

24）"字符"面板：控制矢量文本的字体、大小、字距和颜色等字符属性。

8.3.3　Photoshop CS5 图像的管理

Photoshop CS5 图像的管理与以往的版本有所不同，在 Photoshop CS5 中，图像文档有多种不同的实现方式。

1. 打开和关闭图像

1）单击"文件"｜"打开"命令或者按〈Ctrl + O〉组合键，或者在 Photoshop CS5 的工作区中鼠标左键双击，均可弹出"打开"对话框，如图 8-15 所示。

2）在计算机中找到需要打开文件所在的驱动器或者文件夹，必要时，用户可以在"文件类型"下拉列表中选择需要打开的文件格式（如选择"PNG"格式，对话框中间的窗口中就只显示 PNG 格式的文件）。选择找到的文件，然后单击"打开"按钮即可将文件打开，如图 8-16 所示。

3）如果需要将当前图像文件关闭，可以单击图像窗口快捷工具栏上的 ▨ 按钮，也可以选择"文件"｜"关闭"命令，还可以按〈Ctrl + W〉或者〈Ctrl + F4〉组合键。

2. 新建和保存图像

1）单击"文件"｜"新建"命令或者按〈Ctrl + N〉组合键，即可弹出"新建"对话框。

图 8-15　选择"打开"菜单项

2）在"新建"对话框中完成相关参数的设置，单击"确定"按钮即可建立一个新文件，如图 8-17 所示。

3）完成图像设计之后，单击"文件"｜"存储"命令或者按〈Ctrl + S〉组合键即可弹出"存储为"对话框。选择存储文件的位置，在"文件名"文本框中输入存储文件的名称，然后在"格式"下拉列表框中选择存储文件的格式，接着设置存储选项并单击"保存"按钮，即可保存当前文件，如图 8-18 所示。

4）如果当前图像曾以一种文件格式保存过，可以单击"文件"｜"存储为"命令或者按〈Ctrl + Shift + S〉组合键，弹出"存储为"对话框，将以其他文件名保存或者将图像另存为其他格式。

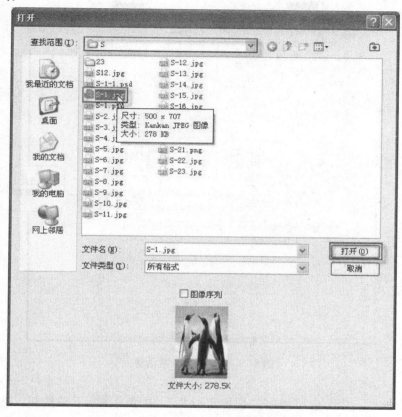

图 8-16　"打开"对话框

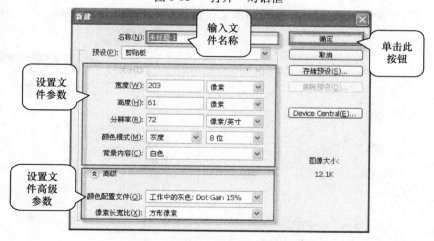

图 8-17　"新建"对话框

3. 图像文件的排列控制

在 Photoshop CS5 中，打开的图像文件有"全部合并到选项卡""拼贴""当前图像在窗

口中浮动"和"层叠"等多种排列方式，同时打开的多个文件还可以按照合并到选项卡的
方式占有一个窗口。

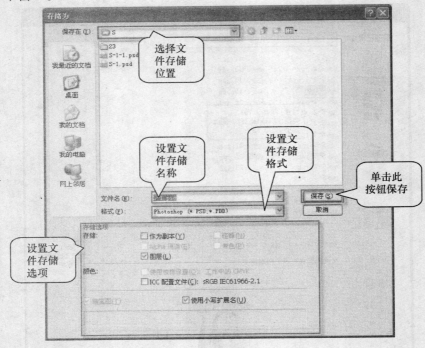

图 8-18 "存储为"对话框

用户在 Photoshop CS5 应用程序"快捷工具栏"中单击 下拉按钮，然后在打开的
"排列文档"列表中选择一种排列图像文件的方式，如图 8-19 所示。用户也可以在"窗
口"｜"排列"子菜单中选择一种排列图像文件的方式，如图 8-20 所示。

图 8-19 "排列文档"列表

图 8-20 "窗口"｜"排列"子菜单

当图像文件以"全部合并到选项卡"的形式显示时，用户可以通过拖动文档标题栏将
图像文件切换为其他不同的排列方式，如图 8-21 和图 8-22 所示。

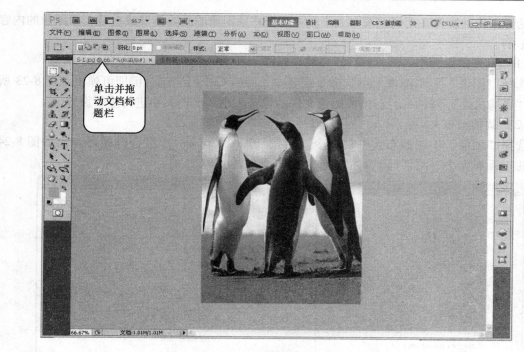

图 8-21 "全部合并到选项卡"排列方式

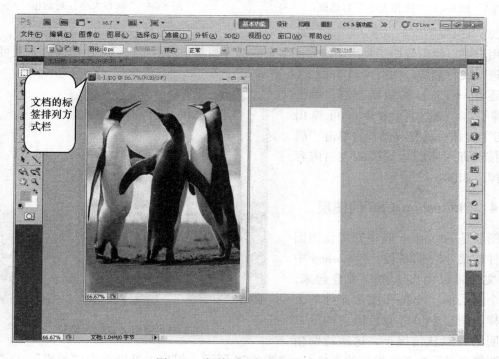

图 8-22 切换到"标签"排列方式

4. 图像及画布调整

图像大小和画布大小是两个截然不同的概念。调整图像大小相当于得到一个缩小的或者放大的原图像的影像，而调整画布大小就相当于将原图像的画幅拓展或剪裁，原图像的内容不受影响。

（1）调整图像大小

选择"图像"｜"图像大小"命令或者按〈Alt + Ctrl + I〉组合键即可弹出如图 8-23 所示的"图像大小"对话框，对当前图像文件的像素大小和文档大小进行重新设置。

（2）调整画布大小

选择"图像"｜"画布大小"命令或者按〈Alt + Ctrl + C〉组合键即可弹出如图 8-24 所示的"画布大小"对话框，调整当前文档的画布大小。

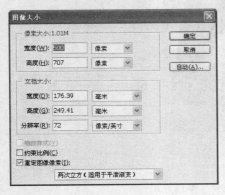

图 8-23　"图像大小"对话框

图 8-24　"画布大小"对话框

（3）图像的裁切

用户可以使用裁切工具将图像周围多余的部分删除，对画布进行大小修改，并且可以对画布进行旋转裁切，如图 8-25 和图 8-26 所示。

还有一种特殊的裁切方法，单击"图像"｜"裁切"命令即可弹出"裁切"对话框，完成设置后单击"确定"按钮即可将图像周围的空白内容裁切掉，如图 8-27 所示。

8.3.4　Photoshop CS5 的图层

图层是 Photoshop 程序管理位图图像文件的最小存储单位，Photoshop 中图像文件可以由多个图层堆叠起来，每一个图层的大小都和图像文件的大小一样，图层中没有颜色信息的地方是透明的（默认情况下，这些透明信

图 8-25　使用"裁切"工具

息在图像中显示为灰白相间的方格），如图 8-28 所示。用户也可以单击"编辑"｜"首选项"命令，弹出"首选项"对话框，然后修改透明图像的显示方式，如图 8-29 所示。

图层的出现使位图图像的调整和修改变得更加方便，也为位图图像各种复杂的合成效果提供了创作平台。

图 8-26 使用裁切工具对画布进行旋转

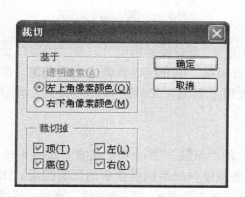

图 8-27 "裁切"对话框

图 8-28 透明图像的显示

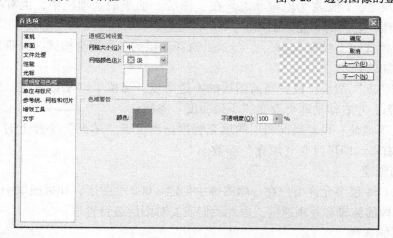

图 8-29 "首选项"对话框

图层可分为背景层、普通层、效果层、文本层、填充层和调整层等类型，如图 8-30 所示。用户可以为普通层添加图层蒙版、矢量蒙版和剪贴蒙版，还可以将多个图层转换为智能对象等，如图 8-31 所示。

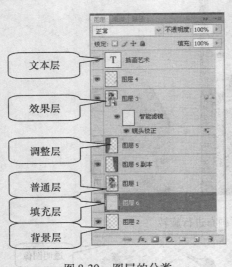

图 8-30　图层的分类

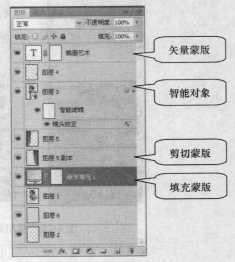

图 8-31　图层的附加形式

使用"图层"菜单中的"新建""新建填充图层""新建调整图层"以及"图层"面板快捷按钮组中的按钮即可完成背景层、普通层、效果层、填充层以及调整层的创建。使用"文本"工具组中的工具可以快速创建文本层，使用"钢笔"工具组和"形状"工具组中的工具可以完成形状层的创建。

1. 图层的显示

在 Photoshop CS5 中，图层的显示效果主要是靠"图层"面板来完成的，如图 8-32 所示。在"图层"面板中，Photoshop 按照图层的堆叠顺序列出当前图像中的所有图层，图像内容的缩略图显示在图层名称的右侧。当图层缩略图的左侧显示"眼睛图标" 时，该图层为显示状态；反之，该图层为隐藏状态。在"图层"面板的选项栏中，也有一些控制图层显示效果的选项，它们的功能分别如下。

1)"混合模式"下拉列表 ：选择图层的色彩混合模式，以确定当前图层和下层图层的叠加效果。

2)"不透明度"滑块：设置当前图层的不透明度。当位于"不透明度"字样时，鼠标指针变成 状态，左右移动即可改变"不透明度"参数。

3)"填充"滑块：设置当前图层的填充程度。当位于"填充"字样上时，鼠标指针变成 状态，左右移动即可改变"填充"参数。

2. 图层的管理

Photoshop CS5 最多允许用户在一副图像中创建 8 000 个图层，如果图像中的图层过多就会严重影响图像的编辑和处理速度，因此我们需要对图层进行管理。

（1）图层的选择

在"图层"面板中，背景为蓝色的图层项目即为当前图层，按住〈Ctrl〉键单击"图层"面板中的图层项目可以加选一个图层；按住〈Shift〉键单击"图层"面板中的图层项目可以加选多个连续的图层，如图 8-33 和图 8-34 所示。

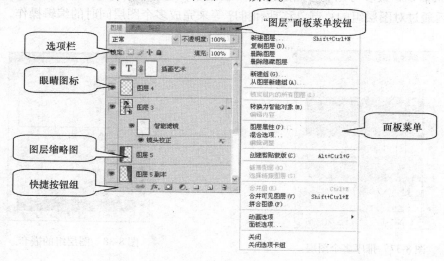

图 8-32 "图层"面板

图 8-33 选择单个图层

图 8-34 选择多个图层

在 Photoshop CS5 中，用户可以同时选中多个图层，对它们进行复制、编组、链接、排序、删除、对齐/分布以及合并/拼合等操作，如图 8-35 ~ 图 8-37 所示。

图 8-35 复制多个图层

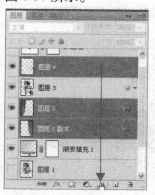

图 8-36 多个图层编组

（2）图层的模块化

Photoshop CS5 最多可以支持图层组的 5 级嵌套，这样就可以将图像中的多个图层进行编组，然后通过对图层组的复制、移动和排序等来完成多个图层同时的编辑操作，如图 8-38 所示。

图 8-37　排序多个图层

图 8-38　图层组的嵌套

用户还可以对未知相对固定的多个图层进性链接，然后对链接图层进行整体移动、复制、应用变换、对齐/分布等操作，如图 8-39 所示。

此外，用户还可以使用 Photoshop 的"合并/拼合"功能来完成设计工作的阶段性总结。

3. 图层样式

Photoshop CS5 提供了一种高级的图层混合方式，可以为图层添加效果，这些效果被称为"图层样式"，添加了"图层样式"的图层也就是所谓的"效果层"。

要想添加图层样式，先要选中一个图层，然后在弹出的"图层样式"对话框中再对"混合选项"或者"投影""内阴影""外发光""内发光""斜面和浮雕""光泽""颜色叠加""渐变叠加""图案叠加"和"描边"等样式中的一种或几种进行设置，如图 8-40 所示。

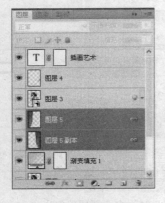

图 8-39　链接后的图层

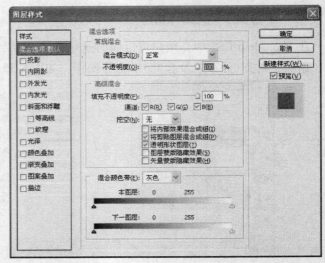

图 8-40　"图层样式"对话框

双击"图层"面板中的图层缩略图或者单击"图层"面板下方的"设置图层样式"按钮 *fx.*展开下拉菜单，再在菜单中选择一种图层样式选项，如图 8-41 所示，即可弹出"图层样式"对话框。

Photoshop CS5 提供有专门的"样式"面板，方便用户使用各种系统预设的样式，如图 8-42 所示。用户也可以将自己制作的图层样式保存到"样式"面板中，操作方法为：选中需要保存样式的图层，然后将鼠标指针移动到"样式"面板中空白的部分（鼠标指针变成 形状）后单击，系统将弹出"新建样式"对话框，在该对话框中完成设置后单击"确定"按钮即可，如图 8-43 所示。

图 8-41 "添加图层样式"下拉菜单

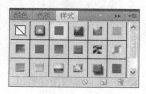

图 8-42 "样式"面板

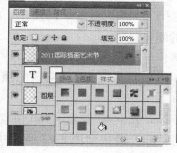

图 8-43 新建样式

4. 有关图层样式必须掌握的几个概念

（1）全局光

如果一幅图像中有多个图层具有投影、内阴影、斜面和浮雕效果，那么为了避免出现透视上的混乱，可以设置一个统一的光照角度，也就是全局光。

单击"图层"｜"图层样式"｜"全局光"命令，弹出如图 8-44 所示的"全局光"对话框。在该对话框中设置光照的"角度"和"高度"，然后单击"确定"按钮即可为当前图像设置全局光。

图 8-44 "全局光"对话框

（2）图层样式的显示和隐藏

对图层样式也可以像对图层一样进行显示或隐藏，方法为：单击"图层"｜"图层样式"｜"隐藏所有效果"命令或者单击图层缩略图下方的"效果"选项左侧的"眼睛图标" ，即可隐藏当前图层的所有图层样式，如图 8-45 所示。单击图层样式左侧的"眼睛图标"👁"，即可隐藏单个图层样式，再在出现"眼睛图标"👁的位置单击一次即可将隐藏的图层样式显示出来。

（3）图层样式的缩放

如果对设置好的图层样式的大小不满意，可以对其进行整体的缩放，使其适合添加效果的图层，方法为：单击"图层"｜"图层样式"｜"缩放效果"命令，弹出如图 8-46 所示的"缩放图层效果"对话框，然后在该对话框中设置缩放比例并单击"确定"按钮即可完成图层样式的整体缩放。

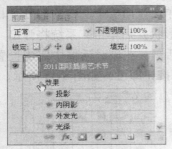

图 8-45　隐藏图层样式　　　　　　　图 8-46　"缩放图层效果"对话框

【项目实施】

通过前面知识点的讲解，用户已经初步了解并掌握了 Photoshop CS5 的使用，接下来将制作一个班级电子相册。下面详细说明班级电子相册的制作过程。

1）准备几张数码照片，本项目用 6 张数码照片制作电子相册，分别命名为"1""2""3""4""5""6"，照片格式为 JPEG 或 PNG 均可，本项目采用 JPEG 格式的照片，并在 Photoshop CS5 中打开。

2）调整照片大小，本项目使用 6in（15.2cm×10.2cm 或 1440 像素×960 像素）300 万像素的数码照片制作。如果需要将数码照片统一调整到 6in，请按照图 8-47 所示进行操作，然后存储即可。

图 8-47　调整照片大小 1

3）选择第 6 张打开的图片，然后在其"图层"面板中双击"锁形"图标，将其"解锁"转化为可编辑图层，如图 8-48 所示，然后使用移动工具将打开的其他 5 张照片拖放在第 6 张照片中，如图 8-49 所示。方法为：首先选择第 5 张，将鼠标放在工作区的图像上，当鼠标指针呈现"移动"⊕状态时，然后按住鼠标左键不放，将该图像拖放移动至第 6 张照片上，释放鼠标左键，然后调整照片位置，使其刚好能够盖住第 6 张照片。其余第 4 张、第 3 张、第 2 张、第 1 张照片依次进行移动和调整操作。移动调整完成后的照片如图 8-50 所示。然后将该文件保存为"班级电子相册.psd"文件，如图 8-51 所示。最后关闭其他图像文件。

图 8-48　调整照片大小 2

图 8-49　移动图像

图 8-50　移动调整完成后的照片

图 8-51　保存图像文件

4）单击"图层"面板中"图层 5"左侧的"眼睛图标" ，隐藏该图层，选择"图层 4"，单击"图层"面板中的"新建图层"按钮，新建"图层 6"，如图 8-52 所示。然后在工具箱中选择"单列选框工具"按钮，在"图层 6"的中间选一条选区线，然后单击"编辑"｜"填充"命令，在弹出的"填充"对话框中使用黑色即可，如图 8-53 所示。按〈Ctrl + D〉组合键取消选区，然后单击"滤镜"｜"扭曲"｜"波浪"命令，弹出"波浪"对话框，设置参数，如图 8-54 所示，"波浪"效果如图 8-55 所示。

图 8-52　隐藏并新建图层

图 8-53　"填充"对话框

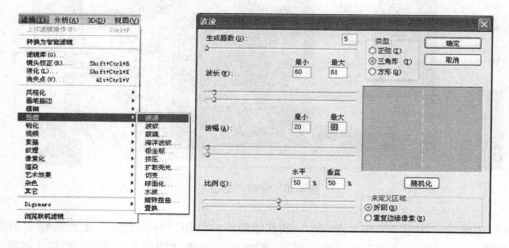

图 8-54　"滤镜"-"波浪"对话框

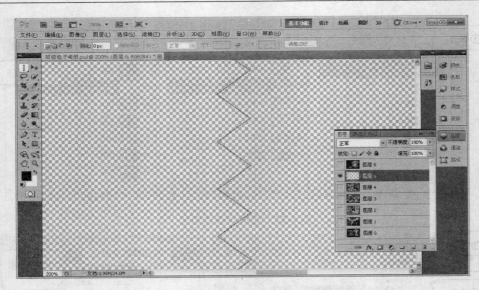

图 8-55 "滤镜"-"波浪"效果

5）使用"魔棒"工具，在"图层 6"中选择左边部分，然后选择"图层 4"，按〈Ctrl + C〉组合键复制图层，然后按〈Ctrl + V〉组合键粘贴刚才复制的图层，或者单击"图层"|"新建"|"通过复制的图层"命令，可以看到"图层 4"中以"锯齿"为界的左边图层 7 复制出来了，如图 8-56 所示。通过同样的方法可以复制得到图层 4 的右边部分图层 8，如图 8-57 所示。最后删除"图层 6"和"图层 4"。

图 8-56 分割"图层 4"

6）隐藏除"图层 7"和"图层 8"的其他图层，使用"自由变形"工具调整"图层 7"和"图层 8"，覆盖中间的透明"锯齿线"。方法为：选择"图层 7"，然后单击"编辑"|

"自由变换"命令或者按〈Ctrl + T〉组合键，然后将变换区域右边的竖线稍微向左拖动盖住"锯齿线"即可，按〈Enter〉键结束变形，如图 8-58 所示。最后隐藏"图层 7"和"图层 8"。

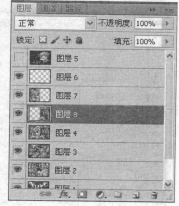

图 8-57 图层4的右边被复制出来

7）在"图层"面板中选择"图层 3"，单击"新建图层"按钮 🔲，新建"图层 9"。在工具箱中选择"钢笔工具"，然后在"图层 9"中画出如图 8-59 所示的波浪线。进入"路径"面板，单击"用画笔描边路径"按钮 ○，如图 8-60 所示。返回到"图层"面板，打开"图层 3"，并选择"图层 9"，使用"魔术棒"工具，按照分割"图层 4"的做法及上面第 5）步的方法，实现"图层 3"的分割。分割后的图像如图 8-61 所示。删除"图层 3"、"图层 9"及"路径"面板中的"工作路径"，然后利用上述第 6）步的做法，使用自由变换工具调整图像，去除图像中间的透明路径，如图 8-62 所示。

图 8-58 使用自由变换工具调整图像

8）隐藏"图层 10"和"图层 11"，打开并选择"图层 2"，选择"新建图层"按钮 🔲，新建"图层 12"，选择新建的"图层 12"，在工具箱中选择直线工具，然后从图像的左下角至右上角画一条直线，如图 8-63 所示。然后单击"路径"面板中的"用画笔描边路径"按钮 ○，然后使用"魔术棒"工具将"图层 2"分割成"左上部分"和"右下部分"两个部分，并使用自由变换工具进行调整，去除中间的透明线条，方法参照第 7）步，调整完成后的图像如图 8-64 所示。最后删除"图层 2""图层 12"及"路径"面板中的"工作路径"。

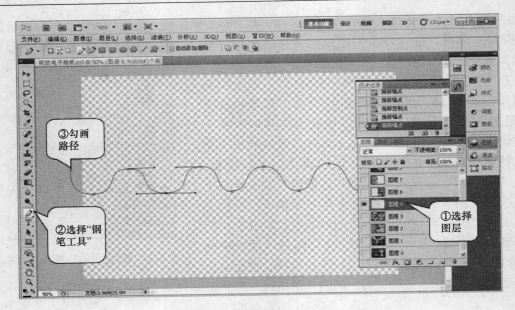

图 8-59　使用"钢笔工具"画出波浪线

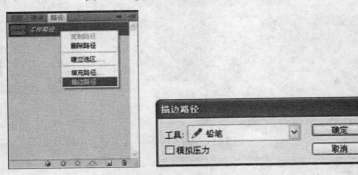

图 8-60　"路径"面板和描边路径

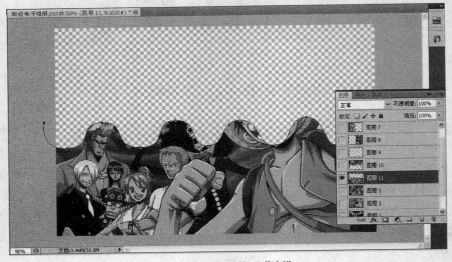

图 8-61　图层的"分割"

图 8-62　使用"自由变换"工具调整图像

图 8-63　用"直线"工具分割图像

9）隐藏"图层 13"和"图层 14"，打开"图层 1"，然后单击"新建图层"按钮，新建"图层 15"，按照"第 8）步"的做法，用"自定义形状"工具，点开"形状"选择各式形状将"图层 1"进行自定义分割，如图 8-65 所示。与利用"直线"工具相同，单击"路径"面板中的"用画笔描边路径"按钮，然后使用"魔术棒"工具将"图层 1"分割成自定义形状的多个部分，并使用"自由变换"工具进行调整，去除中间的透明间隙，方法参照"第 7）步"和"第 8）步"，之后删除"图层 1""图层 15"及"路径"面板中的"工作路径"，完成后的图像如图 8-66 所示。

图 8-64　"图层 2"分割和自由变换后的图像

图 8-65　将"图层 1"自定义形状分割成若干部分

至此,对项目照片的处理基本完成。那么,如何让这些照片动起来,形成一个真正能够动起来的电子相册呢?这就要用到 Photoshop CS5 的"动画"功能,下面继续本项目的操作。

10)单击"窗口"|"动画"命令,打开"动画(帧)",如图 8-67 所示。在 Photoshop CS5 中,"动画控制面板"默认为动画(帧)形式,如图 8-68 所示。动画(帧)中默认每帧为 10 秒,在这里,将其时间更改为"0.1 秒",方法为:单击第一帧缩略图下方"10秒"右侧的"下三角"按钮█,然后选择"0.1 秒"即可。

图 8-66 "图层 1"自定义形状分割调整后的图像

图 8-67 Photoshop CS5 的"动画"面板

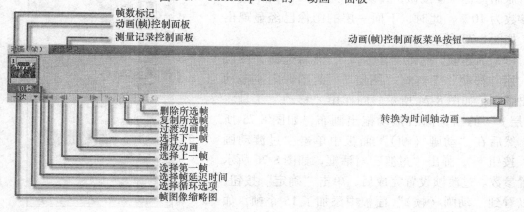

图 8-68 Photoshop CS5 默认的"动画（帧）"界面

11）显示所有图层，即在图层面板中把所有图层缩略图左侧的"眼睛图标" 打开，选择最上面的图层即"图层5"，然后将"图层5"复制出9个副本，如图8-69和图8-70所示。然后在"动画（帧）"面板中单击"复制所有帧"按钮新建一帧，将除了第二层即"图层5的副本2"的其他图层5及其副本图层的"眼睛图标" 去掉即"图层5的副本"，选择"图层5的副本2"图层，将其不透明度设置为90% 不透明度: 90% ，如图8-71所示。

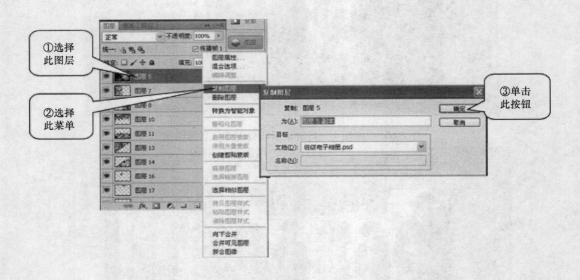

图8-69 复制图层

12）选择"图层5的副本3"并打开其"眼睛图标" ，新建帧，并将"图层5的副本2"的"眼睛图标"关闭，并设置"图层5的副本3"的不透明度参数为80%，如图8-72所示。按照此方法，直到新建第10帧时，关闭"图层5的副本9"的"眼睛图标" 按钮，并设置"图层5"的不透明度参数为10%，此时，下面一层的图像已经显现出来，如图8-73所示。

13）新建帧，隐藏"图层5"，然后选择"图层7"，用"移动"工具将"图层7"的图像向左拖动拖出画布，如图8-74所示。同样用"移动"工具将"图层8"的图像向右拖动拖出画布，如图8-75所示。然后在"动画（帧）"面板中单击"过渡动画帧"按钮 ，弹出"过渡"对话框，如图8-76所示设置参数。过渡帧设置完成后，单击"确定"按钮，可以看到"动画（帧）"面板中添加了15个帧，如图8-77所示。

图8-70 图层5的副本

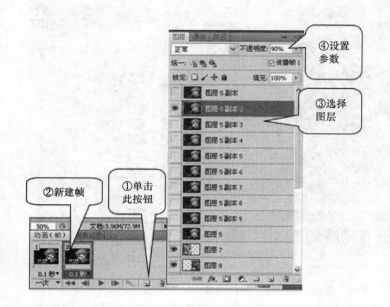

图 8-71 新建帧并设置图层 5 副本 2 的不透明度

图 8-72 新建第 3 帧并
设置图层的不透明度

图 8-73 新建第 10 帧

图 8-74　移动"图层 7"中的图像

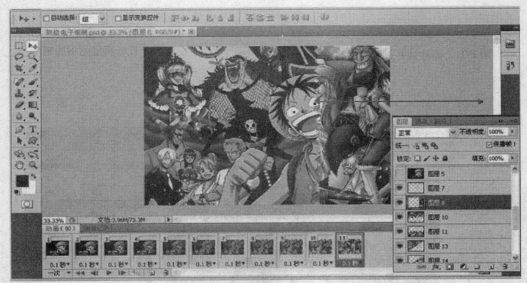

图 8-75　移动"图层 8"中的图像

图 8-76　"过渡"对话框

图 8-77　新添加的 15 个过渡帧动画

14）新建帧，隐藏"图层7"和"图层8"，使用"移动"工具将"图层10"和"图层11"两个图层中的图像分别向上和向下拖动至画布之外，然后建立过渡帧动画，方法同第13）步，如图 8-78 ~ 图 8-80 所示。

图 8-78　移动"图层10"中的图像

图 8-79　移动"图层11"中的图像

15）新建帧，隐藏"图层10"和"图层11"，使用"移动"工具将"图层13"和"图层 14"两个图层中的图像分别向左上方和右下方拖动至画布之外,然后建立过渡帧动画,方法同第 13)步,如图 8-81 ~ 图 8-83 所示。

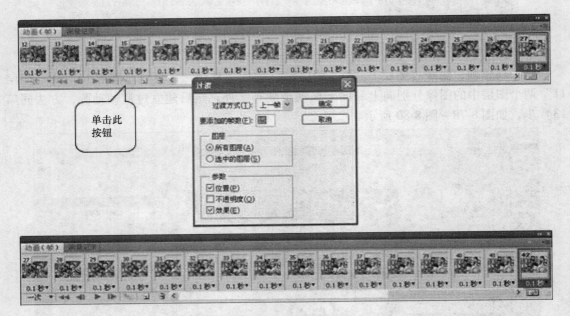

图 8-80　建立过渡帧动画 1

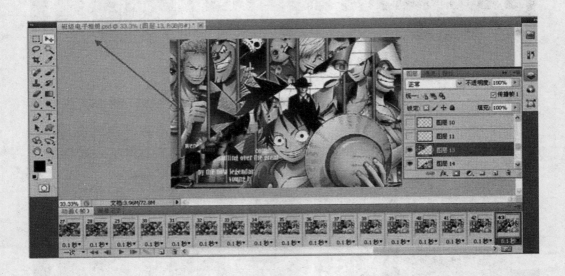

图 8-81　移动"图层 13"中的图像

16)按照第 13)步的方法,将"图层 16""图层 17""图层 18"和"图层 19"分别向 4 个角移动出画布,如图 8-84 所示。然后建立过渡帧动画,完成后的图像如图 8-85 所示。然后单击"动画(帧)"面板中的"播放"按钮▶,如图 8-86 所示。预览做成的班级电子相册,如图 8-87 所示。

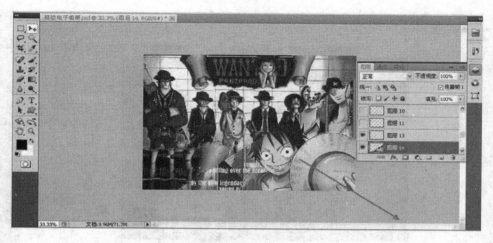

图 8-82　移动"图层 14"中的图像

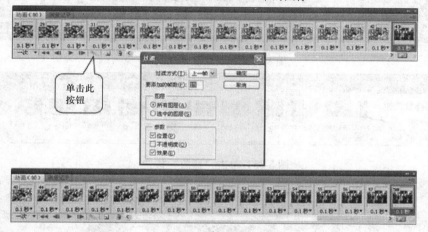

图 8-83　建立过渡帧动画 2

图 8-84　移动图层中的图像

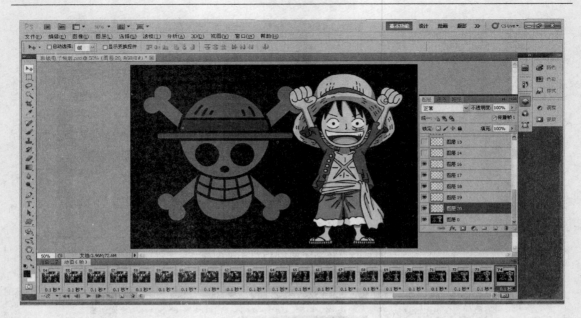

图 8-85　建立过渡帧动画 3

图 8-86　单击"播放"按钮

图 8-87　预览班级电子相册

　　至此，班级电子相册制作基本上大功告成，下面将制作好的班级电子相册导出成 GIF 格式的文件，这样便于观看和传播。

　　17）单击"文件"｜"存储为 Web 和设备所用格式"命令，弹出"存储为 Web 和设备所用格式"对话框，如图 8-88 所示。在动画的"循环选项"下拉列表框中选择"永远"，如图 8-89 所示，还可以在"图像大小"选项组的"百分比"文本框中调整图像显示的大

图 8-88　"存储为 Web 和设备所用格式"对话框

图 8-89　设置参数

小，然后单击"存储"按钮，在弹出的"将优化结果存储为"对话框中设置存储路径、文件名等信息，如图 8-90 所示，然后单击"保存"按钮，在弹出的"Adobe'存储为 Web 和设备所用格式'警告"对话框中单击"确定"按钮，如图 8-91 所示，动画文件将被导出为 GIF 格式。用户就可以预览"班级电子相册.gif"文件了，至此，本项目的操作步骤完成。

图 8-91 "Adobe'存储为 Web 和
设备所用格式'警告"对话框

图 8-90 "将优化结果存储为"对话框

【项目考评】

项目考评主要是以学习目标为依据，根据科学的标准，运用一切有效的技术手段，对项目的过程及其结果进行测定、衡量，是整个项目中的重要组成部分之一。通过进行项目考评，激励学生进一步学习，提高学生的学习效果，促进教学最优化。

项目考评的主体有学生、老师和项目成员。

项目考评的方法有档案袋评价和研讨式评价。

项目考评的标准见表 8-1。

表 8-1　项目考评表

班级电子相册制作项目					
评 价 指 标	评 价 要 点	评 价 等 级			
		优	良	中	差
主题	主题的鲜明程度				
技术性	Photoshop CS5 基本工具的掌握程度 Photoshop CS5 文件操作的掌握程度 Photoshop CS5 图层操作的掌握程度 滤镜使用的熟练程度 Photoshop CS5 文件导出的掌握程度				
作品评价	照片处理的程度 动画衔接的流畅性 作品的审美评价 作品完整性评价 作品的易传播性				
总评	总评等级				
	评语：				

【项目拓展】

项目：个人电子相册和生日 Party 电子相册制作

现在的软件越来越简单易用，越来越人性化。除了使用 Adobe Photoshop CS5 制作电子相册外，Adobe 公司的其他软件，如 Flash、Premiere 等，都可以制作电子相册，此外还有 COOZINE（XBOOKSKY）、Protable Scribus、Windows Movie Maker、Ulead GIF Animator 等制作电子相册的软件工具。如果要制作一个个人电子相册或者帮朋友制作一个生日 Party 电子相册，我们该如何着手呢？首先，分析目标。个人电子相册以个人照片为主，照片的选取和排序一定要有规律，如按照年龄阶段、拍摄时间或者事件的顺序安排照片的显示顺序，主题生动；而以生日 Party 为主题的电子相册，照片选取没有严格的要求，主要以趣味性、纪念性为主，主题活泼热烈。其次，选好照片之后，对照片进行剪裁处理，使其背景大小一致，必要时还可以进行修改润色，主要利用 Photoshop CS5 的"图章"工具和"污点修复"工具。等到处理好所有照片之后，就要开始"导演"照片出现的顺序和方式了，如淡出方式、撕裂方式等，都可以通过本项目里所讲的方法使用 Photoshop CS5 实现。个人电子相册、生日 Party 电子相册制作的项目思维导图分别如图 8-92 和图 8-93 所示。

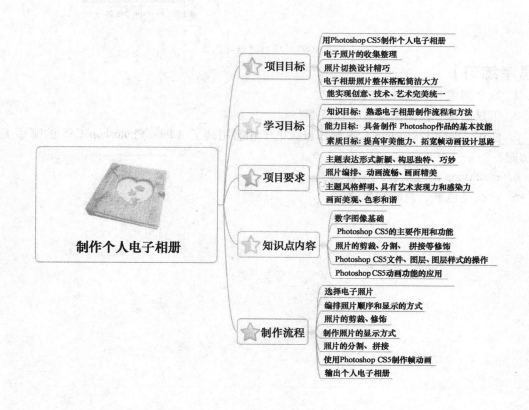

图 8-92　项目思维导图 1

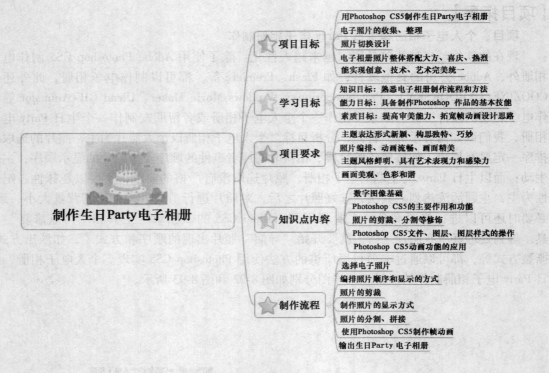

图 8-93　项目思维导图 2

【思考练习】

1. 数字图像有哪几种形式？

2. 矢量图像和位图图像有哪些特点？

3. 使用 Adobe Photoshop CS5 制作班级电子相册用到了 Adobe Photoshop CS5 的哪些工具和功能？

4. Photoshop 的主要作用是什么？

5. 什么是色域、色阶和色调？

* 项目九　设计制作歌曲接龙

【项目分析】

在日常生活中，到处都能听到各种各样的声音，如电视中动物的声音、动画片中各种怪兽的声音、游戏中各种打斗的声音、课件中的按钮声音或背景音乐、节目演出的伴奏及节目音乐等，可见声音在我们生活中必不可少。但是人们是如何在计算机或电视上模拟并编辑生活中的各种声音呢？通过应用 Adobe Audition 3.0 软件，人们可以编辑或模拟各种声音，同时也可以为各种视频或动画进行配音。

Adobe Audition 3.0 软件功能强大、控制灵活，使用它可以录制、混合、编辑和控制数字音频文件；也可以轻松地创建音乐、制作广播短片、为视频或动画配音、修复录制缺陷。

本项目主要是应用 Adobe Audition 3.0 制作歌曲接龙。通过设定不同的情景，对数字音频进行录制、处理、合成。在制作过程中，主要运用音频的编辑与剪辑、添加标记、修复处理、添加特效等操作，可培养学生应用 Adobe Audition 3.0 软件的能力；增强学生的动手操作能力；提高学生的音乐欣赏能力和判断能力；同时还注重培养学生的创新能力和团队协作能力。

【学习目标】

1. 知识目标

1）了解数字音频基础知识及各种音频文件的特点。

2）熟悉 Adobe Audition 3.0 软件的工作环境。

3）掌握如何使用 Adobe Audition 3.0 软件的工作界面、工具栏、传送控制器、混音器和会话属性面板并能够进行布局。

4）熟悉录制声音的方法，并对声音进行编辑与处理。

5）掌握音频录音、多轨录音、循环录音和穿插录音的方法。

6）掌握单轨和多轨音频波形处理的方法。

7）熟悉运用单轨和多轨音频特效，并能制作出自然界中的各种声音。

8）熟悉如何为视频或动画配音。

2. 能力目标

1）了解数字音频基础知识，知道各种音频文件的特点。

2）熟悉安装 Adobe Audition 3.0 软件的方法及步骤。

3）了解如何获取音频素材。

4）掌握进行音频录音、循环录音、穿插录音和多轨录音等的方法。

5）掌握运用音频特效合理地处理声音的方法，使声音符合视频的需要。

6）掌握在多轨中插入效果器、包络曲线和自动航线，以及调整音量的方法。

3. 素质目标

1）培养学生的音乐节奏感。

2）培养学生的团队协作精神、创新意识。

3）经历创作作品的全过程，形成积极主动学习和利用多媒体技术参与多媒体作品创作的态度。

4）理解并遵守相关的伦理道德与法律法规，认真负责地利用音频作品进行表达和交流，树立健康的信息表达和交流意识。

【项目导图】

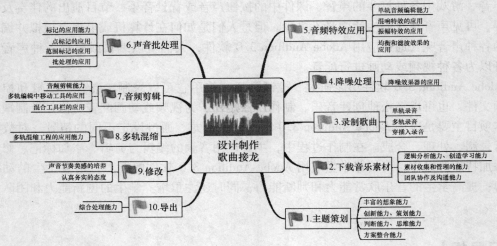

【知识讲解】

9.1　数字音频基础知识

9.1.1　模拟信号与数字信号

音频信号是典型的连续信号，不仅在时间上是连续的，而且在幅度上也是连续的。在时间上"连续"是指在任何一个指定的时间范围里音频信号都有无穷多个幅值；在幅度上"连续"是指幅度的数值为实数。我们把在时间（或空间）和幅度上都是连续的信号称为模拟信号（Analog Signal）。

在某些特定的时刻对这种模拟信号进行测量叫做采样（Sampling），在有限个特定时刻采样得到的信号称为离散时间信号。采样得到的幅值是无穷多个实数值中的一个，因此幅度还是连续的。把幅度取值的数目限定为有限个的信号称为离散幅度信号。我们把时间和幅度都用离散的数字表示的信号称为数字信号（Digital Signal）。

从模拟信号到数字信号的转换为模/数转换，记为 A/D（Analog to Digital）转换。

从数字信号到模拟信号的转换为数/模转换，记为 D/A（Digital to Analog）转换。

9.1.2　模拟音频的数字化

对计算机来说，处理和存储的只可以是二进制数，所以在使用计算机处理和存储音频信号之前，必须使用模/数转换（A/D）技术将模拟音频转化为二进制数，这样模拟音频就转化为数字音频了。A/D 转换的过程包括采样、量化和编码 3 个步骤。模拟音频向数字音频的转换是通过计算机的声卡完成的。

1. 采样

采样是指将时间轴上连续的信号每隔一定的时间间隔抽取出一个信号的幅度样本，把连续的模拟量用一个个离散的点表示出来，使其成为时间上离散的脉冲序列。每秒钟采样的次数称为采样频率，用 f 表示；样本之间的时间间隔称为取样周期，用 T 表示，$T = 1/f$。例如，CD 的采样频率为 44.1kHz，表示每秒钟采样 44100 次。

常用的采样频率有 8kHz、11.025kHz、22.05kHz、15kHz、44.1kHz、48kHz 等。在对模拟音频进行采样时，取样频率越高，音质越有保证；若取样频率不够高，声音就会产生低频失真。

那么怎样才能避免低频失真呢？著名的采样定理（Nyquist 定理）中给出了明确的答案：要想不产生低频失真，采样频率至少应为所要录制音频的最高频率的两倍。例如，电话音频的信号频率约为 3.4kHz，采样频率就应该不小于 6.8kHz，考虑到信号的衰减等因素，一般取值为 8kHz。

2. 量化

量化是将采样后离散信号的幅度用二进制数表示出来的过程。每个采样点所能表示的二进制位数称为量化精度，或量化位数。量化精度反映了度量音频波形幅度的精度。例如，每个音频样本用 16bit（2B）表示，测得的声音样本值在 0~65536 中，它的精度就是输入信号的 1/65536。

常用的量化的位数有 8bit、12bit、16bit、20bit、24bit 等。采样频率、采样精度和声道数对音频的音质和占用的存储空间起着决定性作用。

3. 编码

编码就是对模拟的音频信号进行编码，其主要功能是压缩音频信号的传输带宽，降低信道的传输速率，使表达音频信号的位数目最小，从而达到将模拟信号转化成数字信号的目的。

编码的基本方法可分为波形编码、参量编码（声源编码）和混合编码。波形编码的基本原理是在时间轴上对模拟语音按一定的速率抽样，然后将幅度样本分层量化，并用代码表示。解码是其反过程，将收到的数字序列经过解码和滤波恢复成模拟信号。它具有适应能力强、语音质量好等优点，但所用的编码速率高，在对信号带宽要求不太严格的通信中得到应用。

参量编码是通过对音频信号特征参数的提取和编码，力图使重建音频信号具有尽可能高的可靠性，即保持原语音的语意，但重建信号的波形同原音频信号的波形可能会有相当大的差别。线性预测编码（LPC）及其他各种改进型都属于参量编码。

9.1.3　常见的数字音频文件格式

常见的数字音频文件格式有很多，每种格式都有自己的优点、缺点及适用范围。

1. CD 格式

CD 音轨文件的扩展名为“.cda”。标准 CD 格式是 44.1kHz 的采样频率，速率 88kbit/s，

16 位量化位数，是近似无损的。CD 光盘可以在 CD 播放器中播放，也能用计算机中的各种播放软件来重放。一个 CD 音频文件是一个 ".cda" 文件，这只是一个索引信息，并不是真正包含声音信息，所以不论 CD 音乐的长短，在计算机上看到的 ".cda" 文件都是 44 字节长。

2. WAV 格式

WAV 是微软公司开发的一种音频文件格式。标准格式的 WAV 文件和 CD 格式文件一样，也是 44.1kHz 的取样频率，16 位量化位数，音频文件质量和 CD 格式文件相差无几。其特点是音质非常好，被大量软件所支持。它适用于多媒体开发、保存音乐和原始音效素材。

3. MP3 格式

MP3 的全称是 Moving Picture Experts Group Audio Layer Ⅲ，是当今较流行的一种数字音频编码和有损压缩格式，是 ISO 标准 MPEG 1 和 MPEG 2 第三层（Layer 3），采样频率为 16~48kHz，编码速率 8kbit/s ~ 1.5Mbit/s。其特点是音质好、压缩比比较高，被大量软件和硬件支持，应用广泛。它适用于一般的以及要求比较高的音乐欣赏。

4. MIDI 格式

乐器数字接口（Musical Instrument Digital Interface，MIDI）数据不是数字的音频波形，而是音乐代码或电子乐谱。MIDI 文件每存储 1min 的音乐只用 5 ~ 10KB 空间。MIDI 文件主要用于原始乐器作品、流行歌曲的业余表演、游戏音轨以及电子贺卡等。MIDI 文件重放的效果完全依赖声卡的档次。

5. WMA 格式

WMA（Windows Media Audio）格式文件由微软公司开发。WMA 的格式文件的音质要强于 MP3 格式，更远胜于 Real Audio 格式，它以减少数据流量但保持音质的方法来达到比 MP3 压缩率更高的目的。WMA 的压缩率一般可以达到 1:18。内置了版权保护技术，可以限制播放时间和播放次数甚至播放的机器等。WMA 格式在录制时可以对音质进行调节，统一格式，音质好的可与 CD 文件媲美，压缩率较高的可用于网络广播。

6. Real Audio 格式

Real Audio 主要适用于网络上的在线音乐欣赏，现在大多数的用户仍然在使用 56kbit/s 或更低速率的 Modem，所以典型的回放并非最好的音质。有时需要根据 Modem 速率选择最佳的 Real 文件。

9.2　Adobe Audition 简介

9.2.1　Adobe Audition 基本功能介绍

Adobe Audition 是一款功能强大的音频处理软件，几乎能够完成关于音频处理的所有任务。通常，这些音频处理操作包含以下几个方面。

1）录音：录音是任意一款音频处理软件的基本功能，Adobe Audition 能够实现高精度音频的录制，并且理论上可以支持无限音轨。有时，由于一些影视作品的配音要求，也可以通过导入视频文件到 Adobe Audition，实现对视频的同步配音或配乐。

2）混音：由于 Adobe Audition 是一款多轨数字音频处理软件，不同音轨可以分别录制或者导入不同的音频内容，通过混合功能可以将这些音频内容混合在一起，综合输出经过混合的音频效果。

3）音频编辑：Adobe Audition 软件具有强大的音频编辑能力，如音频的淡入淡出、音频移动和剪辑、音频调整、播放速度调整等操作简单、便捷。

4）效果处理：效果处理能力是 Adobe Audition 作为一款优秀的音频处理软件突出的特点。Adobe Audition 软件本身就自带几十种不同类型的效果器，如压缩器、限制器、参量均衡器、合唱效果器、延迟效果器等，并且这些效果处理可以实时应用到各个音轨。

5）降噪：Adobe Audition 的一个音频处理的优势功能就是降噪。在进行音频录制时，由于种种原因会产生很多的噪声干扰，包括环境以及电路因素，通过 Adobe Audition 软件的降噪功能可以实现在不影响音质的情况下，最大程度地减少噪声。

6）音频压缩：Adobe Audition 软件支持目前几乎所有流行的音频文件类型，并能够实现类型的转换。通常为了能使音频制作的结果文件适应网络的传输要求，需要对音频文件实现压缩处理，Adobe Audition 软件可以将音频文件压缩为容量较小的 MP3 等文件格式，同时最大程度地保持声音的音质。

9.2.2 Adobe Audition 3.0 系统要求

1）CPU：Intel Core™ 2Duo 或更快更好的 CPU。

2）系统配置：Windows XP Professional 及以上。

3）内存：512MB RAM。

4）硬盘：10GB 可用硬盘空间。

5）光驱：安装需要 DVD 驱动器。

6）显示器：1280 像素 × 900 像素监视器分辨率，具有 32 位显卡和 16MB VRAM（显存）。

7）声卡：Microsoft DirectX 或 ASIO 兼容声卡。

8）扬声器：配置一台扬声器或是一对耳机。

9）播放器：使用 QuickTime 功能需要 QuickTime 7.0 版本及以上版本软件。

9.3 Adobe Audition 3.0 基本操作方法

9.3.1 Adobe Audition 3.0 基本工作界面

Adobe Audition 3.0 音频处理软件具有 3 种视图模式界面，分别是编辑视图模式界面、多轨视图模式界面以及 CD 视图模式界面。其中 CD 视图模式界面是进行音乐光盘刻录的操作界面。音频是在编辑视图模式界面和多轨视图模式界面下进行处理的。下面将详细地介绍这 3 个视图模式界面。

1. 编辑视图模式界面

在编辑视图模式界面下，主要进行的操作是对音频波形的效果处理、降噪处理等。

编辑视图模式用于编辑单轨波形文件，单击 按钮，可以进入如图 9-1 所示的编辑视图模式。

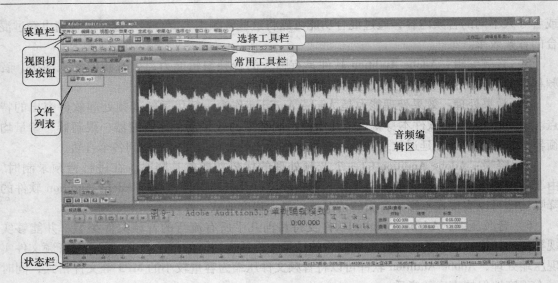

图 9-1　Adobe Audition 3.0 编辑视图模式界面

2. 多轨视图模式界面

多轨视图模式界面用于对工程文件中每个音轨进行整体性编辑与宏观处理，单击 按钮，可以进入如图 9-2 所示的多轨视图模式界面。

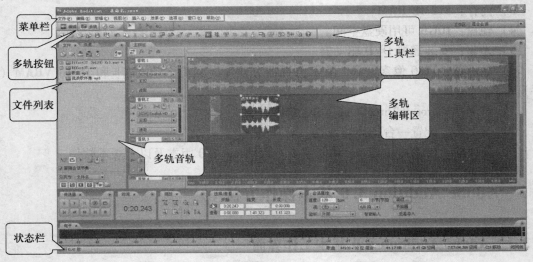

图 9-2　Adobe Audition 3.0 多轨视图模式界面

3. CD 视图模式界面

CD 视图模式界面的主要功能是刻录 CD 光盘，单击 按钮，可以进入如图 9-3 所示的 CD 视图模式界面。

9.3.2　工具栏的使用方法

工具栏在默认状态下位于菜单栏的下方，如图 9-4 所示。选择不同的视图模式或显示方式，对应工具栏中的工具也有所不同。

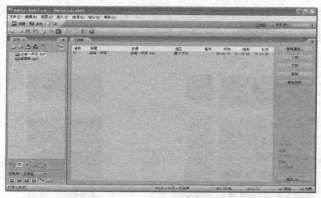

图 9-3　Adobe Audition 3.0 CD 视图模式界面

图 9-4　不同视图模式的工具栏

1. "时间选择" 工具

使用"时间选择"工具，可以插入游标位置或在波形图中选择某个波形区域。在"主群组"选项卡中，单击即可指定插入游标的位置，如图 9-5 所示。

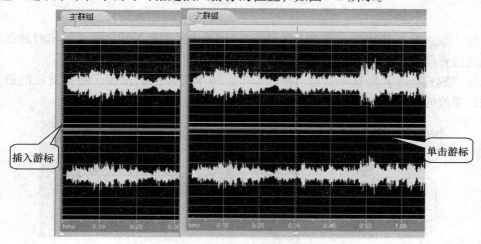

图 9-5　插入游标

参照图 9-6，单击并拖动鼠标即可选择一段音频波形，选定的区域呈亮色显示。

2. "刷选" 工具

在编辑视图模式界面和多轨视图模式界面下都可以使用"刷选"工具。使用该工具，在音频波形上单击并拖动鼠标，即可开始"刷选"，可听到刷选音频波形的声音。拖动的速度与播放声音的速度有关。拖动得越快，播放速度越快，但刷选正向的最大速度只能到正常速度。此外，刷选可以是正向，也可以是反向，如图9-7所示。

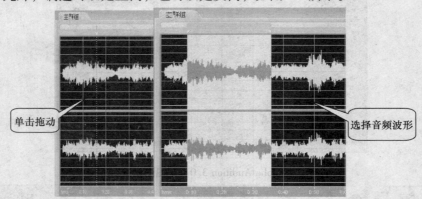

图9-6　选择音频波形

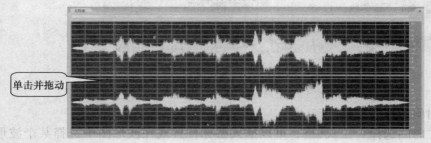

图9-7　使用"刷选"工具

保持"刷选"工具的选中状态，按〈Ctrl〉键单击并拖动鼠标，即可以实时地拖动速度播放刷选的音频波形。

保持"刷选"工具的选中状态，按〈Shift〉键单击并拖动鼠标，随着播放的进行，将显示刷选播放的区域，如图9-8所示。

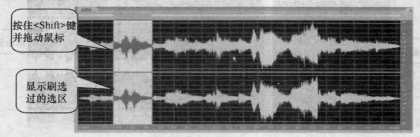

图9-8　配合〈Shift〉键使用"刷选"工具

3. "移动"工具/"复制"工具、"剪辑"工具

"移动"工具/"复制"工具、"剪辑"工具，是多轨视图的工具，在多轨视图模式界面中可以选择剪辑片段并对其进行移动、复制和剪辑等操作。

1）使用"移动"、"复制"、"剪辑"工具 ⬚，单击并拖动剪辑，即可调整其位置，如图 9-9 所示。在移动剪辑片段的同时，按〈Shift〉键可以强制剪辑片段沿垂直方向进行移动。

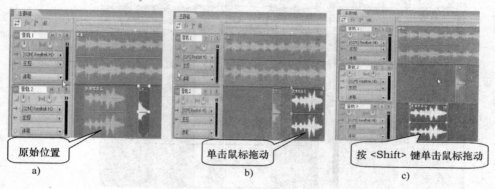

图 9-9　移动剪辑片段

2）使用"移动"、"复制"、"剪辑"工具 ⬚，单击鼠标右键并拖动剪辑，然后释放鼠标右键，在弹出的快捷菜单中单击"在此复制参照"命令，即可复制剪辑；单击"在此唯一复制"命令，即可复制音频剪辑并生成新的音频文件；单击"在这里移动剪辑"命令，即可进行剪辑的移动。在该操作中，也可以按下〈Ctrl〉键的同时，单击鼠标右键并拖动音频剪辑，从而快速复制一个新的音频剪辑，如图 9-10 所示。

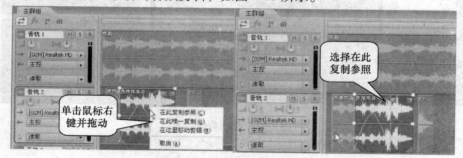

图 9-10　复制剪辑

4. "混合"工具

"混合"工具 ⬚用在多轨视图模式中，它同时具有"时间选择"工具和"移动"/"复制"、"剪辑"工具的功能。

1）使用"混合"工具 ⬚，单击并拖动即可选择音频波形，如图 9-11 所示。

2）单击鼠标右键并拖动音频剪辑，即可移动音频剪辑的位置，如图 9-12 所示。

5. "选框"工具和"套索"工具

在编辑视图模式界面的频谱显示方式下，"选框"工具 ⬚和"套索"工具 ⬚主要用于选定声音文件的频谱区域，以便进一步编辑与处理。

1）使用"选框"工具 ⬚，在频谱上单击并拖动鼠标，即可创建出矩形选区，如图 9-13 所示。保持选中状态，按〈Shift〉键的同时，单击并拖动鼠标即可添加选区；按〈Alt〉

键在选区上单击并拖动鼠标，即可减选选区。

图 9-11　选择音频波形

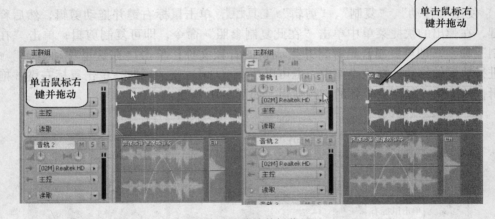

图 9-12　移动剪辑位置

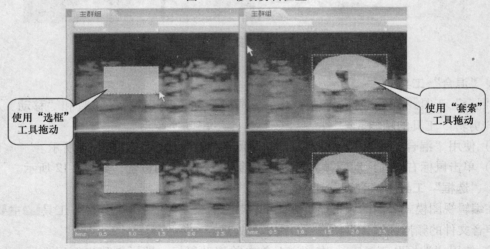

图 9-13　"选框"工具与"套索"工具

2）使用"套索"工具，在频谱区域单击并拖动鼠标，即可创建出不规则选区，如图 9-13 所示。

6. "效果漆刷"工具

"效果漆刷"工具与"选框"工具和"套索"工具类似，都可以定义需要编辑与处理的区域。所不同的是，"效果漆刷"工具通过画笔绘画的方法来定义需要编辑的区域。使用该工具时，还可以设置画笔的大小及不透明参数，如图 9-14 所示。

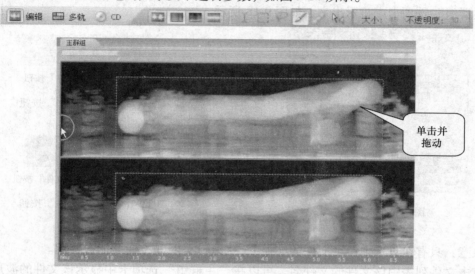

图 9-14　"效果漆刷"工具

7. "污点修复"工具

使用"污点修复"工具，可以在频谱区域上进行更为细致的修复，快速修复音频中不理想的部分。"污点修复"工具通过设置画笔的大小来定义需要修复的区域，如图 9-15 所示。

图 9-15　"污点修复"工具

9.3.3　编辑视图模式界面中的常用选项卡

1. "文件"选项卡

用户可以在"文件"面板中对文件进行管理与访问。Adobe Audition 3.0 是可以进行多任务操作的，可以同时打开多个文件，被打开的文件名显示在"文件"面板的文件列表中，如图 9-16 所示。

（1）文件的导入

在"文件"选项卡中单击"导入文件"按钮，打开"导入"对话框，在对话框中选择需要导入的文件，然后单击"打开"按钮，导入文件的文件名即显示在文件列表中。在"导入"对话框中可以同时选中多个文件进行一次性导入，在文件列表的空白区域双击，也可以打开"导入"对话框。

（2）文件的关闭

选中文件列表中需要关闭的文件，然后单击"关闭文件"按钮即可将选中的文件关闭，如图 9-17 所示。

（3）文件的波形查看

在文件列表中选中需要查看的文件，然后单击"编辑文件"按钮，即可将文件的波形在"主群组"选项卡中显示出来，如图 9-18 所示。

图 9-16　文件列表

图 9-17　"关闭文件"按钮

图 9-18　"编辑文件"按钮

注意：只有在只选中一个文件的前提下，"编辑文件"按钮才能被使用。

双击文件列表中该文件的文件名，可以在"主群组"选项卡中显示该文件的波形。

2. "主群组"选项卡

在编辑、多轨和 CD 三种视图模式界面中都有"主群组"选项卡，几乎所有的操作都离不开该选项卡。在编辑视图模式下的"主群组"选项卡中，可以显示音频文件的波形，并对音频波形进行编辑与处理。编辑视图模式界面下的"主群组"选项卡如图 9-19 所示（它还包含一个指针）。

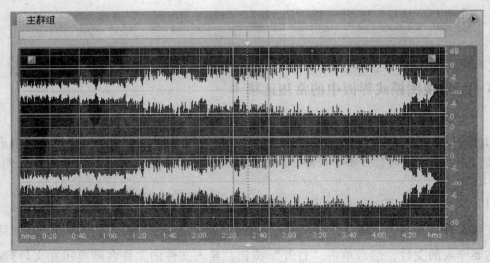

图 9-19　编辑视图模式界面下的"主群组"选项卡

3. "传声器"选项卡

"传声器"选项卡主要用来控制声音的录制与播放，如图 9-20 所示。

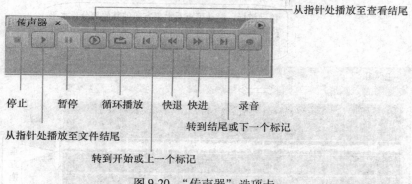

图 9-20　"传声器"选项卡

4. "时间"选项卡

"时间"选项卡用于显示时间，如图 9-21 所示。

1）在"主群组"选项卡的音频波形上单击插入指针，此时"时间"选项卡显示的是当前指针处的时间。

2）在"主群组"选项卡的音频波形上单击并向左或向右拖动鼠标选择部分音频波形（选中区域以高亮度显示），此时"时间"选项卡显示的是选择区域最左边边缘处的时间。

3）在播放或录制音频时，"时间"选项卡显示的是播放或录制的当前时间。

图 9-21　"时间"
选项卡

5. "缩放"选项卡

"缩放"选项卡用于对音频波形或音轨进行水平或垂直方向的缩放，以便更好地观察与编辑音频，如图 9-22 所示。

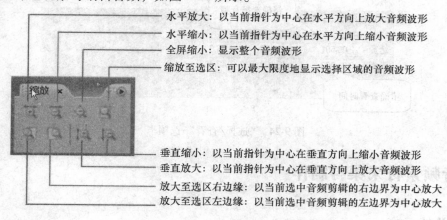

图 9-22　"缩放"选项卡

如图 9-23 所示，当音频波形被放大以后，屏幕上显示的只是波形的一部分。要想查看波形的其他部分，如果是水平放大，只要把鼠标移到水平游标上，此时鼠标指针变为手形，单击并水平拖动鼠标，即可查看波形水平方向的其他部分；如果是垂直放大，只要把鼠标移到垂直游标上，单击并垂直拖动鼠标，即可查看波形垂直方向的其他部分。

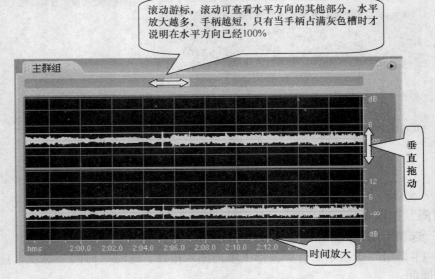

图 9-23　拖动游标查看波形其他部分

"缩放"选项卡改变的只是波形的显示比例，波形的实际质量和效果都不会改变。在游标上滚动鼠标滑轮，也可以放大或缩小音频波形。

6. "选择/查看"选项卡

"选择/查看"选项卡可以对音频的开始点、结束点和长度进行设置，进行精确的选择或查看，如图 9-24 所示。

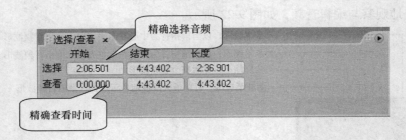

图 9-24　"选择/查看"选项卡

9.4　音频素材采集与制作

9.4.1　单轨录音

音频采集与录制是音频处理软件最基本的功能。在进行音频录制前，需要安装关于音频录制或采集的外围设备，如传声器或 CD 播放机等设备。下面以传声器录音为例介绍音频录制的基本过程。

1. 录音前的声卡设置

在使用 Adobe Audition 3.0 软件进行录音之前，需要对声卡的录音选项进行设置。首先，双击 Windows 操作系统桌面任务栏中的 🔊 图标，系统会弹出"主音量"窗口，如图 9-25 所示。

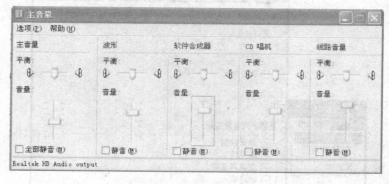

图 9-25　"主音量"窗口

2. 录制传声器声音

（1）新建文件

选择"文件" | "新建"命令，打开"新建波形"对话框，参照如图 9-26 所示进行设置。设置完毕后单击"确定"按钮，关闭对话框。

（2）录音控制的相关设置

1）将传声器接入声卡的"MIC IN"插口。

2）选择菜单栏中的"选项" | "Windows 录音控制台"命令，打开"录音控制"对话框，在"麦克风"栏中选中"选择"复选框，并将音量调整到合适位置，如图 9-27 所示。设置完毕后，关闭"录音控制"对话框。

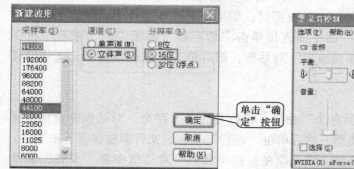

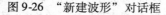

图 9-26　"新建波形"对话框

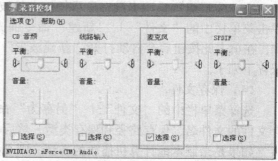

图 9-27　"录音控制"对话框

如果在"录音控制"对话框中没有"麦克风"一项，可在"录音控制"对话框中选择"选项" | "属性"命令，打开"属性"对话框，在"显示下列音量控制"列表框中选中"麦克风"（传声器）复选框，如图 9-28 所示。

3）单击"传声器"面板中的"录音"按钮，即可开始录音，在录制的过程中会在

"主群组"选项卡中看到录制音频的波形。当录制完毕后，单击"录音"或"停止"按钮，即可结束录制操作。

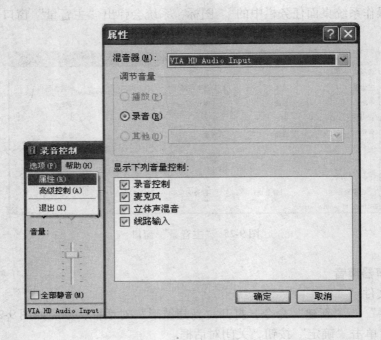

图 9-28   录音控制"属性"对话框

（3）录制音频

1）单击"传声器"面板中的"录音"按钮 ，开始录音。

2）录制完毕后，单击"传声器"面板中的"停止"按钮 ，停止录音。

在"主群组"选项卡没有显示任何文件波形时，如果需要在新文件中录制，也可以不单击菜单栏中的"文件"｜"新建"命令而直接单击"传声器"面板中的"录音"按钮 ，在单击此按钮后会自动打开"新建波形"对话框，然后单击"保存"按钮，文件即被保存下来了。

（4）保存文件

选择菜单栏中的"文件"｜"另存为"命令，在打开的"另存为"对话框中设置所保存文件的文件名、保存路径和保存类型，然后单击"保存"按钮，文件即被保存下来了。

如果是录制本地计算机播放的音频，则必须在音量"属性"对话框中将"录音"属性下的"显示下列音量控制"列表框中的"立体声混音"复选框选中，然后单击"确定"按钮；再在打开的"录音控制"对话框中将"立体声混音"复选框选中，并在"录音控制"对话框中将"Stereo Mix"的音量调整至适合。

一般来说，使用"立体声混音"来录音，音量要调至很低才能使录制出来的音量处于合适大小，如图 9-29 所示。如果"立体声混音"的音量太大，录制出来的音量将会太大而丢失部分信息。

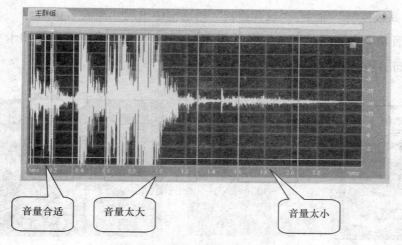

图 9-29　音量大小

9.4.2　多轨录音

多轨录音是指利用音频软件，同时在多个音轨中录制不同的音频信号，然后通过混缩获得一个完整的作品。多轨录音还可以将事先录制好的一部分音频保存在一些音轨中，再进行其他音频或剩余部分的录制，最终将它们混合制作成一个完整的波形文件。

例如，录制有背景音乐的歌声文件的操作步骤如下：

1）新建会话文件。选择"文件" | "新建"命令，打开"新建会话"对话框。在对话框中选择"采样率"为"44100"后，单击"确定"按钮，系统弹出"Adobe Audition"对话框，如图 9-30 和图 9-31 所示。单击"是"按钮保存会话文件。

2）双击文件列表，打开"导入"对话框，把背景音乐文件导入进来，如图 9-32 所示。

图 9-30　"新建会话"对话框

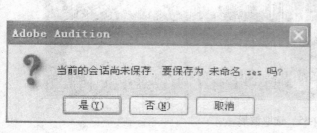

图 9-31　保存文件

图 9-32　"导入"对话框

3）在"导入"对话框中，单击"伴奏"选项，然后单击"打开"按钮，将其拖动到"音轨 1"选项中。

4）选择"选项" | "Windows 录音控制台"命令，打开"录音控制"对话框，选择

"选项" | "高级控制"命令，"录音控制"对话框中出现"高级"按钮。

5）单击音轨 2 中的"录音备用"按钮 R，同时单击"传声器"选项卡中的"录音"按钮 · ，即可开始录音，如图 9-33 和图 9-34 所示。

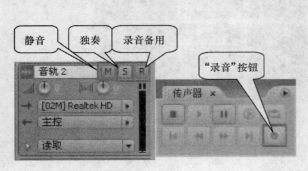

图 9-33　多轨音轨

图 9-34　多轨录音

6）保存音频文件。

7）导出。选择"文件" | "导出"命令，混缩音频后导出文件。

9.4.3　音频编辑

常用的音频编辑主要是对音频波形进行选取、裁剪、切合、合并、锁定、删除、复制，以及对音频进行包络编辑和时间伸缩编辑等。一般在编辑视图模式界面中进行，可以在多轨视图模式中双击某个音轨的音频波形，进入相应的编辑视图界面。

1. 音频的选取

在"主群组"选项卡中，在所需要选取波形部分的一点单击并拖放到另一点，这段波形便被选取了，这时被选上的波形以高亮度呈现，如图 9-35 所示。若选择的不够准确，可通过拖动选区 4 个角落的 4 个控制三角按钮 来调整波形的选取区域。

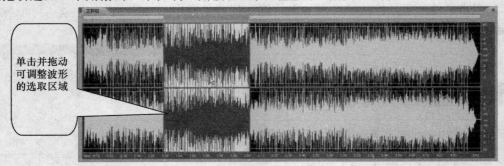

图 9-35　选取波形

（1）左声道/右声道中波形的选取

当鼠标指针处于"主群组"选项卡的波形上，只需选取左声道的一段波形时，可将鼠标指针往上移至左声道音轨上边线附近，在所需选取左声道波形部分的一端单击并拖放到另一端，一段左声道的波形便被选取了，如图 9-36 所示。

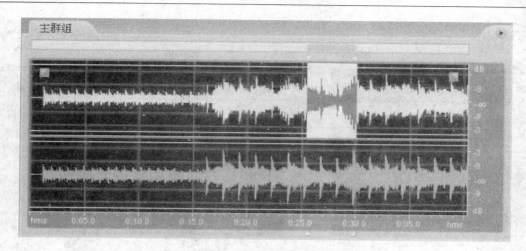

图 9-36　左声道波形的选取

当只需选取右声道的一段波形时，可将鼠标指针往下移至右声道音轨下边线附近，在所需选取右声道波形部分的一端单击并拖放到另一端，一段右声道的波形便被选取了，如图 9-37 所示。

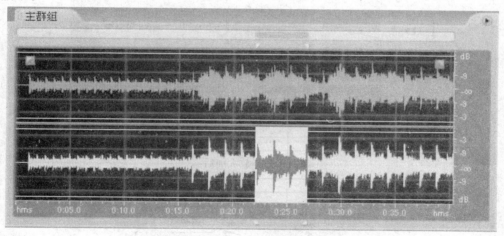

图 9-37　右声道波形的选取

（2）与"缩放"选项卡的结合使用

在进行波形选取时，如果结合"缩放"选项卡中的"水平放大"按钮 来选取，可使选取更精确。

其具体操作步骤如下：

1）通过拖放鼠标选中一段波形后，单击"缩放"选项卡中的"水平放大"按钮 ，使波形水平放大至易于找准希望选取区的出入点，如图 9-38 和图 9-39 所示。

2）向前移动滚动条使被选取区域的左边缘出现在"主群组"选项卡中，如图 9-40 所示。调整控制三角 将选取区域左边缘调整至合适位置，单击"传声器"选项卡中的"播放"按钮 预览。用同样的方法调整选取区域右边缘至合适位置。

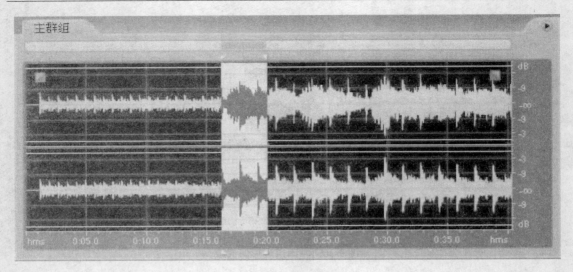

图 9-38　原始比例

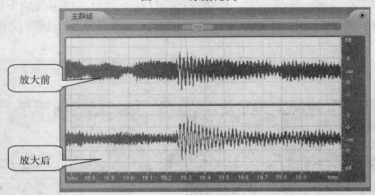

图 9-39　放大前后

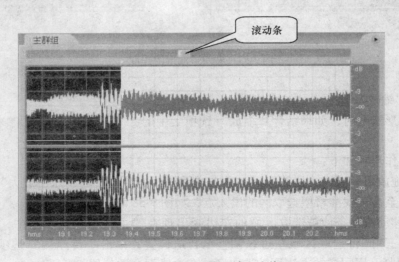

图 9-40　调整选取区域左边缘

（3）利用"选择/查看"选项卡进行选取

如果已经知道需要选取区域起始位置和结束位置的精确时间，可以利用"选择/查看"选项卡进行方便、精确的选取，如图9-41所示。

其具体操作步骤如下：

1）将已知的起始位置的时间填入"选择/查看"选项卡中"选择"一行里的"开始"。

2）将已知的结束位置的时间填入"选择/查看"选项卡中"选择"一行里的"结束"。

3）将鼠标在"时间"文本框以外的地方单击

图9-41　"选择/查看"选项卡

或按〈Enter〉键，即可在"主群组"选项卡中选中所设置的时间区域里的音频波形。

按〈Ctrl + A〉组合键或在音频波形上连续单击鼠标3次，可以选择整个音频波形。按〈Ctrl + Shift + A〉组合键或在音频波形上连续双击，可以选择当前查看的音频波形。

2. 复制音频

1）选取所需要进行复制的波形素材，然后按〈Ctrl + C〉组合键进行复制，或把鼠标指针移到所选区域并单击鼠标右键，在弹出的快捷菜单中选择"复制"命令。

2）在需要粘贴的地方单击插入指针，然后按〈Ctrl + V〉组合键进行粘贴，或是在插入指针处单击鼠标右键，在弹出的快捷菜单中选择"粘贴"命令。

这时，复制的素材被插到指针后面，原来指针后面的波形自动往后移接到所插入的素材后面。文件的长度变为原波形长度加上复制的波形素材长度。

3. 删除音频

选取要删除的波形，然后按〈Delete〉键，或选择菜单栏中的"编辑" | "删除所选"命令，被选取的波形便被删除了。

4. 复制为新文件

选取一段波形，把鼠标指针移动到所选区域并单击鼠标右键，在弹出的快捷菜单中选择"复制到新的"命令，或选择菜单栏中的"编辑" | "复制到新的"命令。这时，被选取的波形被复制并粘贴到自动新建的文件中，源文件不变。

5. 修剪

选取一段波形，把鼠标指针移动到所选区域并单击鼠标右键，在弹出的快捷菜单中选择"修剪"命令，或选择菜单栏中的"编辑" | "修剪"命令。这时，原波形文件中被选取波形以外的部分全部被删除，只留下所选取的这段波形。

6. 生成静音

选取需要生成静音的波形，把鼠标指针移动到所选区域并单击鼠标右键，在弹出的快捷菜单中选择"静音"命令，被选取部分含有的声音即被删除，但是原来占有的时间不变，如图9-42所示。

7. 切分音频

音频文件录制成功后，可以将其切分为多个小的音频片段，即音频切片，以便对每个小的切片进行不同的编辑或处理。首先选择需要音频切片的区域范围，然后在所选区域单击鼠标右键，在弹出的快捷菜单中选择"分离"命令，或在主菜单中选择"剪辑" | "分离"命令，或按〈Ctrl + K〉组合键或者单击██按钮，如图9-43所示。

切分之后，可以通过选择工具栏中的"移动"工具，将音频切片移动到当前音轨的其他位置或移动到其他音轨。

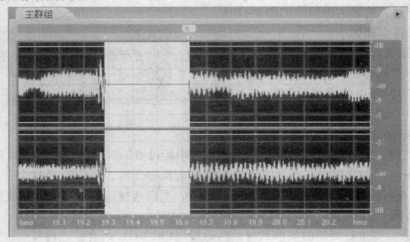

图 9-42　生成静音后的效果

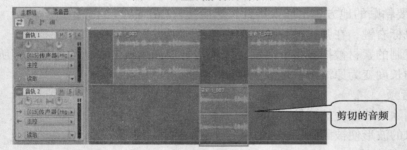

图 9-43　切片后的音频切片

8. 合并音频波形

经过切分的音频切片可以通过合适的方法实现不同切片之间的合并。合并前将单独的音频切片移动到一起，首尾连接，两个切片就会自动吸附在一起，实现无缝连接。对于多个独立音频切片的无缝连接，使用〈Ctrl〉键将要合并的切片全部选中，执行"分离"｜"合并"｜"聚合分离"命令，实现音频合并。

9. 锁定音频波形

要实现将已排列好的各个音频切片的位置固定下来，Adobe Audition 3.0 软件可以实现将音频切片的时间位置锁定。首先选择需要进行时间锁定的一个或多个音频切片，单击鼠标右键，在弹出的快捷菜单中选择"锁定时间"命令，或者单击▣按钮。被锁定的音频切片上会出现一个锁形的图标，如图 9-44 所示。音频切片的位置将被锁定，选择锁定的音频，再单击▣按钮，可以取消锁定。

10. 编组音频波形

编组可以将多个音频切片合成一个固定的音频切片组，能够实现组内各个音频切片的相互位置固定不变就可以对整个切片组进行整体移动。方法是选取多个音频切片，单击鼠标右键，在弹出的快捷菜单中选择"剪辑编组"命令，如图 9-45 所示。

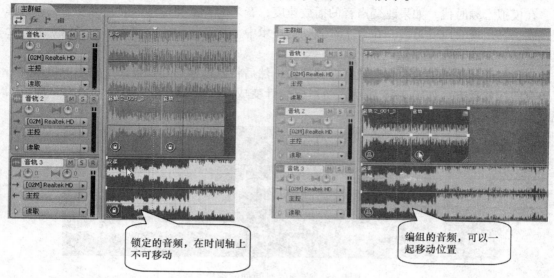

图 9-44 锁定音频切片　　　　　　　　　图 9-45 编组音频切片

11. 包络编辑

包络编辑是指在音频波形幅度上绘制一条包络线，从而改变声音输出时的波形幅度，即改变声音的强度，如图 9-46 所示。

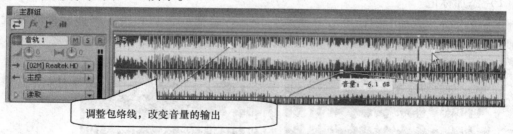

图 9-46 音频包络编辑

通过包络编辑可以在音乐播放中让音量或大或小，实现特殊的音乐效果，如淡入淡出效果。在每个音轨的上方都有一条绿色的包络线，选中音频波形，单击包络线，出现一个白色的控制块，如图 9-47 所示。向下拖动控制块，实现对包络线的重新绘制。

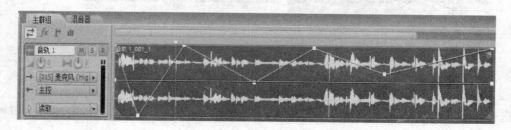

图 9-47 包络线控制

12. 时间伸缩编辑

在模拟音频时代，如果改变声音的播放速度，音乐的音量和音色都会有所改变。如果降低速度，会出现女声变男声。在数字音频处理技术中，将音频的速度和音高分别独立进行处理。

进行时间伸缩编辑时，首先选择音频片段，然后将鼠标移动到音频切片的左下角或者右下角有斜线的地方，如图 9-48 所示。当鼠标指针变成双向箭头时，左右拖动鼠标，即可实现对音频的时间伸缩编辑。

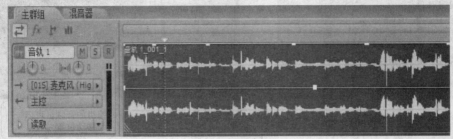

图 9-48　音频的时间伸缩编辑

13. 标记

标记在音频编辑中起着重要的作用，主要是对正在编辑的音频作记号，起解释说明的作用。

（1）添加标记

在"传声器"选项卡中，单击"播放"按钮，当播放音频到所需添加标记的位置时，按〈F8〉键；或者单击工具栏中的 🖍 按钮，即可添加标记，如图 9-49 所示。

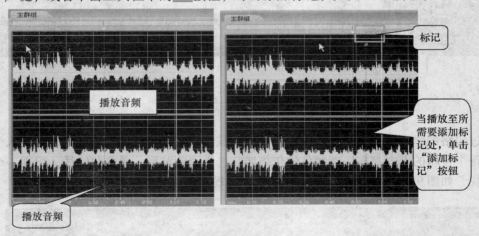

图 9-49　添加标记

（2）标记列表

选择"窗口"｜"标记列表"命令，即可打开"标记"选项卡。在该选项卡中可以看到所有标记的详细情况，如图 9-50 所示。

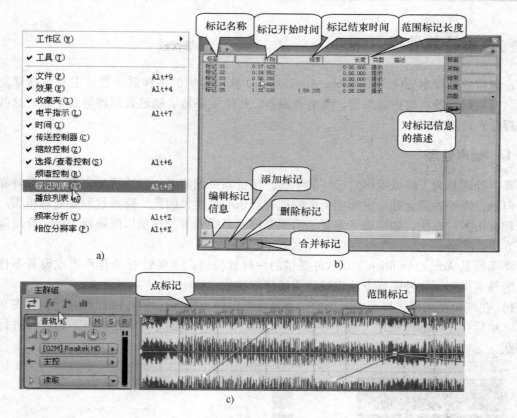

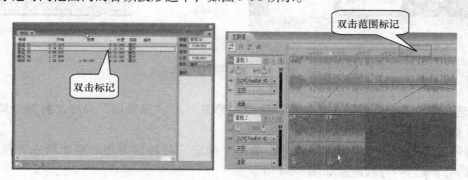

图 9-50 标记列表

（3）选择标记

在"标记"选项卡中双击标记，即可将游标插入到标记所在位置；或者双击范围标记，即可将标记时间范围内的音频波形选中，如图 9-51 所示。

图 9-51 选择标记

（4）删除标记

按〈Alt+8〉组合键打开"标记"对话框，选择需要删除的标记，然后单击"删除所选"按钮，即可删除当前所选标记；或者在标记上单击鼠标右键，在弹出的快捷菜单中选择"删除"命令，同样可以删除所选标记。

9.5 音频特效处理

音频特效处理主要使用了 Adobe Audition 3.0 软件提供的多种效果器，主要包括修复效果器、振幅效果器、均衡效果器、混响效果器、压限效果器、延迟效果器等。下面对这些效果处理分别进行介绍。

9.5.1 噪声处理

噪声处理是为了降低噪声对音频的干扰，使音频更加清晰，音质更加完美，也称降噪处理。但是，降噪处理会在一定程度上影响现有音乐的品质，因此，降噪过程要处理得当。降噪处理有很多种方法，如爆破音修复、消除嘶声和降噪器等。这里以降噪器为例，介绍降噪处理方法。

降噪器是 Adobe Audition 3.0 软件提供的一种效果器，主要针对录音环境或设备不佳而产生的噪声类型，这种降噪方法也被称为采样降噪法。

1）在编辑视图模式界面中，选中一小段背景噪声，噪声长短在 1s 比较合适，如图 9-52 所示。然后在左侧的“效果”菜单中选择“修复”|“采集降噪预置噪声”命令，进行噪声捕获。

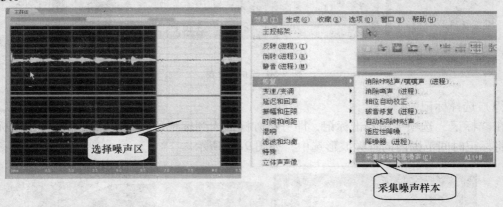

图 9-52 采集噪声样本

2）选中整个需要降噪的声音波形，选择“修复”|“降噪器”命令，打开“降噪器”对话框，如图 9-53 所示。

在降噪编辑器中适当调整参数效果，单击“确定”按钮则实现对整个所选音频段落的噪声消除。降噪后的音频波形如图 9-54 所示。

9.5.2 均衡效果处理

均衡效果处理使用软件中的图形均衡器来完成。均衡处理是为了实现对特定频率的音频调整增强或者衰减，可以起到修饰声音的作用。双击需要进行均衡效果声音的波形进入到编辑视图模式界面，选择“效果”|“滤波和均衡”|“图示均衡器”命令，打开“图示均衡器”对话框，如图 9-55 所示。

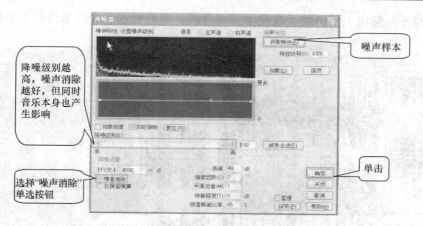

降噪级别越高,噪声消除越好,但同时音乐本身也产生影响

噪声样本

单击

选择"噪声消除"单选按钮

图 9-53 降噪编辑器

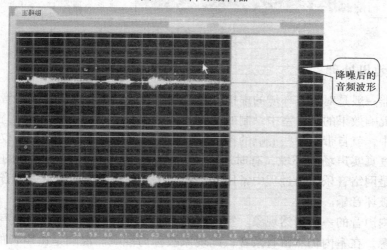

降噪后的音频波形

图 9-54 降噪后的音频波形

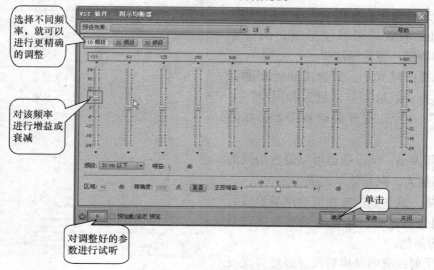

选择不同频率,就可以进行更精确的调整

对该频率进行增益或衰减

对调整好的参数进行试听

单击

图 9-55 "图示均衡器"对话框

通过调整不同频段上的滑块，改变增益或衰减，即可对音乐的效果进行初步处理，如图9-56 所示。

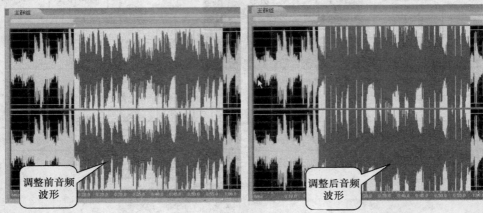

调整前音频波形

调整后音频波形

图 9-56　图示均衡器

9.5.3　混响效果处理

混响效果器一般是对真实环境的虚拟。在音频制作过程中，由于录制的音频通常都是在一个没有任何混响效果的录音室中录制的，因此，后期对干声的混响施加就显得尤其重要。首先在调音台中，就自带有一些混响的参数。而在网络音乐制作过程中，不仅要对真实环境进行虚拟，恢复真实声场的环境，有时还需要创造一些真实声场中不存在的声音环境。因此，混响效果是网络音乐编辑过程中常用的一种方法。用好混响效果可以为音乐增色，而若用不好则可能破坏音乐。

混响是室内声音的一种自然现象。室内声源连续发声，当室内被吸收的声能等于发射的声能时关断声源，在室内仍然留有余音，此现象被称为混响。混响是由声音的反射引起的，若没有声音的反射，也就无混响可言。混响效果就是用来模拟声音在声学空间中的反射。灵活地运用混响效果可以使录制出的"干声"更具声场感，更饱满动听。

在编辑视图模式中，选择需要处理的音频波形，选择"效果"|"延迟和回声"|"简易混响"命令，打开混响效果器，如图9-57 所示。

1）房间大小：该参数值可以设置房间的大小，数值越大，混响效果越强烈。

2）衰减：该参数值指在混响声场形成后声音逐渐消失的过程，这里的衰减参数以毫秒（ms）为单位。

3）早反射：混响是声音反复经过多次反射后形成的效果，只经过一次反射就进入耳

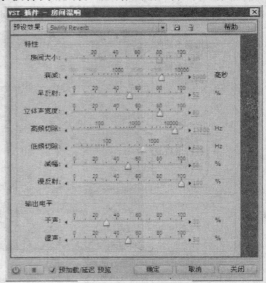

图 9-57　混响效果器

朵的声音被称为早期反射，该参数决定了早期反射声音占原始声音大小的百分比。过大的早期反射声音会给人不真实的感觉，而过小的早期反射声音又会使"房间大小"参数达不到预期的大小。一般情况下，该参数值设置为50％。

4）立体声宽度：设置该参数值可以改变混响效果的立体声宽度，如果为0，那么就变成了单声道，很高的数值会使混响后的声音变得更加宽广。

5）高频切除：该参数值决定了可混响的最高频率。

6）低频切除：该参数值决定了可混响的最低频率。

7）减幅：该参数用于调整高频声音的衰减程度，很高的数值可以得到温和的混响声音。

8）漫反射：该参数是混响的扩散度，决定了混响被物体吸收了多少。数值越小，被吸收的混响就越少，混响效果就越接近回声效果；数值越大，混响被大量吸收，回声就变得越少。

9.5.4　压限效果处理

压限效果处理可以对声音的振幅进行控制，也可以改变输入增益等，还能对高音部分的音频效果进行限制。其操作方法是在编辑视图模式中，选择需要处理的音频内容，选择"效果"｜"振幅"｜"硬性限制"命令，打开"硬性限制"对话框，如图9-58所示。

通过对各项参数的游标调整改变参数值，实现压限效果处理。

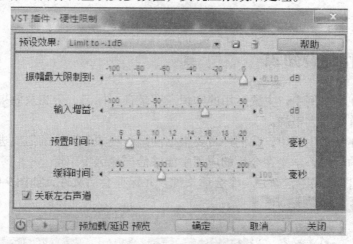

图9-58　"硬性限制"对话框

9.5.5　延迟效果处理

延迟效果处理是对人声进行处理和润色的一种良好的效果处理，可以使单薄的声音变得厚实丰满。使用方法是在编辑视图模式中，选择待处理波形，选择"效果"｜"延迟效果"｜"延迟"命令，打开"延迟"对话框，如图9-59所示。

通过调整延迟时间和干、湿效果，可以改变音频的输出效果。

1）延迟时间：该参数值决定着延迟声产生的时间。以0值为分界点，当其值为正数时，为延迟声效果；当其值为负数时，处理后的声音（湿声）将比原始信号（干声）提前出现，从而与另一个声道形成延迟效果。

2）混合：该参数控制原始干声与处理后的湿声的比值。该参数越大，原始干声越少，延迟声越多。在调整延迟时间与混合时，比例适中，可以使得声音具有层次感、顺序感；若延迟时间过大，或左右声道延迟时差过大（一般不宜超过 60dB），会导致声音混杂、不清晰；干声、湿声的混合亦是如此。

3）反相：将当前进行处理的音频波形剪辑反转，使它可以得到一些特殊效果。

4）延迟时间单位：在该下拉列表框中可以选择"时间"、"节拍"或"采样"的计量单位。在默认状态下，计量单位是"时间"，以毫秒（ms）为单位。

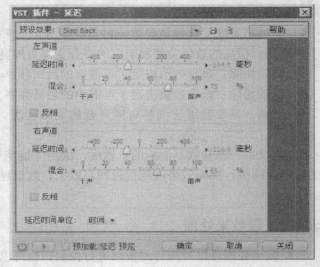

图 9-59　"延迟"对话框

【项目实施】

9.6　音频制作综合知识

技术要点：在本案例中，主要运用的知识点有录音、标记、分离及效果器，综合运用这些技术来制作一首歌曲大串烧。

实例概述：在日常生活中，我们经常要根据动画、视频、课件的需要进行编辑或处理音频。通过本案例的学习，学生在今后的应用中能够恰当地运用声音。

1）在多轨视图模式中，新建一个会话文件，并保存会话文件，如图 9-60 所示。

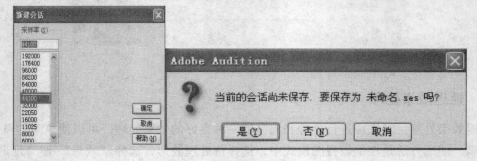

图 9-60　新建与保存文件

2）导入伴奏音乐，如图 9-61 所示。

3）把伴奏音乐拖入到音轨 1 中，如图 9-62 所示。

4）根据伴奏播放的音乐，在音轨 2 单击"录音备用"按钮后，再单击"传声器"选项卡中的"录音"按钮，即可以根据播放的伴奏音乐歌唱录音了。录制完成后，再单击"传声器"选项卡中的"录音"按钮，停止录音，如图 9-62 所示。

图 9-61　导入文件

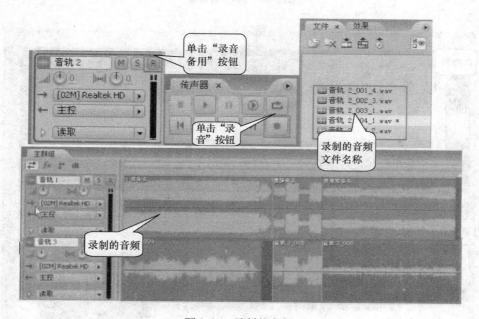

图 9-62　录制的音频

注意：在录制过程中，如果录制效果不好，则需要进行调制，多次录制。

5）对每个录音进行保存，并双击录音文件，进入编辑视图模式，进行降噪处理和音乐特效处理。

①降噪处理。双击刚刚录制的音频波形，进入到相应的音频的编辑视图模式界面。

首先选中一小段噪声，噪声长短在 1s 比较合适，如图 9-63 所示。然后在左侧的"效果"菜单中选择"修复"|"采集降噪预置噪声"命令，进行噪声捕获。

选中整个需要降噪的音频波形，选择"修复"|"降噪器"命令，打开降噪编辑器，如图 9-63 所示。

在降噪编辑器中适当调整参数效果，单击"确定"按钮，则实现对整个所选音频段落的噪声消除。降噪前后效果如图 9-64 所示。

②效果处理。根据需要，对录制的音频波形依顺序执行下列处理步骤：

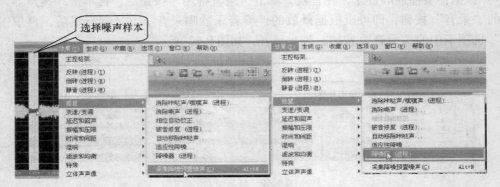

图 9-63　降噪编辑器

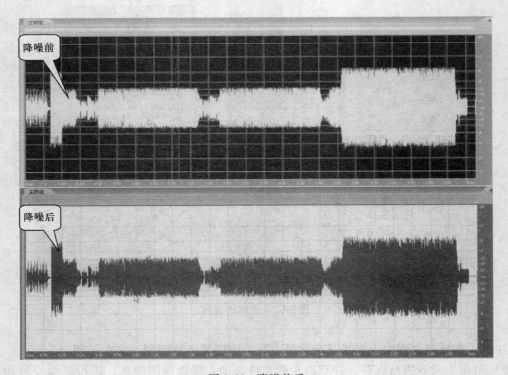

图 9-64　降噪前后

均衡效果处理。为录制的音频进行高音激励，在设置的过程中可以单击"预听"按钮，直到对音频效果满意后单击"OK"按钮，如图 9-65 所示。

混响处理。为录制的干涩声音增加厚重感和回响的现场感。也可以在调整参数滑块的过程中进行预听，如图 9-66 所示。

压限处理。就是让录制的音频通过处理后变得更加均衡，保持一致连贯，音频不会忽大忽小，如图 9-67 所示。

6）把处理好的音频文件放在多轨中的各个音轨。对伴奏音乐要换歌词的地方，按〈F8〉键进行添加标记。分别在多个地方做好标记，如图 9-68 所示。

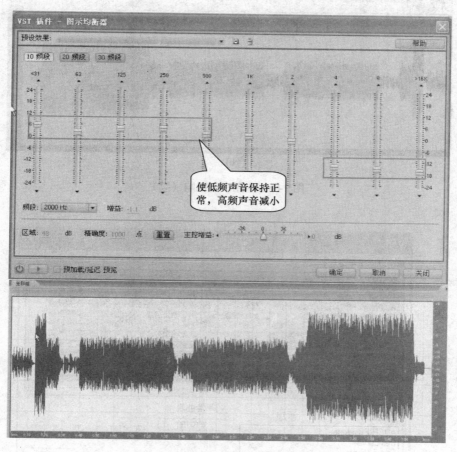

图 9-65 应用图示均衡器

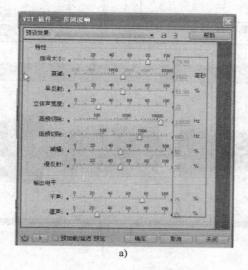

a)

图 9-66 应用房间混响

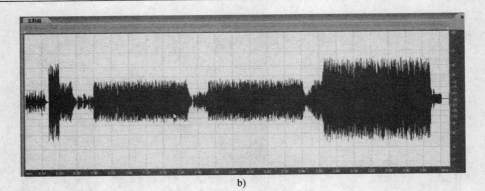

b)

图 9-66   应用房间混响（续）

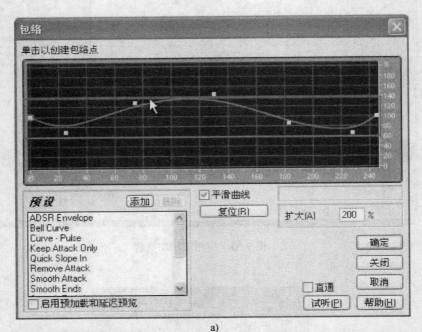

a)

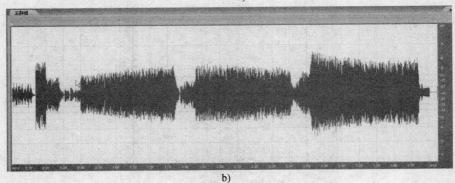

b)

图 9-67   应用包络

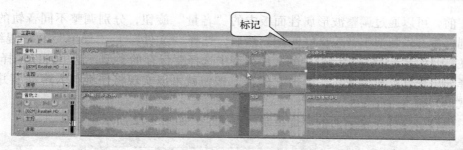

图 9-68 添加标记

7）根据标记，选择所需要的音乐，按〈Ctrl + K〉组合键对音频进行分离，如图 9-69 所示。

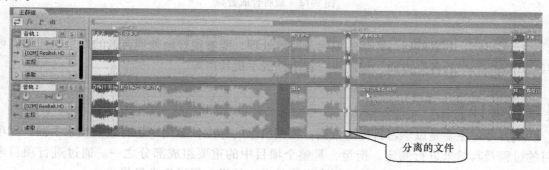

图 9-69 分离音频文件

8）使用"混合"工具，把所需要的伴奏放在音轨 4 上，把所需要的音频文件放在音轨 5 上，按〈Delete〉键把其他的文件删除，如图 9-70 所示。

图 9-70 剪辑与合并音频

9）把每个文件合并在一起，并让它们首尾连接，有淡入淡出效果，如图 9-71 所示。

图 9-71 淡入淡出

10）其他录音的音频处理过程与前面 1）～8）过程相同，每个音频文件都需要进行降噪或其他特效的处理。

11）伴奏与人声合并。针对录制音频的效果处理完毕后，返回多轨视图模式界面。在进行合并前，可以通过调整波形属性面板中的"音量"旋钮，分别调整不同音轨的音量大小，直到伴奏音乐与演唱音乐良好匹配。然后，选择"文件"丨"导出"丨"混缩音频"命令，在打开的"保存"对话框中的文件类型中选择要保存的类型，这里可以选择 MP3 格式。选择导出文件存放位置后，单击"保存"按钮就可以实现将伴奏与人声混缩并制作成 MP3 格式的音频文件了。

12）保存。这样一个歌曲的串烧录制就完成了，如图 9-72 所示。

图 9-72　最后合成音频

技术回顾：本案例通过音频的编辑及特效处理，能够很好地处理声音的效果。同学们可以应用在生活中的各个方面，如制作一首个性的手机铃声等。

【项目考评】

项目考评主要是以学习目标为依据，根据科学的标准，运用一切有效的技术手段，对项目的过程及其结果进行测定、衡量，是整个项目中的重要组成部分之一。通过进行项目考评，激励学生进一步学习，进一步提高学生的学习效果，促进教学最优化。

项目考评的主体有：学生、老师。

项目考评的方法有：档案袋评价、研讨式评价。

项目考评的标准见表 9-1。

表 9-1　"歌曲大接龙"项目考评表

项目名称:歌曲大接龙

评价指标	评价要点	评价等级			
		优	良	中	差
主题	能够表现大学生的流行歌曲				
技术性	录制的音频效果自然 音频播放连贯 音频在播放过程中,每段剪辑声音过程自然 录制音频噪声处理干净 音频特效应用合理,能够突出主题				
艺术性	声音动感、有趣 声音与画面情境相符 声音与游戏情境相符 声音能产生群众效应				
总评	总评等级				
	评语:				

【项目拓展】

同学们还可以去制作一个《动物世界》节目的配音。通过收集各种动物的音频，对音频进行编辑和处理，并保持音频与画面同步；或者为网络的 3D 游戏设计特殊音效，主要是通过收集各种素材，对素材进行编辑处理。

项目 1：个性手机铃声的制作

现在的手机铃声一般都是流行歌曲，要使自己的手机铃声具有个性，引起别人的注意，可以制作一首个性的、和谐的、符合自己性格的手机铃声。

制作环境：计算机需要配置声卡、音箱。

制作方法：先找到相关的音乐素材，在多轨视图模式界面中，使用"修剪"工具、"移动"／"复制"工具、"剪辑"工具，对音频进行剪辑、组织、制作等操作，最后导出文件。

项目思维导图如图 9-73 所示。

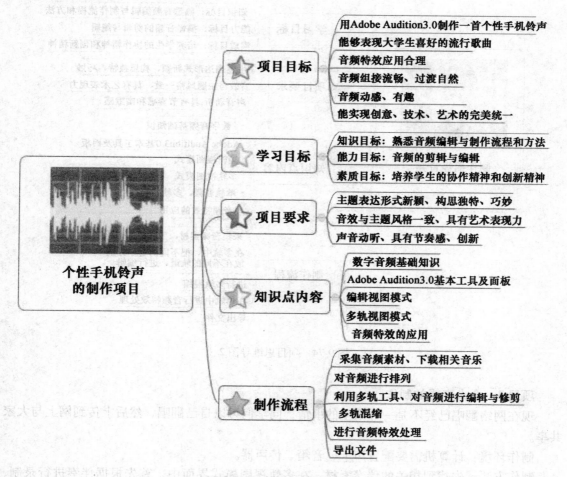

图 9-73 项目思维导图 1

项目 2：搞怪音频的制作

在现在的游戏动画中或者视频中，有许多特别的音频，所以制作这些音频具有一定的现实意义，同时也可以增强学生的成就感。

制作环境：计算机需要配置声卡、音箱。

制作方法：先找到相关的音乐素材，在多轨视图模式界面中，使用"修剪"工具、"移动"/"复制"工具、"剪辑"工具，对音频进行剪辑、组织、制作等操作，最后混缩导出文件；把导出的文件放在单轨中应用特效进行编辑，如应用混响效果制作出魔鬼的声音等。

项目思维导图如图9-74所示。

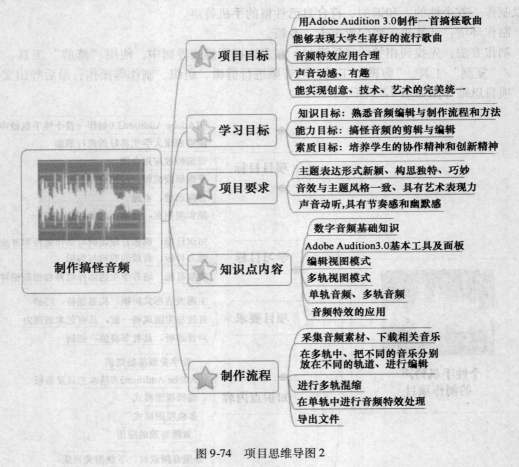

图9-74　项目思维导图2

项目3：个人专辑的制作

现在网络翻唱已经不是一件陌生的事情，同学们可以自己翻唱，然后上传到网上与大家共享。

制作环境：计算机需要配置声卡、音箱、传声器。

制作方法：先找到相关的伴奏素材，在多轨视图模式界面中，首先根据伴奏进行录制，音制完成之后使用"修剪"工具、"移动"/"复制"工具、"剪辑"工具，对音频进行剪辑、组织、制作等操作，最后混缩导出；把导出的文件放在单轨中应用特效进行编辑，如应用降噪、振幅、滤波、混响等效果，制作出动听的声音。

项目思维导图如图9-75所示。

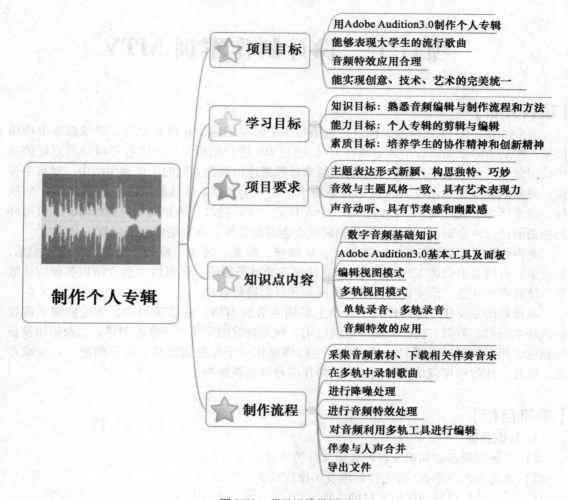

图 9-75　项目思维导图 3

Adobe Audition 3.0 是一款应用软件，主要对音频进行处理，如果想对音频进行更有效的处理，还需要进一步学习相关的声乐知识、视频处理知识，比如 Premiere、After Effects 等软件。

【思考练习】

1. 有哪些音频文件格式？它们之间有什么区别？
2. 数字音频信息有哪些技术指标？
3. 简述使用 Adobe Audition 3.0 软件进行音频录制的过程。
4. 简述使用 Adobe Audition 3.0 软件制作爆炸声音的过程。
5. 什么是 A/D 转换和 D/A 转换？
6. 什么是采样？什么是量化？什么是编码？

* 项目十　设计制作军训 MTV

【项目分析】

当今社会，DV（数码摄像机）再也不是一个陌生的词，在很多家庭、学校或企事业单位里，特别是影楼或婚纱拍摄中都有 DV。通过 DV 进行拍摄，相关内容可以得到更好的宣传或记录。所以，数字音频、视频已经越来越频繁地出现在人们的工作和生活中，对数字音频、视频的处理也渐渐成为人们的日常需求。会声会影 X2 是目前国内应用面非常广的软件，结婚回忆、宝贝成长、旅游记录、个人日记、生日派对、毕业典礼等美好时刻，都可轻轻松松通过会声会影 X2 软件剪辑出精彩、有创意的影片，与亲朋好友一同欢乐分享！

会声会影 X2 操作简单、功能强大，从捕获、剪接、转场、特效、覆叠、字幕、配乐，到刻录，应用会声会影 X2 都可以制作非常漂亮的电子相册；还可以对影片添加各种特殊效果，使其产生变色、形变；可以对多种视频和音频进行合成。

本项目的主要任务是制作一个大学生军训生活的 MTV。在该项目中，学生能够掌握视频的基本编辑、剪辑、视频转场特效的应用、视频特效的应用、字幕的创建，以及运用模板创建电子相册。通过本项目的学习，学生能够制作一个完整的影片、电子相册、片头或片尾。并且，此过程可以培养学生的团队协作精神和创新精神。

【学习目标】

1. 知识目标

1）了解视频基础知识及各种音频文件的特点。

2）熟悉会声会影 X2 的工作环境及工作流程。

3）了解获取音频和视频素材的方法。

4）掌握使用会声会影 X2 的主界面、"导览"面板、素材库、"时间轴"面板、"选项"面板、"转场"面板等操作。

5）了解各个转场特效和视频特效的特点。

6）了解如何添加音频，并保持音画同步，掌握音视频的合成技术。

2. 能力目标

1）能够对素材进行采集、加工并进行有效的存储和管理。

2）能够导入素材并管理素材。

3）能够使用工具栏进行视频的复制、剪切和移动。

4）能够对视频应用各种视频转场特效，并设置相应的参数。

5）能够对视频添加各种音频，并保持音画同步。

6）能够保存视频，并导出各种影片格式。

7）能对视听作品及其制作过程进行评价。

3. 素质目标

1）培养学生的审美观。

2）培养学生的团队协作精神、创新意识。

3）经历创作视听作品的全过程，形成积极主动学习和利用多媒体技术参与多媒体作品创作的态度。

4）能够理解并遵守相关的伦理道德与法律法规，认真负责地利用视听作品进行表达和交流，树立健康的信息表达和交流意识。

【项目导图】

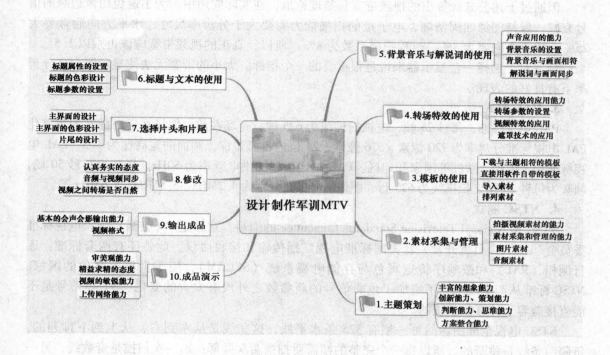

【知识讲解】

10.1　视频文件基本知识

10.1.1　视频基础知识

1. 视频分辨率

视频分辨率是各类显示器比例的常用设置，常见的比例其实只有 3 种：4∶3、16∶9 和 16∶10，再加上一个特殊的 5∶4。

分辨率是用于度量图像内数据量多少的一个参数。例如，某个视频的 320 像素×180 像素是指它在横向和纵向上的有效像素，窗口小时分辨率值较高，看起来较清晰；窗口放大时，由于没有那么多有效像素填充窗口，有效像素分辨率值下降，看起来就模糊了（放大时有效像素间的距离拉大，而显卡会把这些空隙填满，也就是插值，插值所用的像素是根据上下左右的有效像素"猜"出来的"假像素",没有原视频信息)。习惯上,分辨率是指图像的高/宽像素值,严格意义上的分辨率是指单位长度内的有效像素值。图像的高/宽像素值和尺寸无关,但单位长度内的有效像素值和尺寸就有关了,显然尺寸越大分辨率越小。

2. 视频带宽

视频带宽指每秒钟电子枪扫描过的总像素数,我们可以用"水平分辨率×垂直分辨率×场频(画面刷新次数)"这个公式进行计算。与行频相比,带宽更具有综合性,也更直接地反映显示器性能。

但通过上述公式计算出的视频带宽只是理论值,在实际应用中,为了避免图像边缘的信号衰减,保持图像四周清晰,电子枪的扫描能力需要大于分辨率尺寸,水平方向通常要大25%,垂直方向要大8%,过程扫描系数为8%。所以,真正的视频带宽应该再乘以1.5。

带宽对于选择一台显示器来说是很重要的一个指标。太小的带宽无法使显示器在高分辨率下有良好的表现。

3. PAL 制式

PAL 电视标准,每秒25帧,电视扫描线为625线,奇场在前,偶场在后,标准的数字化PAL电视标准分辨率为720像素×576像素,24位的色彩位深,画面的宽高比为4:3。PAL电视标准用于中国、欧洲等国家和地区。PAL制式电视的供电频率为50Hz,场频为每秒50场,帧频为每秒25帧,扫描线为625行,图像信号带宽分别为4.2MHz、5.5MHz、5.6MHz等。

4. NTSC 制式

NTSC 是 National Television Standards Committee 的缩写,意思是"(美国)国家电视标准委员会"。NTSC负责开发一套美国标准电视广播传输和接收协议。此外还有两套标准:逐行倒相(PAL)和按顺序传送彩色与存储电视系统(SECAM),用于世界上其他的国家。NTSC标准从产生以来除了增加了色彩信号的新参数之外没有太大的变化。NTSC信号是不能直接兼容于计算机系统的。

NTSC 电视全屏图像的每一帧有525条水平线,这些线是从左到右、从上到下排列的,每隔一条线是跳跃的。所以每一个完整的帧需要扫描两次屏幕:第一次扫描是奇数线,另一次扫描是偶数线。每次半帧屏幕扫描需要大约1/60s;整帧扫描需要1/30s。这种隔行扫描系统也叫 Interlacing(也是隔行扫描的意思)。适配器可以把NTSC信号转换成计算机能够识别的数字信号。相反地,还有种设备能把计算机视频转成NTSC信号,能把电视接收器当成计算机显示器那样使用。但是由于通用电视接收器的分辨率要比一台普通显示器低,所以即使电视屏幕再大,也不能适应所有的计算机程序。

NTSC 电视标准是每秒29.97帧(简化为30帧),电视扫描线为525线,偶场在前,奇场在后,标准的数字化NTSC电视标准分辨率为720像素×480像素,24位的色彩位深,画面的宽高比为4:3。NTSC电视标准用于美国、日本等国家和地区,场频为每秒60场,帧频为每秒30帧,扫描线为525行。

10.1.2 视频文件

1. AVI 格式

AVI 格式于1992年被 Microsoft 公司推出,AVI是非线性编辑中最常用的视频文件格式。它的英文全称为 Audio Video Interleaved,即音频视频交错格式。所谓"音频视频交错",就是可以将视频和音频交织在一起进行同步播放。这种视频格式文件的优点是图像质量好，可以跨越多平台使用，其缺点是体积过于庞大，而且压缩标准不统一，最普遍的现象就是高版本 Windows 媒体播放器播放不了采用早期编码编辑的 AVI 格式视频文件，而低版本 Windows 媒体播放器又播放不了采用最新编码编辑的 AVI 格式视频文件。

2. MPEG 格式

MPEG 全称为 Moving Picture Expert Group，即运动图像专家组，常用的 VCD、SVCD、DVD 就是这种格式。MPEG 文件格式是运动图像压缩算法的国际标准，它采用了有损压缩方法减少运动图像中的冗余信息而达到高压缩比的目的，当然这是在保证影像质量的基础上进行的。MPEG 的平均压缩比为 50∶1，最高可达 200∶1，压缩效率之高由此可见一斑。MPEG 已成功应用于电视节目存储、传输和播出领域。目前，MPEG 格式有 3 个压缩标准，分别是 MPEG-1、MPEG-2、和 MPEG-4。

（1）MPEG-1

MPEG-1 制定于 1992 年，它是针对 1.5Mbit/s 以下数据传输率的数字存储媒体运动图像及其伴音编码而设计的国际标准，也就是我们通常所见到的 VCD 制作格式。使用 MPEG-1 的压缩算法，可把一部 120min 长的电影压缩到 1.2GB 左右大小。这种视频格式的文件扩展名包括".mpg"、".mlv"、".mpeg"及 VCD 光盘中的".dat"文件等。

（2）MPEG-2

MPEG-2 制定于 1994 年，设计目标为高级工业标准的图像质量以及更高的传输率。这种格式主要应用在 DVD/SVCD 的制作（压缩）方面，同时在高清数字电视（HDTV）和一些要求比较高的视频编辑、处理方面有广泛应用，如现在用的数字卫星接收器就采用的 MPEG-2 标准。使用 MPEG-2 的压缩算法，可以把一部 120min 长的电影压缩到 4~8GB（文件的大小和数据传输码流有关，规定的码流为 4~8Mbit/s）。这种视频格式的文件扩展名包括".mpg"、".mpe"、".mpeg"、".m2v"、".m2p"及 DVD 光盘上的".vob"文件等。其中".m1v"和".m2v"都表示该影音文件中不包含音频文件，只有视频部分。

（3）MPEG-4

MPEG-4 制定于 1998 年，MPEG-4 是为了播放流媒体的高质量视频而专门设计的，它可利用很窄的带宽，通过帧重建技术压缩和传输数据，以求使用最少的数据获得最佳的图像质量。目前，MPEG-4 最有吸引力的地方在于它能够保存接近于 DVD 画质的小体积视频文件。另外，这种文件格式还包含了以前 MPEG 压缩标准所不具备的比特率的可伸缩性、交互性甚至版权保护等一些特殊功能。这种视频格式的文件扩展名包括".asf"、".mov"和 DivX AVI 等。

3. MOV 格式（QuickTime）

MOV 文件最早是 Apple 公司开发的一种音频、视频文件格式。很早微软公司就将该格式引入 PC 的 Windows 操作系统，我们只需在 PC 中安装 QuickTime 媒体播放软件就可播放 MOV 格式的影音文件。".MOV"文件支持 25 位彩色，支持领先的集成压缩技术，提供 150 多种视频效果，并配有提供了 200 多种 MIDI 兼容音响设备的音频装置。新版本的 QuickTime 软件进一步扩展了原有功能，包含了基于 Internet 应用的关键特性。QuickTime 软件因具有跨平台、存储空间要求小等技术特点，得到业界的广泛认可，目前已成为数字媒体软件技术领域的工业标准。

4. ASF 格式

ASF 全称为 Advanced Streaming Format，它是微软公司为了和现在的 Real Player 竞争而推出的一种视频格式，用户可以直接使用 Windows 自带的 Windows Media Player 对其进行播放。其他视频播放器需安装相应插件才可正常播放。由于它使用了 MPEG-4 的压缩算法，所以压缩率和图像的质量都很不错（高压缩率有利于视频流的传输，但图像质量肯定会受损，所以有时 ASF 格式的画面质量不如 VCD）。

5. WMV 格式

WMV 全称为 Windows Media Video，也是微软公司推出的一种采用独立编码方式并且可以直接在网上实时观看视频节目的文件压缩格式。WMV 格式文件的主要优点包括本地或网络回放、可扩充的媒体类型、部件下载、可伸缩的媒体类型、流媒体优先级化、多语言支持、环境独立性、丰富的流间关系以及扩展性等。

6. RM 格式

RM 全称为 Real Media。RM 格式是 Real Networks 公司开发的一种新型流式视频文件格式，主要分为 Real Audio、Real Video 和 Real Flash 三种。用户可以使用 Real Player 或 Real One Player 对符合 Real Media 技术标准的网络音频、视频资源进行实况转播，并且 Real Media 可以根据不同的网络传输速率制定出不同的压缩比率，从而实现在低速率的网络上进行影像数据实时传送和播放。RM 和 ASF 格式可以说各有千秋，通常 RM 视频更柔和一些，而 ASF 视频则相对清晰一些。现在 Real Player 播放软件是上网浏览视频流文件的必备工具。

7. SWF 格式

SWF 是基于微软公司 Shockwave 技术的流式动画格式，是用 Flash 软件制作成的格式。由于它体积小、功能强、交互能力好，现在很多移动播放器都支持 SWF 格式的文件，因此也越来越多地应用到网络动画中。

10.2 会声会影软件功能简介

会声会影不仅完全符合家庭或个人所需的影片剪辑功能，甚至可以挑战专业级的影片剪辑软件。它支持最完整的影音规格，具有全球的影片编辑环境，还具有令人目不暇接的剪辑特效和 HD 高画质新体验。

10.2.1 新增功能

1. 可自定义的界面

可完全自定义的工作区允许用户按照所需的工作环境更改各个面板的大小和位置，让用户在编辑视频时更方便、更灵活。该功能可优化编辑工作流程，特别是在现在的大屏幕或双显示器情况下。

2. 定格动画

用户现在可以使用 DSLR 和数码照相机中的照片或从视频中捕获的帧来制作定格动画。

3. 增强的素材库面板

使用新的"导览"面板、自定义文件夹和新的媒体滤镜来组织媒体素材。

4．WinZip 智能包集成

用户现在可以使用智能包并结合 WinZip 技术将视频项目保存为压缩文件。这是备份视频文件或准备上传到在线存储位置时的一个好方法。

5．项目模板共享

将项目导出为"即时项目"模板，然后为整个视频项目应用一致的样式。

6．时间流逝和频闪效果

只需对帧设置作出些许调整即可为视频和照片应用时间流逝和频闪效果。

10.2.2 系统需求

1）操作系统：Microsoft Windows 98 SE、2000、ME 及以上。

2）CPU：Intel Pentium III 800 MHz 或更快的 CPU。

3）内存：256MB 内存（512MB 或以上用于视频编辑）。

4）硬盘：1.2GB 或更多可用硬盘空间，用于安装程序。

5）显示器：Windows 兼容的显示器，至少 1024 像素 ×768 像素分辨率。

6）显卡：VGA 显卡设置，建议使用 24 位真彩色或以上。

7）声卡：Windows 兼容的声卡。

8）光盘驱动器：CD-ROM、CD-R/RW 或 DVD-R/RW。

10.3 会声会影编辑器的基本面板

1．主界面

启动"会声会影"软件，在启动界面中单击"会声会影编辑器"按钮，即可进入会声会影编辑器。会声会影编辑器提供了完整的编辑功能，可以让用户全面控制影片的制作过程，包括添加素材、标题、效果、覆叠和音乐，以及按用户所需要的方式刻录或输出影片。会声会影编辑器的操作界面如图 10-1 所示。

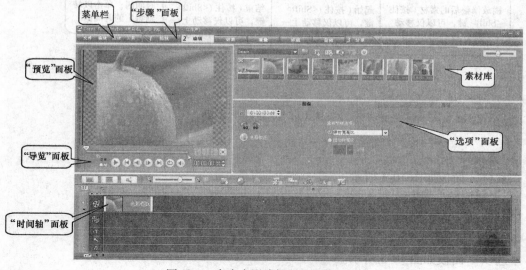

图 10-1　会声会影编辑器的操作界面

（1）菜单栏

菜单栏提供了常用的文件、编辑、素材以及工具的命令集。

（2）"步骤"面板

"步骤"面板包括了视频编辑器中不同步骤对应的按钮。

（3）素材库

素材库用于保存和整理所有的媒体素材。

（4）"预览"面板

"预览"面板能显示当前的素材、视频滤镜、效果和标题。

（5）"导览"面板

"导览"面板中的按钮可以浏览所选的素材，进行精确的编辑或修整。

（6）"时间轴"面板

"时间轴"面板显示项目中包含的所有素材、标题和效果。

（7）"选项"面板

"选项"面板包含控件、按钮和其他信息，可用于自定义所选素材的设置，它的内容将根据用户所在的步骤不同而有所变化。

2. "导览"面板

"导览"面板如图10-2所示。

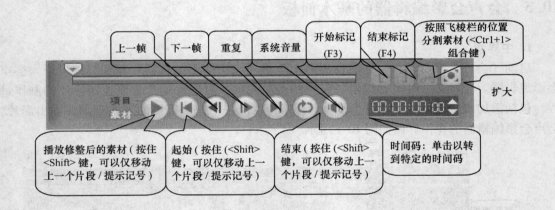

图10-2 "导览"面板

3. 素材库

"素材"面板如图10-3所示。

4. "时间轴"面板

"时间轴"面板如图10-4所示。

5. "选项"面板

"选项"面板如图10-5所示。

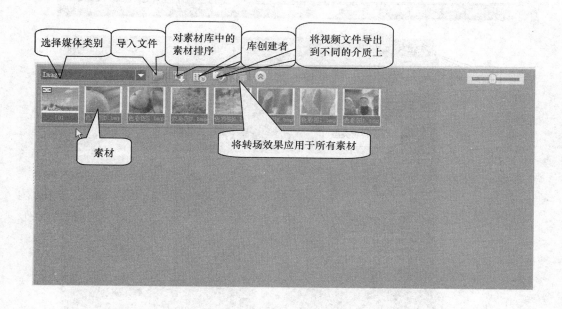

图 10-3　"素材"面板

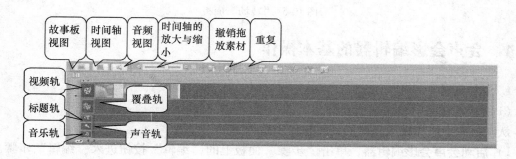

图 10-4　"时间轴"面板

图 10-5　"选项"面板

6. "转场"面板

在"转场"面板中，选择一个转场特效并直接拖动到视频上，即可添加转场特效，如图 10-6 所示。

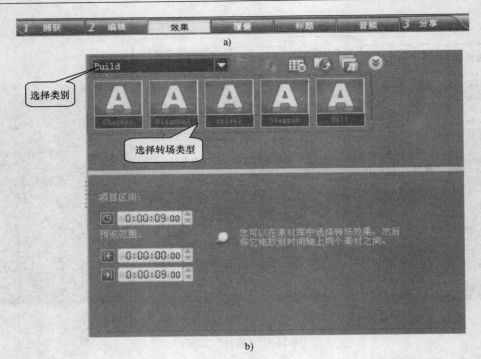

图 10-6　"转场"面板

10.4　会声会影编辑器的基本操作

1. 添加素材

（1）从素材库中添加视频素材

从素材库中添加视频素材的具体操作步骤如下：

1）启动会声会影编辑器，单击"步骤"面板上的"编辑"按钮进入"编辑"步骤。

2）单击素材库上方的"加载视频"按钮 ，打开"打开视频文件"对话框。在对话框中选择所需添加的视频素材，然后单击"确定"按钮，选中的视频素材即添加到素材库中，如图 10-7 所示。

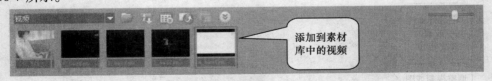

图 10-7　添加到素材库中的视频

3）将素材库中需要添加的视频素材拖动到故事板上，释放鼠标后，视频素材就被添加到故事板上了，如图 10-8 所示。

新添加的素材并不是一定要放到影片的最后位置，如果将素材拖动到需要插入的位置，在插入的位置前方将显示"＋"标志，释放鼠标后，素材将被插入到设置的位置。

（2）从文件中添加视频素材

如果我们希望不将视频素材添加到素材库而直接添加到影片中，那么可以使用从文件中添加视频的方法。

从文件中添加视频素材的具体操作步骤如下：

1）单击故事板上方的"将媒体文件插入到时间轴"按钮 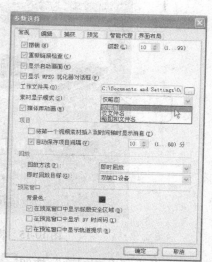浏览，在弹出的菜单中选择文件，如图 10-9 所示。

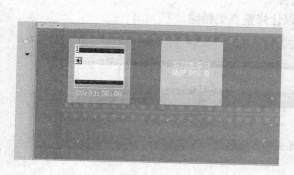

图 10-8　添加视频素材到故事板

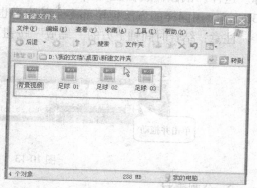

图 10-9　"将媒体文件插入到时间轴"
按钮下拉菜单

2）在打开的"打开视频文件"对话框中选择需要添加的一个或多个视频文件，然后拖动到"时间轴"面板。

3）在打开的"改变素材序列"对话框中根据需要以拖动的方式调整素材的排列顺序，然后单击"确定"按钮，所有选中的视频素材便插入故事板的最后一段视频的后面，如图 10-10 所示。

图 10-10　插入后的"时间轴"面板

（3）添加图像素材

在会声会影编辑器中，还可以在影片中插入静态的图像素材，图像素材可以从素材库中添加，也可以从文件中添加，其方法和添加视频素材大致相同。

2. 使用缩略图修整视频素材

最为常见的视频修整就是去除头部与尾部多余的内容，使用缩略图修整素材是最为快捷和直观的修整方式。

使用缩略图修整视频素材的具体操作步骤如下：

1）添加素材到故事板上。

2）按〈F6〉快捷键，打开"参数选择"对话框。在对话框中选择"常规"选项卡，在"素材显示模式"下拉菜单中选择"仅略图"选项，然后单击"确定"按钮，以略图模式显示时间轴上的素材，如图 10-11 所示。

图 10-11　"参数选择"对话框

3）单击"模式切换"按钮，切换到时间轴模式，如图 10-12 所示。

4）选择需要修整的素材，选中的视频素材的两端以黄色标记表示。在左侧的黄色标记上按住鼠标左键并拖动到需要保留内容的位置，然后释放鼠标。这样，鼠标释放位置之前的内容便被去除了，如图 10-13 所示。用同样的方法把尾部多余的内容也去除。

图 10-12　"模式切换"按钮

注意：结合时间轴上方的"缩放"按钮可以让修整点更精确。

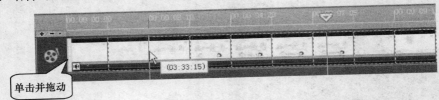

单击并拖动

图 10-13　去除头部多余部分

3. 分割素材

在剪辑视频素材时，常常还需要去除中间的某个片段，这时就需要把素材分割成两部分，然后再删除不需要的内容。

分割素材的具体操作步骤如下：

1）将视频素材添加到时间轴上，如图 10-14 所示。

图 10-14　在时间轴上添加素材

2）将时间线或滑块拖动到需要分割的位置，如图 10-15 所示。

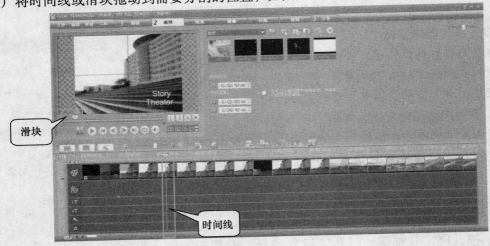

滑块

时间线

图 10-15　将时间线或滑块拖动到需要分割的位置

3）单击"分割视频"按钮，视频素材便从时间线所处的位置分割成两段素材，如图 10-16 所示。

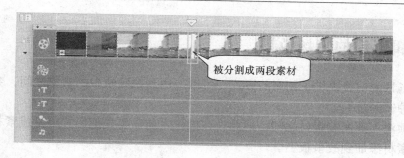

图 10-16 分割后的效果

4）重复步骤 2）和步骤 3）的操作，素材被分割成 3 段，如图 10-17 所示。

图 10-17 再次分割后的效果

5）选中需要删除的素材，按〈Delete〉键，选中的素材便被删除了，后面的素材自动移到前一段素材的末尾，如图 10-18 所示。

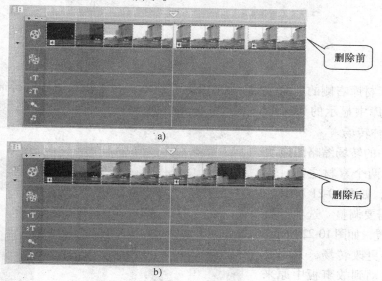

图 10-18 素材删除前后

4. 调整素材的播放顺序

将素材添加到故事板中以后，要更改各个素材的排列顺序，只需要在调整的素材上按住鼠标左键并拖动鼠标，将它拖动到希望放置的文件中释放鼠标就行了。

10.5 编辑影片的转场效果

　　转场为场景的切换提供了创意的方式，可以应用到视频轨中的素材之间，会声会影为用户提供了多种转场效果。

　　转场必须添加到两段素材之间，因此，在操作之前需要先把影片分割成素材片段，或者直接把多个素材添加到故事板上。

　　转场的具体操作步骤如下：

　　1）插入两段素材到故事板上。

　　2）单击"步骤"面板上的"效果"按钮，进入"转场"特效界面，如图 10-19 所示。

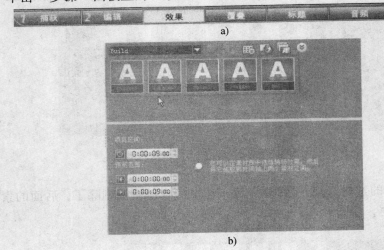

图 10-19　"转场"面板

　　3）单击素材库右侧的三角按钮，如图 10-20 所示。在下拉菜单中选择需要的类别，然后再选中素材库中显示的当前类别中包含的一种转场。

　　4）将选中的转场缩略图拖动到故事板上的两个素材之间，转场便添加好了，如图 10-21 所示。

　　5）根据需要调整"选项"面板中转场的设置，如图 10-22 所示。

　　如果需要更改转场，只需要把新的转场拖动到故事板中原来添加的转场上，释放鼠标就行了。如果需要删除转场，只要选中转场，然后按〈Delete〉键就可以了。

图 10-20　选择需要的转场

图 10-21　添加转场后的故事板

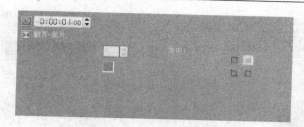

图 10-22 设置"选项"面板

10.6 为影片添加和编辑标题

在会声会影"标题"工具中，用户可以很方便地创建出专业化的标题。"标题"步骤用于为影片添加文件说明，包括影片的片名、字幕等，可以用于多个标题和单个标题来添加文字。

会声会影的素材库中提供了丰富的预设标题，可以直接把它们添加到标题轨上，然后修改标题的内容，使它们与影片融为一体。

添加和编辑标题的具体操作步骤如下：

1）单击"步骤"面板中的"标题"按钮，进入"标题"面板，如图 10-23 所示。

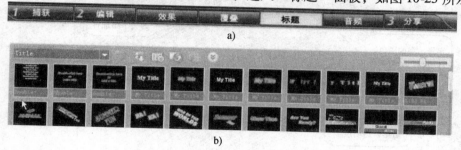

图 10-23 "标题"面板

2）在素材库中选中需要使用的标题模板，把它们拖动到标题轨上，如图 10-24 所示。

图 10-24 添加标题模板

3）在标题轨上选中已经添加的标题，然后在"预览"面板中单击，使当前标题处于编辑状态，在标题栏中双击，输入新的文字内容，如图 10-25 所示。

图 10-25　修改标题模板

4）按〈Ctrl + A〉组合键选中所有文字，然后在"选项"面板中设置标题的属性，如图 10-26 所示。

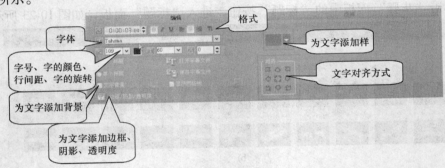

图 10-26　在"选项"面板中设置标题的属性

5）将鼠标移到文字上，把文字拖动到画面中合适的位置。

6）在标题轨上把标题拖动到合适位置，并向左拖动标题右侧的黄色标记，调整它的长度，使它与水平素材的内容相对应，如图 10-27 所示。

图 10-27　调整标题长度和位置

10.7　添加与编辑音频

会声会影的"音频"工具可以为项目添加音频和音乐。具体来说，音频主要指影片中的解说词或是旁白；音乐主要指背景音乐或音响。所以我们会将影片中的解说词或歌声添加到音轨，将背景音乐或音响添加到音乐轨。

音频的添加与编辑和视频的添加与编辑方法基本一样，具体的操作步骤如下：

1）把音频文件导入到素材库中，如图 10-28 所示。

图 10-28　导入音频文件

2）把解说词和背景音乐分别导入到声音轨和音乐轨，如图 10-29 所示。

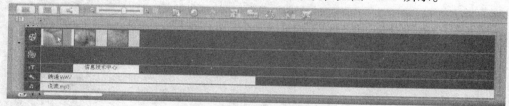

图 10-29　把音频文件导入音轨中

10.8　使用模板制作电子相册

使用会声会影的影片向导工具能够轻松快捷地制作出动感十足的电子相册。其具体操作步骤如下：

1. 启动影片向导

在会声会影 X2 的启动界面中，单击"影片向导"按钮，打开"影片向导"对话框，如图 10-30 所示。

2. 添加相册

1）单击"插入图像"按钮，打开"添加图像素材"对话框，如图 10-31 所示。

2）在"添加图像素材"对话框中选择需要制作电子相册的相片，然后单击"打开"按钮，选中的相片即被添加到媒体素材列表中。

在"素材"面板中，选中所需图片，按〈Ctrl〉键并拖动到要替换的图片上即可以对模板中的图片进行替换，如图 10-32 所示。

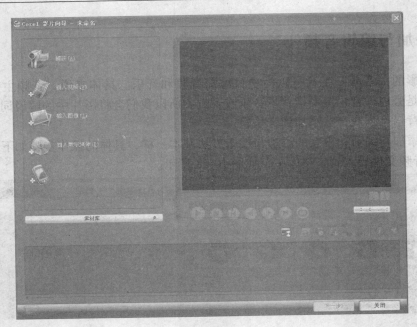

图 10-30 "影片向导"对话框

图 10-31 单击"插入图像"按钮

图 10-32 媒体素材列表

3. 旋转相片

在媒体素材列表中选中需要旋转方向的图片，单击媒体素材列表上方的 或 按钮，以逆时针或者顺时针旋转调整图片的方向，如图 10-33 所示。

图 10-33 旋转后的效果

4. 调整排列顺序

在媒体素材列表中选中需要调整顺序的图片，单击并拖动鼠标左键，将它拖动到新的位置，松开鼠标左键，完成图片调整，如图 10-34 所示。

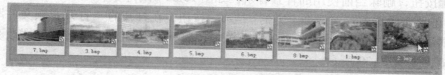

图 10-34 顺序调整后的效果

5. 设置图片的播放时间

1）按〈Ctrl + A〉组合键，选中素材列表中的所有图片，在其中一张图片的缩略图上单击鼠标右键，在弹出的快捷菜单中选择"区间"命令，如图 10-35 所示。

图 10-35 选择"区间"命令

2）在打开的"区间"对话框中，设置图片的播放时间，设置完成后单击"确定"按钮，如图 10-36 所示。

6. 选择片头与片尾模板

单击"下一步"按钮，进入模板选择步骤界面，在模板选择界面的左侧缩略图上单击选择要使用的模板，程序会自动添加片头、片尾、背景音乐，并将自动摇动和缩放效果应用到图片中，单击右边"预览"面板上的相应按钮还能进行效果预览，如图 10-37 所示。

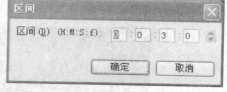

图 10-36 "区间"对话框

图 10-37 模板选择界面

7. 更换背景音乐

1）单击"预览"面板下方"背景音乐"右侧的 ![img] 按钮，在打开的"音频选项"对话框中单击 ![img] 按钮，删除当前使用的背景音乐，如图 10-38 所示。

2）单击"音频选项"对话框上方的 ![img] 按钮，在打开的"打开音频文件"对话框中选择需要添加的一个或多个背景音乐，并单击"打开"按钮，这时将打开"改变素材序列"对话框，如图 10-39 所示。

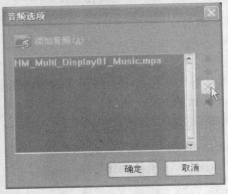

图 10-38   "音频选项"对话框   图 10-39   "改变素材序列"对话框

3）在"改变素材序列"对话框中通过直接拖动素材文件名的方式调整素材的序列，然后单击"确定"按钮，选中的音乐文件便添加到音乐列表中。也可在"音频选项"对话框中调整素材序列，如图 10-40 所示。

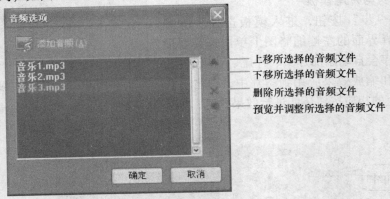

图 10-40   添加了音乐后的音乐列表

8. 修改标题

1）单击"标题"右侧的三角按钮，从下拉列表中选择需要编辑的标题名称，如图 10-41 所示。

图 10-41   选择需要编辑的标题名称

2）在"预览"面板的文本框中双击，使标题处于编辑状态，并输入新的标题，如图 10-42 所示。

3）单击"标题"下拉列表右侧的"文字属性"按钮，在弹出的"文字属性"对话框中设置文字的属性，然后单击"确定"按钮，如图 10-43 所示。

图 10-42　编辑标题

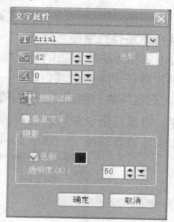

图 10-43　"文字属性"对话框

9. 输出电子相册

1）单击"下一步"按钮，进入影片输出界面。

2）单击"创建视频文件"按钮选择输出方式，从下拉菜单中选择要创建的电子相册的文件格式。在打开的"创建视频文件"对话框中设置电子相册的保存路径和文件名称，然后单击"保存"按钮，程序开始渲染影片，并将影片保存到指定的路径中。

3）渲染完成后，系统弹出"Corel 影片向导"对话框，单击"确定"按钮，完成电子相册的制作。

电子相册完成后，如果需要刻录成光盘，可以单击影片输出中的"创建光盘"按钮；如果需要做得更加精细，可以单击影片输出中的"在 Corel 会声会影编辑器中的编辑"按钮。

10.9　使用模板制作影片

使用会声会影的影片向导工具，可以为影片自动添加片头、片尾、背景音乐和转场效果等，快速制作影片。其具体操作步骤如下：

（1）启动影片向导

在会声会影 X2 的启动界面中，单击"影片向导"按钮，打开"影片向导"对话框。

（2）添加保存在硬盘上的视频素材

1）单击"插入视频"按钮，打开"打开视频文件"对话框，在对话框中选择需要插入影片的视频素材，将视频素材添加到媒体素材列表上，如图 10-44 所示。

2）选择"影片向导"界面中的"捕获"命令能够在 DV 摄像机中直接捕获所需要的视频素材。

图 10-44　媒体素材列表上的视频素材

（3）调整排列顺序

通过鼠标拖动的方式调整好媒体素材列表中素材的排列顺序。

（4）剪切多余的视频内容

1）在媒体素材列表中选中需要修整的视频素材，在"预览"面板中拖动滑块查看影片的内容，将滑块定位在需要部分的开始位置，然后单击"开始标记"按钮［，滑块位置之前的片段即被剪切掉了，如图 10-45 所示。

图 10-45　定位开始位置

2）拖动滑块，将滑块定位在需要部分的结束位置，然后单击"结束标记"按钮］，滑块位置之后的片段即被剪切掉了，如图 10-46 所示。

3）单击"预览"面板下方的"播放"按钮▶，查看裁切后的效果。

4）使用"预览"面板下方的"上一帧"按钮◀和"下一帧"按钮▶可以使动画得到更精确的定位。

（5）选择模板

1）单击"下一步"按钮，进入模板选择界面。

2）在"主题模板"对话框中选择所需要的模板，如图 10-47 所示。

"家庭影片"模板用于创建包含视频

图 10-46　定位结束位置

和图像的影片,"相册"模板用于创建仅包含图像的相册影片,包含 HD 的模板表示创建高清质量的家庭影片或相册。

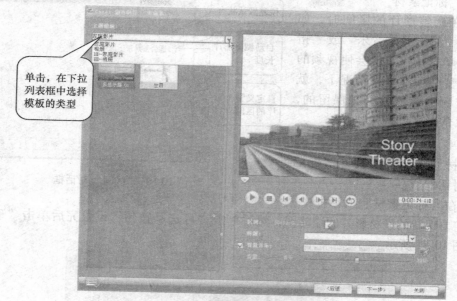

图 10-47 "主题模板"对话框

(6)更换背景音乐

用 10.7 节介绍的方法更换背景音乐。

(7)调整音量混合

拖动"音量"中的滑块调整背景音乐与视频片段的音量,使之很好地混合在一起,如图 10-48 所示。

图 10-48 音量的调整

(8)修改标题

用 10.6 节介绍的方法修改标题。

(9)调整影片的区间

1)在主题模板中,程序会自动为整部影片添加背景音乐,并且会自动适应影片的长度,但是,会声会影也允许调整影片的整体长度,使影片与音乐更好地配合。

2)单击"设置影片的区间"按钮 ,打开"区间"对话框,如图 10-49 所示。

图 10-49 单击"设置影片的区间"按钮

3）在"区间"对话框中调整影片的区间，然后单击"确定"按钮，如图10-50所示。

（10）标记素材

1）在调整影片的区间时，如果选择了"适合背景音乐"或"指定区间"单选按钮，就会使视频的长度发生变化。在这种情况下，就需要指定哪些素材是必须保留的，哪些素材允许被调整。

2）单击"预览"面板中的"标记素材"按钮，打开"标记素材"对话框。

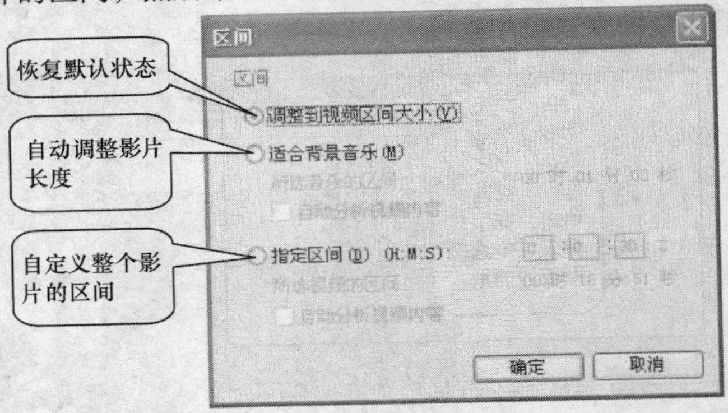

图 10-50　"区间"对话框

3）在"标记素材"对话框中，选中一定要保留的素材影片的缩略图，然后单击"可选"按钮，设置完后单击"确定"按钮，如图10-51所示。

图 10-51　在"标记素材"对话框中作标记

（11）保存项目文件

为了便于以后在会声会影编辑器中继续编辑和调整影片，需要将影片的编辑信息等保存起来，这就需要保存会声会影的项目文件，该文件的格式为".vsp"，当再次使用会声会影编辑器打开项目文件时，项目文件仍会以保存时的编辑状态呈现。

1）单击操作界面左下角的"保存选项"按钮，在弹出的菜单中选择"保存"命令，如图10-52所示。

2）在打开的"另存为"对话框中设置要保存项目文件的名称、保存路径和保存类型，然后单击"保存"按钮，项目文件即按设置保存下来。

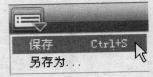

图 10-52　"保存选项"按钮

> **小提示：**
> 　　保存后，可以在会声会影编辑器中选择"文件"｜"打开项目"命令，或者按〈Ctrl＋O〉组合键打开项目文件进行编辑或调整。

　　（12）输出影片

　　单击"下一步"按钮，进入影片输出界面，按照 10.8 节中使用模板制作电子相册介绍的方法输出影片即可。

10.10　保存影片

　　在会声会影编辑器中设置好视频、图像、音频素材的转场效果后，单击"步骤"面板中的"分享"按钮，进入影片的分享步骤。在该步骤中，可以渲染项目，并将创建完成的影片按照指定的格式输出。"分享"选项面板如图 10-53 所示。

　　下面介绍保存影片的方法。具体步骤如下：

　　1）影片完成后，单击"步骤"面板中的"分享"按钮，进入影片分享步骤。

　　2）单击"分享"选项面板中的"创建视频文件"按钮，根据输出目的在下拉列表中选择需要创建的视频文件的类型。在打开的"创

图 10-53　"分享"选项面板

建视频文件"对话框中指定视频文件保存的名称和路径，然后单击"保存"按钮，程序开始以指定的格式保存。

　　3）保存完成后，生成的视频文件将在素材库中显示一幅缩略图，如图 10-54 所示。单击"预览"面板下方的"播放"按钮，即可查看保存后的影片效果。

图 10-54　保存后显示的缩略图

【项目实施】

10.11　案例——军训 MTV

　　技术要点：主要运用转场特效、视频特效及遮罩技术。

实例概述：本例主要利用军训素材来制作一个大学生军训的 MTV，反映学生军训的场景。本案例包括 3 个部分：第一部分是片头，第二部分是图片转场，第三部分是背景音乐（用于为整个作品添加活力）。下面介绍制作军训 MTV 的具体过程。

（1）启动"影片向导"界面添加相册

1）在会声会影 X2 的启动界面中，单击"影片向导"按钮，打开"影片向导"界面，如图 10-55 所示。单击"影片向导"界面中的"插入图像"按钮，弹出"添加图像素材"对话框。

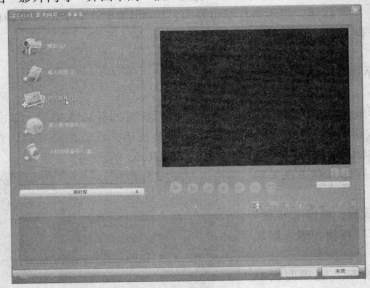

图 10-55　"影片向导"界面

2）在"添加图像素材"对话框中选择需要制作电子相册的相片，然后单击"打开"按钮，选中的相片即被添加到媒体素材列表中，如图 10-56 所示。

在"添加图像素材"对话框中添加图像素材时，按〈Ctrl + A〉组合键可全选文件夹中的所有文件。按〈Ctrl〉键并单击相片文件可选中所有需要的相片。

（2）旋转相片并调整相片的排列顺序

在媒体素材列表中选中需要旋转方向的相片，然后单击媒体素材列表上方的 或 按钮，以逆时针或者顺时针方向旋转相片。在媒体素材列表中选中需要调整顺序的相片，然后按住鼠标

图 10-56　媒体素材列表

左键并拖动，将其拖动到新的位置，松开鼠标左键，完成相片调整，如图 10-57 所示。

图 10-57　调整后的效果

（3）设置相片的播放时间

按〈Ctrl + A〉组合键，选中素材列表中的所有相片，在其中一张相片的缩略图上单击鼠标右键，在弹出的快捷菜单中选择"区间"命令，弹出"区间"对话框，如图 10-58 所示。在该对话框中设置相片的播放时间，设置完成后单击"确定"按钮。

图 10-58 "区间"对话框

（4）选择模板

单击"下一步"按钮，进入"模板选择"界面（见图 10-59）。在"模板选择"界面的左侧缩略图上单击鼠标选择要使用的模板，程序会自动添加片头、片尾和背景音乐，并将自动摇动和缩放效果应用到相片中，单击右侧"预览"面板上的相应按钮可预览效果。

（5）更换背景音乐

单击"预览"面板下方"背景音乐"右侧的█按钮，在弹出的"音频选项"对话框中单击右侧的█按钮，删除当前使用的背景音乐。单击对话框上方的█添加音频(s)█按钮，在弹出的"打开音频文件"对话框中选择需要添加的一个或多个背景音乐，并单击"打开"按钮，弹出"改变素材序列"对话框。在"改变素材序列"对话框中通过直接拖曳素材文件名的方式调整素材的序列，然后单击"确定"按钮，选中的音乐文件便添加到音乐列表中；也可在"音频选项"对话框中调整素材序列，如图 10-60 所示。

图 10-59 "模板选择"界面

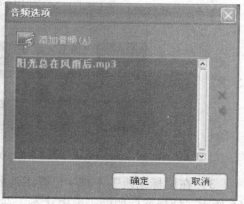

图 10-60 添加音乐后的音乐列表

（6）编辑影片的转场效果

1）单击"步骤"面板中的"效果"按钮（见图 10-61），进入"效果"界面。

图 10-61 单击"效果"按钮

2）单击素材库右侧的三角按钮，在下拉列表中选择需要的类别，然后再选中素材库中显示的当前类别中包含的一种转场，如图 10-62 所示。

图 10-62　选择需要的转场

3）将选中的转场缩略图拖曳到故事板上的两个素材之间，转场便添加好了。添加转场
后的"时间轴"面板如图 10-63 所示。

（7）为影片添加标题特效

1）标题特效用于为影片添加文件说明，包括影
片的片名、字幕等，可为多个标题和单个标题来添加
文字。单击"步骤"面板中的"标题"按钮，进入
"标题"界面，如图 10-64 所示。

图 10-63　添加转场后的"时间轴"面板

2）在素材库中选中需要使用的标题模板，把它们拖曳到"标题轨"上，如图 10-65 所示。

图 10-64　单击"标题"按钮

图 10-65　选择标题模板

3）在"标题轨"上选中已经添加的标题，然后在"预览"面板中单击鼠标，如图 10-
66 所示，使当前标题处于编辑状态，在标题框中双击鼠标左键，输入新的文字内容，如图
10-67 所示。

图 10-66　添加标题

图 10-67　输入新的标题

4）按〈Ctrl + A〉组合键选中所有文字，然后在"选项"面板中设置标题的属性，如图 10-68 所示。

5）将鼠标移到文字上，把文字拖曳到画面中合适的位置。在"标题轨"上把标题拖曳到合适的位置，如图 10-69 所示，并向左拖动标题右侧的黄色标记，调整它的长度，使它与水平素材的内容相对应，如图 10-70 所示。

图 10-68　在"选项"面板中设置标题的属性

图 10-69　调整标题出现位置

图 10-70　调整标题出现长度

（8）保存影片

1）影片完成后，单击"步骤"面板中的"分享"按钮，进入影片的分享步骤。

2）单击"分享"选项面板中的"创建视频文件"按钮，如图 10-71 所示，根据输出目的在下拉列表中选择需要创建视频文件的类型。在打开的"创建视频文件"对话框中指定视频文件保存的名称和路径，然后单击"保存"按钮，程序开始以指定的格式保存。至此，完成电子相册的制作。

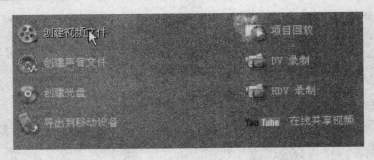

图 10-71 单击"分享"选项面板中的"创建视频文件"按钮

技术回顾：在制作这个 MTV 的操作中，片头的时长虽然较短，但操作步骤却不少，技巧性也比较高。相片包装的时长较长，但只要做好统一的模板，就可以进行复制和修改操作了。对于做成什么样的 MTV，每个人会有不同的做法，了解技术方法之后，特别是视频转场特效及遮罩技术，发挥创意制作与众不同的效果才是大家所期待的。

【项目考评】

项目考评主要是以学习目标为依据，根据科学的标准，运用一切有效的技术手段，对项目的过程及其结果进行测定、衡量，是整个项目的重要组成部分之一。通过进行项目考评，激励学生进一步学习，进一步提高学生的学习效果，促进教学最优化。

项目考评的主体有：学生、老师。

项目考评的方法有：档案袋评价、研讨式评价。

项目考评的标准见表 10-1。

表 10-1 项目考评表

项目名称:大学生军训的电子相册					
评价指标	评价要点	评价等级			
		优	良	中	差
主题	主题表现冲击力强,反映大学生军训的精神				
技术性	视频播放的连贯性 视频在播放过程中,每段视频过程自然 视频转场特效应用合理,能够突出主题 遮罩技术运用合理 文本应用合理 解说词(旁白)与视频同步 背景音乐应用合理				
界面设计	色彩鲜明 页面布局符合审美要求 背景音乐能否进行控制				
艺术性	电子相册能够正常播放 电子相册设计美观 转场特效与相册情境相符 音乐与主题相符 文本设计美观				
总评	总评等级				
	评语:				

【项目拓展】

会声会影的应用范围特别广泛，题材很多，如生日 Party、晚会、运动会、校园新闻、宣传片以及同学们自拍的电影片段等。同学们可以根据自己的兴趣，选择不同的题材，进行编辑，创作作品。

项目 1：班级中秋晚会 MTV 的制作

在大一的时候，同学一般在中秋节都会举办一场中秋晚会。为了纪念这个时刻，制作中秋晚会的 MTV 是很有必要的，而且也可以提高学生的学习能力，增强学生的学习兴趣。

制作方法：

1）采集素材。由于条件限制，学生可以用自己的数码相机拍摄一些照片或者视频。

2）在会声会影中导入素材。可以利用模板进行编辑，也可以根据自己的性格爱好，从网上下载一些模板。把素材放入故事板中，添加转场特效和标题以及背景音乐和声音。

3）最后添加片头和片尾。

项目思维导图如图 10-72 所示。

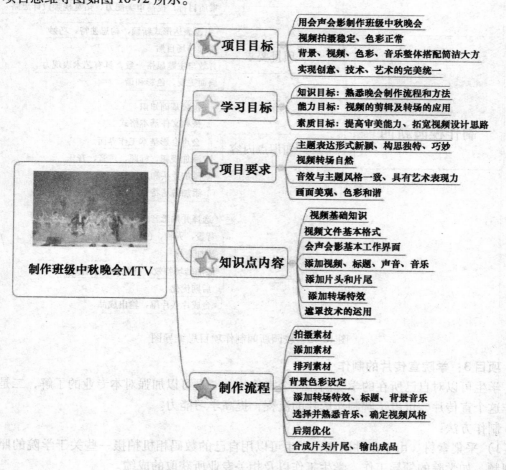

图 10-72　班级中秋晚会 MTV 制作项目思维导图

项目 2：校园新闻的制作

制作一个校园新闻，可以提高学生的观察能力，增强学生的学习兴趣。

制作方法：

1）采集素材。由于条件限制，学生可以用自己的数码相机拍摄一些校园动态的照片或者视频。

2）在会声会影中导入素材。可以利用模板进行编辑，也可以根据自己的性格爱好，从网上下载一些模板。把素材放入故事板中，添加转场特效和标题以及背景音乐和声音。

3）最后添加片头和片尾。

项目思维导图如图 10-73 所示。

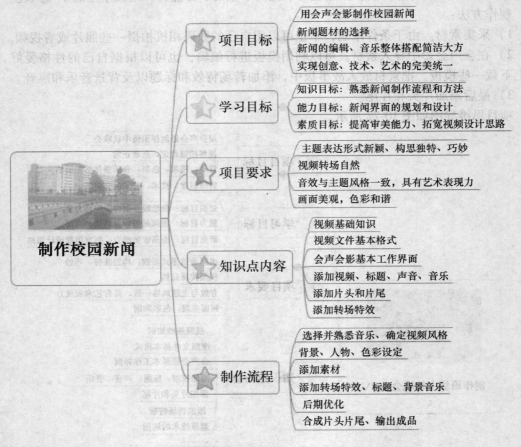

图 10-73　校园新闻制作项目思维导图

项目 3：学院宣传片的制作

学生可以对自己所在的学院制作一个宣传片，一是可以加强对本专业的了解，二是通过制作这个宣传片，可以了解制作影片的流程，提高学习能力。

制作方法：

1）采集素材。由于条件限制，学生可以用自己的数码相机拍摄一些关于学院的照片或者视频，如学院的领导工作、学生工作以及相关专业所获取的成绩。

2）在会声会影中导入素材。可以利用模板进行编辑，也可以根据自己的性格爱好，从网上下载一些模板。把素材放入故事板中，添加转场特效和标题以及背景音乐和声音。

3）影片可以分几个部分来完成。例如，第一部分介绍学院领导及院系的设置，第二部分介绍学院的学生情况、相关专业和就业情况，第三部分介绍学院的师生所获取的成绩及今后的发展方向。

　　4）最后添加片头和片尾。

　　项目思维导图如图 10-74 所示。

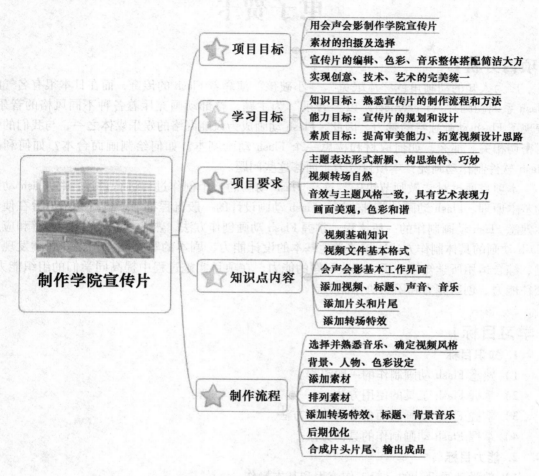

图 10-74　学院宣传片制作项目思维导图

　　会声会影的功能虽然很强大，但相对专业版的视频编辑软件 Premiere CS5 来说，还是有点美中不足，并且对三维视频处理有点困难，所以，同学们需要在课后多接触 3ds Max 2010、After Effects CS5、Maya 2011 等相关软件。

【思考练习】

　　1. 视频文件格式有哪些？它们之间有什么区别？

　　2. 给自己所在班级制作一个电子相册，并为这个相册加上片头、声音、音乐以及片尾，简述其操作过程。

　　3. 制作一个介绍自己生活、学习及团队的影片，并为这个影片加上片头、配音、音乐以及文本，简述其操作过程。

　　4. 简述使用模板制作电子相册的基本步骤。

* 项目十一　设计制作"教师节快乐"电子贺卡

【项目分析】

广为人知的动画角色"流氓兔"、"小破孩"演绎着 Flash 的传奇，而在日本很有名气的 Flash 系列动画片《nice&neat》以"音乐"为主题，整部动画充斥着各种不同风格的音乐，表现了 Flash 动画独特的魅力。因此，Flash 动画成为风靡网络的娱乐媒体之一，与我们的生活密切相关。那么，如何取材和构思一个 Flash 动画剧本？如何绘制画面台本？如何利用 Flash 软件制作动画呢？本项目致力于回答这些问题。

本项目通过对"教师节快乐"这一 Flash 动画的整个创作过程进行讲述，将 Flash 动画的基本原理、Flash 动画的基础知识、Flash 动画设计的一般流程都一一进行介绍，旨在使学生熟悉 Flash 动画制作的一般流程，掌握 Flash 动画创作方法，熟悉 Flash 工具，理解和应用 Flash 动画的具体制作方法，培养学生基本的设计能力、剧本的写作能力，提升同学发现问题、综合运用所学知识分析、解决问题的能力。在项目实施过程中提高同学们的组织能力、交往能力、创新能力和团队协作能力。

【学习目标】

1. 知识目标

1）熟悉 Flash 动画制作的一般流程。

2）掌握 Flash 工具的使用方法。

3）掌握 Flash 动画画面台本的绘制方法。

4）掌握 Flash 动画制作的具体方法。

2. 能力目标

1）熟悉动画设计的一般工作流程和基本操作。

2）熟练操作 Flash 制作软件。

3）能够进行剧本写作、场景绘画、软件应用和创新应用。

3. 素质目标

1）培养学生的注意力和观察力，提高学生对社会现象的敏感性，养成观察社会的习惯。

2）通过项目任务来驱动学习过程，增强学生的学习兴趣，提高发现问题、综合运用所学知识分析、解决问题的能力。

3）在项目实施过程中，提高学生的组织能力、交往能力和团队协作能力。

【项目导图】

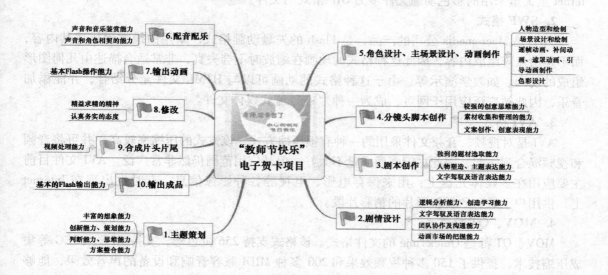

【知识讲解】

11.1 动画的基本知识

11.1.1 动画的基本原理

动画是一种综合艺术、技术的门类，是工业社会人类寻求精神解脱的产物，是集绘画、漫画、电影、数字媒体、摄影、音乐、文学等众多艺术门类于一体的艺术表现形式。动画通过把人和物的表情、动作、变化等分段画成许多画幅，再用摄影机连续拍摄成一系列画面，给视觉造成连续变化的图画的感觉。

动画的基本原理同电影及电视的原理一样，都是利用"视觉暂留"特性：当人们看到一个物体时，即使它只闪现 0.001s，在人的视觉中也会停留大约 0.1s 的时间。利用这一原理，快速地连续播放具有细微差别的图像，就会在人脑中产生物体在"运动"的感觉，觉得原来静止的图像运动起来了。电影胶卷的拍摄和播放速度是 24 帧/s，比视觉暂存的 0.1s 短，因此看起来画面是连续的，实际上这些连续的画面是由一系列静止图像组成的。所以根据"视觉暂留"原理，再结合 Adobe Flash CS5 的强大功能，可以使一系列静止的素材运动起来，从而表现不同的主题。

11.1.2 动画的基本格式

动画有多种格式，每种格式都有各自的特点，我们需要对几种基本的格式简单了解，以方便以后的应用。

1. GIF 动画格式

GIF 图像由于采用了无损数据压缩方法中压缩率较高的 LZW 算法，文件尺寸较小，因此被广泛采用。GIF 动画格式可以同时存储若干幅静止图像并形成连续的动画。目前，Internet 上大量采用的彩色动画文件多为 GIF 格式的文件。

2. SWF 格式

SWF 是 Macromedia 公司的产品，是 Flash 的矢量动画格式，采用曲线方程描述其内容，而不是由点阵组成内容，因此这种格式的动画在缩放时不会失真，非常适合描述由几何图形组成的动画，如教学演示等。由于这种格式的动画可以与 HTML 文件充分结合，并能添加音乐，因此被广泛应用于网页，成为一种"准"流式媒体文件。

3. AVI 格式

AVI 是对视频、音频文件采用的一种有损压缩方式，该方式的压缩率较高，并可将音频和视频混合到一起，因此尽管画面质量不太好，但其应用范围仍然非常广泛。AVI 文件目前主要应用在多媒体光盘上，用来保存电影、电视等各种影像信息，有时也出现在 Internet 上，供用户下载、欣赏新影片的精彩片段。

4. MOV、QT 格式

MOV、QT 都是 QuickTime 的文件格式。该格式支持 256 位色彩，支持 RLE、JPEG 等集成压缩技术，提供了 150 多种视频效果和 200 多种 MIDI 兼容音响和设备的声音效果，能够通过 Internet 提供实时的数字化信息流、工作流与文件回放。国际标准化组织（ISO）选择 QuickTime 文件格式作为开发 MPEG-4 规范的统一数字媒体存储格式。

11.2   Adobe Flash CS5 简介

Adobe Flash CS5 是 Adobe 公司推出的功能强大、性能稳定的二维动画制作软件，是网页动画、游戏动画、电影电视动画、手机动画等的主要制作工具之一。

本节详细讲解了 Adobe Flash CS5 的基础知识：Adobe Flash CS5 的界面、面板、工具的简单介绍，Adobe Flash CS5 的基本操作和制作 Flash 动画的基本技巧。在学习的过程中主要理解各种动画的实现方法、元件的制作、各种动画内容（如图片、文本、声音等）的处理。

11.2.1   Adobe Flash CS5 界面介绍

安装好 Adobe Flash CS5 软件后，双击安装后的运行程序图标（或选择"开始" | "程序" | "Adobe Flash CS5"命令）运行 Adobe Flash CS5 程序。程序运行后的显示界面如图 11-1 所示。

1. 舞台

舞台用来显示 Adobe Flash CS5 文档的内容，包括图形、文本、按钮等。舞台是一个矩形区域，可以放大或缩小显示。舞台的显示效果如图 11-2 所示。

2. 时间轴

时间轴用来显示一个动画场景中每个时间单位内各个图层中的帧。一个动画场景是由许多帧组成的，每个帧会持续一定的时间，并显示不同的内容，帧是构成动画的基本元素。时间轴如图 11-3 所示。

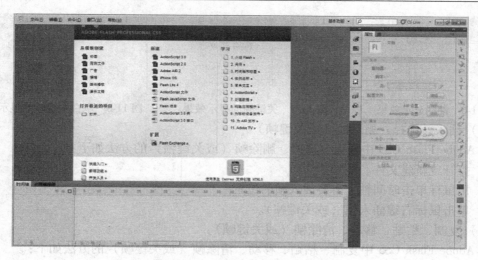

图 11-1 Adobe Flash CS5 显示界面

图 11-2 舞台

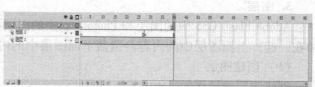

图 11-3 时间轴

（1）更改时间轴显示效果

在 Adobe Flash CS5 中可以单击时间轴右上角的"线条"按钮 [图标]，以隐藏、更改时间轴的显示效果。"帧视图"选择"小"选项和"大"选项的显示效果分别如图 11-4 和图 11-5 所示。

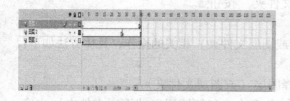

图 11-4 "帧视图"选择"小"选项的显示效果

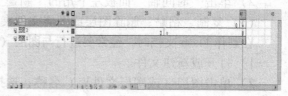

图 11-5 "帧视图"选择"大"选项的显示效果

（2）帧、关键帧和空白关键帧

在制作 Flash 文档的过程中，时间轴上包含文档内容的最小单位就是帧和关键帧。关键帧有内容显示，可以编辑；帧不可以编辑，用来显示左边关键帧的内容；空白关键帧即没有显示内容，可以编辑和添加内容。插入空白关键帧、帧和关键帧的快捷键分别为〈F7〉、〈F5〉、〈F6〉，显示效果如图 11-6 ~ 图 11-8 所示。

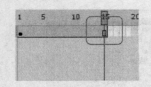　　　　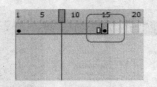　　　　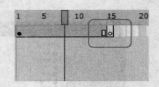

图 11-6　帧的显示效果　　　图 11-7　关键帧的显示效果　　　图 11-8　空白关键帧的显示效果

（3）插入、选择、删除帧（或关键帧）

在 Adobe Flash CS5 中插入、选择、删除帧（或关键帧）的方法如下：

1）打开或新建文件。

2）用鼠标单击时间轴上需要插入帧的位置。

3）单击鼠标右键插入帧（或关键帧）。

（4）复制、粘贴、移动、清除帧（或关键帧）

在 Adobe Flash CS5 中复制、粘贴、移动、清除帧（或关键帧）的方法如下：

1）打开或新建文件。

2）选择所要操作的帧（或关键帧）。

3）单击鼠标右键执行相应命令。

3. 图层

Adobe Flash CS5 中的图层和 Photoshop 中的图层类似，在 Adobe Flash CS5 中图层互相叠加在一起，上面图层中的内容会覆盖下面图层中的内容。

（1）创建图层

创建图层的操作如下：

1）打开或新建文件。

2）单击"时间轴"面板左下角的"新建图层"按钮 。

（2）使用图层文件夹

使用图层文件夹，可以对不同类型或功能的图层进行归类整理，方便管理各类图层，具体方法如下：

1）打开或新建文件。

2）单击"时间轴"面板左下角的"新建文件夹"按钮 。

（3）复制、粘贴、删除图层或图层文件夹

在制作 Flash 文档时，经常要进行与图层（或图层文件夹）相关的操作，具体方法如下：

1）打开或新建文件。

2）单击图层（或图层文件夹）名称，选择图层（或图层文件夹）。

3）执行"编辑"｜"时间轴"｜"复制帧"命令，复制图层（或图层文件夹）内容。

4）执行"编辑"｜"时间轴"｜"粘贴帧"命令，粘贴图层（或图层文件夹）内容。

5）执行"编辑"｜"时间轴"｜"删除帧"命令，删除图层（或图层文件夹）内容。

6）双击图层或图层文件夹的文字区，可以对图层或图层文件夹重命名。

（4）移动图层或文件夹

在制作 Adobe Flash CS5 文档时，有时会更改图层（或图层文件夹）的顺序，具体方法如下：

1）打开或新建文件。

2）单击图层（或图层文件夹）名称，选择图层（或图层文件夹）。

3）按住鼠标左键，拖动图层（或图层文件夹）到相应的位置。

（5）创建运动引导层

运动引导层用来定义图层内容的移动路径，即某个图形沿着引导层画出的路径运动，具体方法如下：

1）打开或新建文件。

2）单击图层（或图层文件夹）名称，选择图层（或图层文件夹）。

3）单击鼠标右键，在弹出的快捷菜单中选择"引导层"命令。

4. "工具"面板

使用"工具"面板中的工具可以绘图、上色、选择和修改插图，还可以更改舞台的视图。"工具"面板分为4个部分：

- "工具"区域包含"绘图"、"上色"和"选择"工具。
- "查看"区域包含在应用程序窗口内进行缩放和平移的工具。
- "颜色"区域包含用于笔触颜色和填充颜色的功能键。
- "选项"区域包含用于当前所选工具的功能键。功能键影响工具的上色或编辑操作。

（1）自定义"工具"面板

在 Adobe Flash CS5 中，可通过"自定义工具面板"对话框中的工具，指定在创作环境中显示哪些工具，具体方法如下：

1）单击菜单栏中的"编辑"选项。

2）在弹出的下拉菜单中选择"自定义工具面板"命令，弹出如图 11-9 所示的对话框。

（2）使用工具

使用工具的操作如下：

1）单击工具箱中的某个工具按钮，选择相应的工具，如图 11-10 所示。

2）如果工具中含有子选项，则先选中工具再单击一次，会打开相应的子选项列表，再选择相应的子选项。

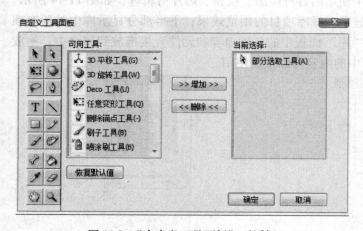

图 11-9　"自定义工具面板"对话框

图 11-10　工具箱

5. "属性"面板

使用"属性"面板可以方便地定义帧和舞台中相应内容的属性。"属性"面板中显示的参数和在舞台中选择的内容有关，选择不同的内容（如文本、元件、按钮），"属性"面板中会显示不同的属性。当选择内容为位图时，"属性"面板的显示效果如图 11-11 所示。

6. "颜色"和"样本"面板

使用"颜色"和"样本"面板可以方便地定义内容使用的填充颜色。其中，"颜色"面板可以定义更加复杂的颜色，而"样本"面板只可以选择 216 种 Web 安全色。

（1）"颜色"面板

"颜色"面板用来定义各种工具使用的颜色，如图 11-12 所示。其中可以使用单一颜色，也可以使用各种渐变颜色。

图 11-11　"属性"面板

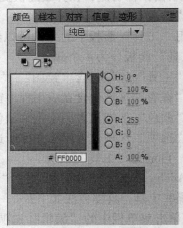

图 11-12　"颜色"面板

（2）"样本"面板

"样本"面板用来显示可选择的 216 种 Web 安全色，以及各种渐变或放射填充等，如图 11-13 所示。

7. "库"面板

"库"面板用来显示当前文档中使用的各种位图、按钮、影片剪辑等，如图 11-14 所示。"库"面板分为两部分：上半部分显示选择库项目的预览效果；下半部分显示库中的所有项目。在制作 Flash 文档时，可以将"库"面板中的各种内容和元件直接拖放到舞台中。拖放后，库中的内容不会消失，所以库中的内容可以重复使用。

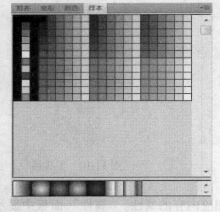

图 11-13　"样本"面板

图 11-14　"库"面板

8. 定义首选参数

在 Adobe Flash CS5 中可以通过定义首选参数来定义各种内容的显示效果。在"首选参数"对话框中，可以定义常规、ActionScript、自动套用格式、剪贴板、绘画、文本、警告、PSD 文件导入器、AI 文件导入器等类别，组合键为〈Ctrl + U〉，如图 11-15 所示。

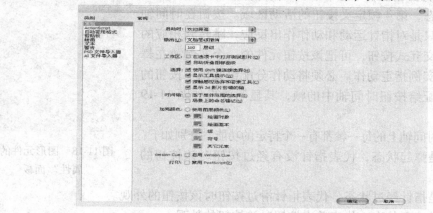

图 11-15 "首选参数"对话框

11. 2. 2 Adobe Flash CS5 基本操作

本节介绍的 Adobe Flash CS5 基本操作包括新建、保存、测试、发布文档、元件、补间动画，以及添加脚本等内容。

1. 新建和保存文档

"新建文档"对话框如图 11-16 所示。"另存为"对话框如图 11-17 所示。

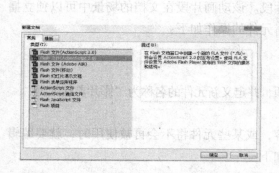

图 11-16 "新建文档"对话框

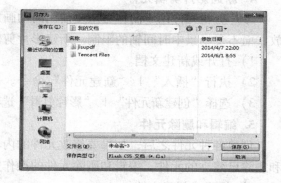

图 11-17 "另存为"对话框

2. 新建图形元件

图形元件用于静态图像内容，不能在图形元件中添加声音文件等内容。新建图形元件的操作如下：

1）打开或新建文档。

2）执行"插入" | "新建元件"命令。

3）选择"创建新元件"｜"图形元件"选项，其显示效果如图 11-18 所示。

3. 新建按钮元件

按钮实际上是四帧的交互影片剪辑。当选择按钮元件时，Adobe Flash CS5 就会创建一个包含四帧的时间轴。前 3 帧显示按钮的 3 种可能状态，第 4 帧定义按钮的活动区域。按钮在时间轴上并不播放，它只是对指针运动和动作作出反应，跳转到相应的帧。要制作一个交互式按钮，可把该按钮元件的一个实例放在舞台上，然后给该实例指定动作。必须将动作分配给文档中按钮的实例，而不是分配给按钮时间轴中的帧，其显示效果如图 11-19 所示。

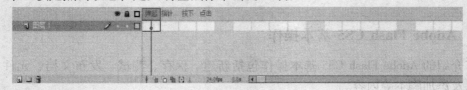

图 11-18　图形元件的
"属性"面板

按钮元件的时间轴上的每一帧都有一个特定的功能，分别如下：

1）第 1 帧是弹起状态，代表指针没有经过按钮时该按钮的状态。

2）第 2 帧是指针经过状态，代表指针滑过按钮时该按钮的外观。

3）第 3 帧是按下状态，代表单击按钮时该按钮的外观。

4）第 4 帧是点击状态，定义响应鼠标单击的区域。

图 11-19　按钮元件的时间轴

4. 新建影片剪辑元件

影片剪辑元件用于制作可重复使用的动画片段。该动画片段在文档的场景中可以独立播放，而不受场景中时间轴的限制。新建影片剪辑元件的操作如下：

1）打开或新建文档。

2）执行"插入"｜"新建元件"命令。

3）选择"创建新元件"｜"影片剪辑"选项，并定义新元件的名称为"影片剪辑元件"。

5. 编辑和删除元件

创建各种元件之后，如果要修改元件的内容，或某些元件将不会再被使用时，就要编辑和删除已建立的元件。编辑和删除元件的操作如下：

1）打开或新建文档。

2）执行"窗口"｜"库"命令（如果在文档中"库"面板已经打开，则可以省略此步骤）。

3）打开"库"面板，单击鼠标右键，执行相应操作。

6. 创建传统补间

传统补间是两个对象生成一个补间动画，具体操作如下：

1）执行"新建文档"｜"新建图层"命令。

2）在第 1 帧处单击鼠标右键，在弹出的快捷菜单中选择"插入关键帧"命令。

3）使用"图形"工具绘制对象。

4）在第 50 帧处单击鼠标右键，在弹出的快捷菜单中选择"插入关键帧"命令，修改对象的属性（如位置、颜色等）。

5）选中第 1 帧至最后一帧中的任意一帧并单击鼠标右键，在弹出的快捷菜单中选择"创建传统补间"命令。

6）按〈Enter〉键预览动画。

7. 创建补间动画

对于由对象的连续运动或变形构成的动画，补间动画很有用。补间动画在时间轴中显示为连续的帧范围，默认情况下可以作为单个对象进行选择。补间动画创建相对比较简单，具体操作如下：

1）在舞台上选择要补间的一个或多个对象（对象可驻留在下列任何图层类型中：一般、引导、遮罩或被遮罩）。

2）选择"插入"｜"补间动画"命令，显示效果如图 11-20 所示。

如果对象是不可补间的对象类型，或在同一图层上选择了多个对象，则将显示一个对话框。通过该对话框可以将所选内容转换为影片剪辑元件，之后即可创建补间动画。

如果原始对象仅驻留在时间轴的第 1 帧中，则补间范围的长度等于 1s 的持续时间。如果帧速率是 24 帧/s，则范围长度为 24 帧。如果帧速率不足 5 帧/s，则范围长度为 5 帧。如果原始对象存在于多个连续的帧中，则补间范围将包含该原始对象占用的帧数。

如果图层是常规图层，它将成为补间图层。如果是引导、遮罩或被遮罩层，它将成为补间引导、补间遮罩或补间被遮罩图层。在时间轴中拖动补间范围的任意一端，以按所需长度缩短或延长范围。

图 11-20　创建补间动画后的"属性"面板

若要将动画添加到补间，只需将播放头放在补间范围内的某个帧上，然后将舞台上的对象拖到新位置。

8. 创建补间形状

Flash 可以自动根据两个图形之间的帧值和形状差异来创建动画，也可以实现两个图形之间颜色、形状、大小、位置的相互变化。形状补间动画建立后，"时间轴"面板的背景色变为淡绿色，在起始帧和结束帧之间也有一个长长的箭头；构成形状补间动画的元素多为用鼠标或压感笔绘制出的形状，而不能是图形元件、按钮、文字等，如果要使用图形元件、按钮、文字，则必须先打散（〈Ctrl + B〉组合键）后才可以做形状补间动画。

在时间轴的第 1 帧与第 30 帧之间创建补间形状的步骤如下：

1）在第 1 帧中，单击"矩形"工具，绘制一个正方形。

2）选择同一图层的第 30 帧，然后通过选择"插入"｜"时间轴"｜"空白关键帧"命令或按〈F7〉键来添加一个空白关键帧。在舞台上，使用"多边形"工具在第 30 帧中绘制一个五边形。

3）在时间轴上，从包含两个形状的图层中的两个关键帧之间的多个帧中选择一帧，选择"插入"｜"补间形状"命令。

4）按〈Enter〉键预览。

若要对形状的颜色进行补间，则要确保第 1 帧中的形状与第 30 帧中的形状具有不同的颜色。

若要向补间添加缓动，请选择两个关键帧之间的某一个帧，然后在属性检查器中的"缓动"字段中输入一个值。若输入一个负值，则在补间开始处缓动，显示效果如图 11-21 所示；若输入一个正值，则在补间结束处缓动，显示效果如图 11-22 所示。

图 11-21　初始帧图形

图 11-22　终止帧图形

9. 在关键帧中添加动作

使用"动作"面板可以在关键帧中添加动作，方法是单击鼠标右键，在弹出的快捷菜单中选择"动作"命令，如控制动画的播放和停止等。在关键帧和按钮元件实例上添加代码，如图 11-23 和图 11-24 所示。

图 11-23　在关键帧上添加代码

图 11-24　在按钮元件实例上添加代码

10. 测试影片

在制作文档的过程中，要随时测试影片播放是否正常，如为按钮元件实例添加超链接等。测试影片的步骤如下：

1）在菜单栏中单击"控制"选项。

2）在弹出的下拉菜单中选择"测试影片"命令。

测试影片显示效果如图 11-25 所示。

11. 发布和导出影片

（1）发布影片

制作好的 Flash 文档保存的格式为 FLA，后缀为 .fla，但不能在网页中直接使用，所以在制作好 Flash 文档后，要将文档发布为 SWF 格式。SWF 格式的动画文件可以在网页中直接使用。

选择"文件"丨"发布设置"命令，弹出"发布设置"对话框。在该对话框中设置相应参数，如图 11-26 所示。

（2）导出影片

导出影片的操作为：选择"文件"丨"导出"丨"导出影片"命令，在弹出的对话框中选择相应格式。

图 11-25　测试影片显示效果

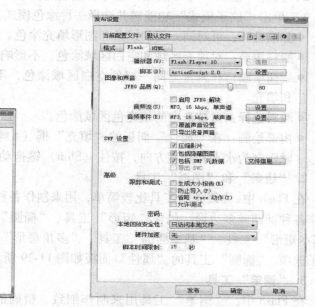

图 11-26　"发布设置"对话框

11.2.3　绘图和处理图片

本节主要讲解使用"工具"面板中的各种工具绘制矢量图形，以及处理导入到文档中的位图的方法。

1. 使用"铅笔"工具和"刷子"工具

在 Flash 中，使用"铅笔"工具可以自由地绘制粗细相同的图形或线条。通过相应的按钮，还可以控制所绘线条的平滑度或伸直度。

（1）"铅笔"工具的使用

若要绘制线条和形状，使用"铅笔"工具绘画的方式与使用真实铅笔大致相同。若要绘制平滑或伸直的线条和形状，需要为"铅笔"工具选择一种绘制模式，如图 11-27 所示。

图 11-27　铅笔模式选择

1）选择"铅笔"工具 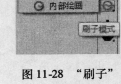。

2）选择"窗口" | "属性"命令，然后选择笔触颜色、线条粗细和样式。

3）在"工具"面板的选项下，选择一种绘制模式。

若要绘制直线，并将接近三角形、椭圆、圆形、矩形和正方形的形状转换为这些常见的几何形状，则选择"伸直"方式 。

若要绘制平滑曲线，则选择"平滑"方式 。

若要绘制不用修改的手画线条，则选择"墨水"方式 。

（2）"刷子"工具的使用

"刷子"工具可以绘制像刷子一样粗细不均的线条。通过"刷子"工具提供的按钮，可以控制刷子的大小，以及刷子的形状等，如图11-28所示。

1）选择"刷子"工具 。

2）选择"窗口" | "属性"命令，然后选择一种填充颜色。

3）单击"刷子模式"功能键并选择一种涂色模式。

- 标准绘画：可对同一层的线条和图形填充涂色。
- 颜料填充：对填充区域和空白区域涂色，不影响线条。
- 后面绘画：在舞台上同一层的空白区域涂色，不影响线条和填充。

图11-28　"刷子"工具模式

- 颜料选择：对被选中的填充色区域涂色。
- 内部绘画：在"属性"面板的"填充"框（ ）中选择填充颜色，若要将刷子笔触限制为水平和垂直方向，按住〈Shift〉键拖动即可。

2. "线条"和"图形"工具

在Flash中，"线条"工具比较简单，用来制作各种直线线条或形状。"图形"工具用来制作各种椭圆或多边形，包含"矩形"工具、"椭圆"工具、"基本矩形"工具、"基本椭圆"工具、"多角星形"工具5个子选项。"椭圆"工具的"属性"面板如图11-29所示。

3. "钢笔"工具

在Flash中，"钢笔"工具用来制作细致、精确的路径。在钢笔工具组中除"钢笔"工具以外，还包含"添加锚点"工具、"删除锚点"工具、"转换锚点"工具等几个辅助选项。

若要创建曲线，只需在曲线改变方向的位置处添加锚点，并拖动构成曲线的方向线。方向线的长度和斜率决定了曲线的形状。如果使用较少的锚点拖动曲线，可使曲线更容易调整。使用锚点过多可能会在曲线中造成不必要的凸起。

图11-29　"椭圆"工具的"属性"面板

"钢笔"工具的使用方法如下：

1）选择"钢笔"工具 。

2）将"钢笔"工具定位在曲线的起始点，并单击鼠标左键。此时，会出现第1个锚点，同时"钢笔"工具指针变为箭头。

3）拖动要创建曲线段的曲率，然后释放鼠标。

4）若要创建C形曲线，则向上一方向线的相反方向拖动，然后释放鼠标。绘制曲线中的第 2 个点 A，开始拖动第 2 个平滑点 B，向远离上一方向线的方向拖动，创建 C 形曲线的点 C，释放鼠标后的结果如图 11-30 所示。

5）若要创建 S 形曲线，则向上一方向线的相同方向拖动，然后释放鼠标。绘制 S 形曲线的点 A，开始拖动新的平滑点 B，往前一方向线的方向拖动，创建 S 形曲线的点 C，释放鼠标后的结果如图 11-31 所示。

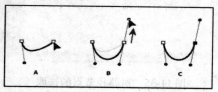

图 11-30 "钢笔"工具创建 C 形曲线

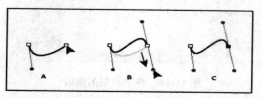

图 11-31 "钢笔"工具创建 S 形曲线

6）若要创建一系列平滑曲线，则应继续从不同位置拖动"钢笔"工具。将锚点置于每条曲线的开头和结尾处，而不放在曲线的顶点处。

注意：若要断开锚点的方向线，请按住〈Alt〉键并拖动方向线。

7）若要完成路径，请双击最后一个点，或者按住〈Ctrl〉键并单击路径外的任何位置，如图 11-32 和图 11-33 所示。

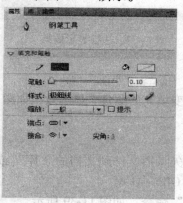

图 11-32 "钢笔"工具的"属性"面板

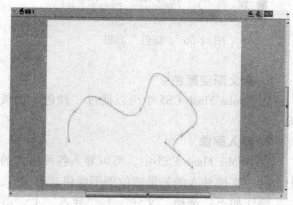

图 11-33 "钢笔"工具绘制路径界面

8）若要闭合路径，请将"钢笔"工具定位在第 1 个（空心）锚点上。当位置正确时，"钢笔"工具指针旁边将出现一个小圆圈，单击或拖动以闭合路径。

9）若要保持为开放路径，则按住〈Ctrl〉键并单击所有对象以外的任何位置，然后选择其他工具或选择"编辑"｜"取消全选"命令。

4. 使用选取工具

Flash 中有两个选取工具：一个是"选择"工具，另一个是"部分选取"工具。使用"选择"工具可以选择对象的全部，如图 11-34 所示；使用"部分选取"工具可以选择对象的一个部分，如路径中的一个节点等，如图 11-35 所示。

5. 定义边框和填充的颜色

在 Flash 中，通过"颜色"面板或"工具"面板中相应的选项，可以定义边框和填充的颜色。"颜色"面板和边框显示效果如图 11-36 和图 11-37 所示。

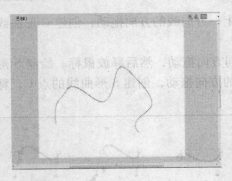

图 11-34　整个对象的选取

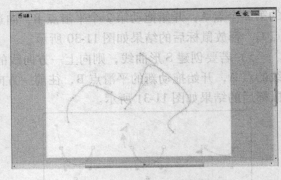

图 11-35　对路径节点的选取

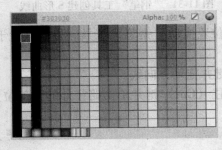

图 11-36　"颜色"面板

图 11-37　边框显示效果

6. 定义渐变颜色

在 Adobe Flash CS5 中可以通过"颜色"面板定义渐变填充的颜色，显示效果如图 11-38 所示。

7. 导入图像

在 Adobe Flash CS5 中，可以导入各种格式的位图和矢量图文件到文档的"库"或舞台中。其中支持导入的矢量或位图图像格式有 JPG、PNG、GIF、AI 等。

操作如下：选择"文件"丨"导入"丨"导入到库"命令，如图 11-39 所示。

图 11-38　颜色渐变效果

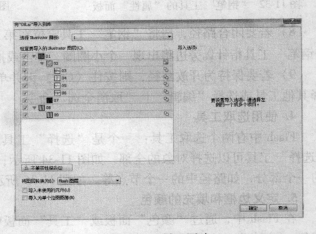

图 11-39　导入图片

8. 设置和编辑位图

在 Adobe Flash CS5 中，可以通过"位图属性"对话框定义位图的属性，并对位图进行编辑。

操作如下：选择"文件" | "导入" | "导入到库"命令，弹出"库"面板，选择"窗口" | "库"选项，然后在库中选择该位图后单击右键，在弹出的快捷菜单中选择"属性"命令，效果如图 11-40 所示。

9. 分离位图和将位图转换为矢量图

（1）分离位图

将位图分离后可以使用 Flash 的"绘画"和"涂色"工具对图像进行修改。操作如下：

1）选择当前场景中的位图。

2）选择"修改" | "分离"命令。

（2）将位图转换为矢量图形

"转换位图为矢量图"命令将位图转换为具

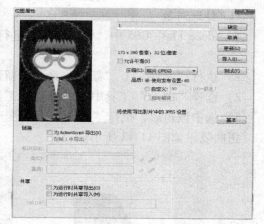

图 11-40　"位图属性"对话框

有可编辑的离散颜色区域的矢量图形。将图像作为矢量图形处理，便可以压缩文件大小。将位图转换为矢量图形时，矢量图形不再链接到"库"面板中的位图元件。

"转换位图为矢量图"对话框如图 11-41 所示。

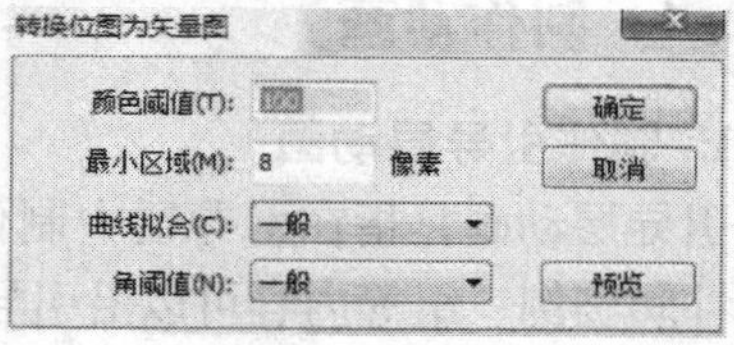

1）选择当前场景中的位图。

2）选择"修改" | "位图" | "转换位图为矢量图"命令。

3）输入一个颜色阈值。

当对两个像素进行比较后，如果它们在 RGB 颜色值上的差异低于该颜色阈值，则认为这两个像素颜色相同；如果增大了该阈值，则意味着降低了颜色的数量。

图 11-41　"转换位图为矢量图"对话框

- 最小区域：用来输入一个值，以设置为某个像素指定颜色时需要考虑的周围像素的数量。
- 曲线拟合：用来确定绘制轮廓所用的平滑程度。
- 角阈值：用来确定保留锐边还是进行平滑处理。

注意：如果导入的位图包含复杂的形状和许多颜色，则转换后的矢量图形的文件比原始的位图文件大。若要找到文件大小和图像品质之间的平衡点，可以尝试使用"转换位图为矢量图"对话框中的各种设置。若要创建最接近原始位图的矢量图形，需进行以下设置：

颜色阈值：10；最小区域：1 像素；曲线拟合：像素；角阈值：较多转角。

10. 组合对象

在 Adobe Flash CS5 中，可以通过组合的方法将几个对象作为一个对象来处理。组合后的对象可以进行整体移动和编辑，具体步骤如下：

1）执行"文件" | "新建"命令，新建文档。

2）选择"图形"工具中的"椭圆"工具，在舞台中拖曳出两个椭圆图形，分别转换为图形元件。

3）框选两个元件。

4）执行"修改"｜"组合"命令。

11. 处理对象

在 Adobe Flash CS5 中，可以对对象进行变形、扭曲、缩放、旋转等操作，具体步骤如下：

1）执行"文件"｜"新建"命令，新建文档。

2）选择"图形"工具中的"矩形"工具，在舞台中拖曳出一个矩形。

3）选中该矩形，执行"修改"｜"变形"｜"扭曲"命令。

扭曲效果如图 11-42 所示。

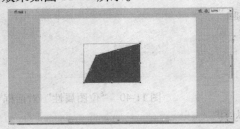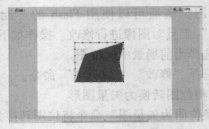

图 11-42　扭曲效果

11.2.4　制作动画

1. 制作引导层动画

引导层动画是指在引导层中制作动画的路径，然后将其他的图层链接到引导层。矢量图形、补间实例、组等内容可以沿引导层的路径运动。制作引导层动画的界面如图 11-43 所示。

引导层动画实例——滚动的小球：

1）新建文件。选择工具箱中的"椭圆"工具并按住〈Shift〉键绘制一个正圆。

2）选择工具箱中的"颜料桶"工具，为圆形填充颜色。

3）用"选择"工具选中圆的边框线，按〈Delete〉键删除。

4）用"选择"工具框选圆，单击鼠标右键，在弹出的快捷菜单中选择"转换为元件"命令。

5）新建"图层 2"，使用"铅笔"工具绘制一条平滑的曲线，在第 30 帧处添加关键帧。用鼠标右键单击选择引导层。

6）单击"图层 1"，第 1 帧时将小球放在曲线的一端，然后单击第 30 帧，将小球拖放到曲线的另一端。

7）在首末两个关键帧之间用鼠标右键选择创建传统补间，用鼠标按住"图层 1"向右拖动，然后使其置于图层 2 的下一级，如图 11-44 所示。

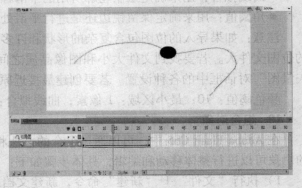

图 11-43　制作引导层动画的界面

8）测试影片。

2. 制作遮罩层动画

遮罩层动画是指在遮罩层中建立一个遮罩，当其他图层与遮罩层关联时，包含遮罩的内容将会显示，遮罩以外的内容将会被隐藏的动画效果。在遮罩层中，可以创建补间动画或补间形状，用来制作动态遮罩效果。

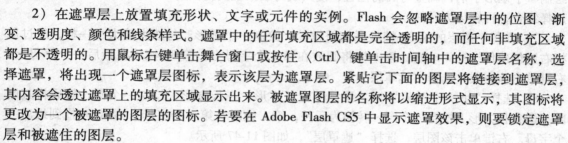

图 11-44　引导层图示

（1）创建遮罩层

1）选择或创建一个图层，其中包含出现在遮罩中的对象。选择"插入"｜"时间轴"｜"图层"命令，以在其上创建一个新图层。遮罩层总是遮住其下方紧贴着它的图层，因此需要在正确的位置创建遮罩层。

2）在遮罩层上放置填充形状、文字或元件的实例。Flash 会忽略遮罩层中的位图、渐变、透明度、颜色和线条样式。遮罩中的任何填充区域都是完全透明的，而任何非填充区域都是不透明的。用鼠标右键单击舞台窗口或按住〈Ctrl〉键单击时间轴中的遮罩层名称，选择遮罩，将出现一个遮罩层图标，表示该层为遮罩层。紧贴它下面的图层将链接到遮罩层，其内容会透过遮罩上的填充区域显示出来。被遮罩图层的名称将以缩进形式显示，其图标将更改为一个被遮罩的图层的图标。若要在 Adobe Flash CS5 中显示遮罩效果，则要锁定遮罩层和被遮住的图层。

（2）创建被遮罩层

请执行下列操作之一：

1）将现有的图层直接拖到遮罩层下面。

2）在遮罩层下面的任何地方创建一个新图层。

3）选择"修改"｜"时间轴"｜"图层属性"命令，然后在弹出的对话框中选择"被遮罩"选项。

（3）断开图层和遮罩层的链接

选择要断开链接的图层，然后执行下列操作之一：

1）将图层拖到遮罩层的上面。

2）选择"修改"｜"时间轴"｜"图层属性"命令，然后在弹出的对话框中选择"一般"选项。

遮罩动画的显示效果如图 11-45 所示。

图 11-45　遮罩动画的显示效果

遮罩层动画实例——放大镜效果：

1）新建 Flash 文件。

2）将图层重命名为"大文字"，使用"文本"工具输入"flash"，选中字母并在"属性"面板中调整字体大小和字间距。

3）将新建"图层 2"命名为"大文字遮罩"。

4）新建"图层 3"并命名为"小文字"，选中"大文字"图层第 1 帧并进行复制，再选中"小文字"图层第 1 帧并进行粘贴。然后在"属性"面板中更改字间距和字体大小，使之与大文字相对应。效果如图 11-46 所示。

5）新建图层并命名为"小文字"遮罩。

6）新建图层并命名为"放大镜"。选择"圆形"工具，绘制一个圆，将内部填充删除；绘制一个矩形手柄，调整与圆的位置，使其成为放大镜模型，选中两个图形，在修改选项中选择组合，再转化为元件。

7）在每个图层的第 30 帧处添加关键帧，绘制一个圆形，与放大镜大小一样，通过鼠标右键创建传统补间动画，第 1 帧将圆放在第 1 个字母上，第 30 帧放在最后一个字母上，右键单击该图层，选择"遮罩层"。

8）选择"小文字"遮罩层，绘制一个长方形，在长方形中绘制一个圆，然后将其删除，即在长方形上挖空一个圆，转换为元件，第 1 帧时在第 1 个字母，第 30 帧拖到最后一个字母。右键单击该图层，选择"遮罩层"，如图 11-47 所示。

9）选择"文件"|"保存"命令，按〈Ctrl + Enter〉组合键测试影片。

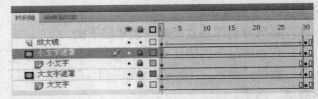

图 11-46　放大镜效果　　　　　　　　图 11-47　遮罩层图层显示

3. 制作逐帧动画

逐帧动画是指在动画中每一帧都是关键帧，每一帧中都有不同的内容。制作一个逐笔写字的逐帧动画的步骤如下：

1）执行"文件"|"新建"|"新建文档"命令。

2）选择"图层 1"中的第 1 帧，输入一个"梅"字，通过"属性"面板设置字体为宋体，字号为 96，颜色为蓝色。在输入的文字上单击鼠标右键，在弹出的快捷菜单中选择"分离"命令。

3）在第 2 帧处插入关键帧，利用"橡皮擦"工具擦除编辑区中汉字的最后一个笔画。

4）每增加一个关键帧，就擦除一个笔画，直至汉字全部擦完。

5）为达到正常的书写效果，选中所有的关键帧，然后单击鼠标右键，在弹出的快捷菜单中选择"翻转帧"命令，实现前后帧的交换。

6）修改文档属性中的帧速率，改为 1 帧/s，按〈Ctrl + Enter〉组合键测试影片。

11.2.5 使用文本

文本是网页中传递信息的主要方式。本节主要讲解使用文本内容,以及对文本内容进行相关设置的知识。

1. 创建文本

在 Flash 中,可以创建的文本有 3 种:静态文本、动态文本和输入文本。其中,静态文本是指固定不变的文本,可通过单击"文字"工具进行文本输入;动态文本是指可以动态更换的文本;输入文本是指可以输入到表单或调查表中的文本。步骤如下:

1)选择"文本"工具。

2)在"属性"面板中修改文本状态。

文本输入界面如图 11-48 所示。

2. 定义文本的属性

在文本的"属性"面板中,常用的功能有:

1)字体:展开"字符"栏,在"系列"下拉列表框中选择编辑文体的字体。选择不同的字体,可以得到不同的效果,如图 11-49 所示。

图 11-48 文本输入界面

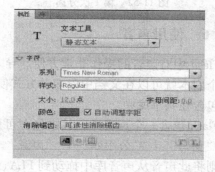

图 11-49 文本的"属性"面板

2)字体样式:在"样式"下拉列表框中,可以选择标准、斜体或粗体等样式。

3)字体大小:展开"字符"栏,在"大小"选择框中,可以通过单击左右滑块不放左右滑动(向左滑动变小,向右滑动变大)来选择磅值,或通过修改文本框中的数值来设定字体的大小。

4)文本(填充)颜色:单击"颜色"选择框,在弹出的"颜色"面板中选取文本的颜色。

5)段落格式:调整文本段落格式。展开"段落"栏(见图 11-50),在"格式"选择框中,可以选择左对齐、居中对齐、右对齐和分散对齐。在"间距"和"边距"选择框中,鼠标悬停在文本框时会提示为缩进、行距、左边距和右边距,可以通过单击左右滑块不放左右滑动(向左滑动变小,向右滑动变大),或修改文本框中的数值为其设定大小。在"行为"下拉列表框中可以选择单行、多行、多行不换行和密码。在"方向"选择框中可以选择水平、垂直(从左至右)、垂直(从右至左)。效果如图 11-51 所示。

3. 分离文本

Flash 可以分离文本,即将文本框中的文本分离成独立的部分。分离后,可以对每个独立的文字进行处理,效果显示如图 11-52 和图 11-53 所示。

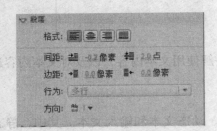

图 11-50　"段落"面板

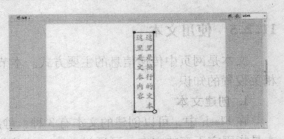

图 11-51　文字竖排效果

图 11-52　第 1 次分离

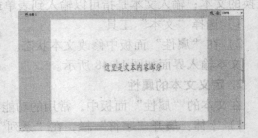

图 11-53　第 2 次分离

11.2.6　使用声音

　　Flash 中对声音的操作非常方便。导入到 Flash 中的声音保存在库中，只需导入声音文件的一个副本就可以在文档中以多种方式使用。如果想在 Flash 文档之间共享声音，则可以把声音包含在共享库中。

　　Flash 包含一个声音库，其中包含可用做效果的多种有用的声音。若要打开声音库，可单击"窗口" | "公用库" | "声音"命令。若要将声音库中的某种声音导入到 FLA 文件中，则将此声音从声音库中拖动到 FLA 文件的"库"面板，也可以将声音库中的声音拖动到其他共享库。

　　一般情况下，无压缩声音文件会占用大量的磁盘空间和内存。但是 MP3 格式的声音数据经过了压缩，它比 WAV 或 AIFF 声音数据小。通常使用 WAV 或 AIFF 文件时，最好使用 16～22kHz 单声（立体声使用的数据量是单声的两倍），但是 Flash 可以导入采样比率为 11kHz、22kHz 或 44kHz 的 8 位或 16 位的声音。当将声音导入到 Flash 时，如果声音的记录格式不是 11kHz 的倍数（例如 8kHz、32kHz 或 96kHz），将会重新采样。Flash 在导出时，会自动把声音转换成采样比率较低的声音。

1. 添加声音

　　在 Flash 中通常可以使用 WAV 格式、MP3 格式、AIFF 格式、QuickTime 格式、Sun AU 格式的声音文件。在使用声音文件时，一般要将声音文件导入到"库"面板中，然后在图层中使用声音文件。添加声音的对话框如图 11-54 所示。

2. 控制声音的播放

　　选定新建的声音层后，将声音从"库"面板中拖到舞台中，声音就会添加到当前层中。用户可以把多个声音放在一个图层上，或放在包含其他对象的多个图层上。但是，建议将每

图 11-54　添加声音的对话框

个声音放在一个独立的图层上。每个图层都作为一个独立的声道。播放 SWF 文件时，会混合所有图层上的声音。操作如下：

1）在时间轴上，选择包含声音文件的第 1 帧。

2）单击"窗口" | "属性"命令，然后单击右下角的箭头以展开属性检查器。

3）在"属性"面板中，从"声音"栏中选择声音文件。

在"属性"面板中通常会有声音的"效果"和"同步"两个选项，含义如下：

（1）"效果"选项

"效果"下拉列表中包括的效果选项有以下几种。

1）无：不对声音文件应用效果。选中此选项，将删除以前应用的效果。

2）左声道/右声道：只在左声道或右声道中播放声音。

3）从左到右淡出/从右到左淡出：会将声音从一个声道切换到另一个声道。

4）淡入：随着声音的播放逐渐增加音量。

5）淡出：随着声音的播放逐渐减小音量。

6）自定义：允许使用"编辑封套"创建自定义的声音淡入和淡出点，如图 11-55 和图 11-56 所示。

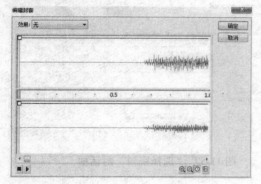

图 11-55 音频开始部分

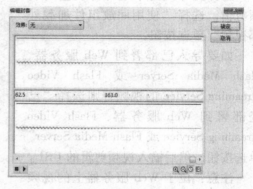

图 11-56 音频结尾部分

（2）"同步"选项

从"同步"下拉列表中选择"同步"选项。

注：如果放置声音的帧不是主时间轴中的第 1 帧，则选择"停止"选项。

1）事件：会将声音和一个事件的发生过程同步起来。事件声音（例如，用户单击按钮时播放的声音）在显示其起始关键帧时开始播放，并独立于时间轴完整播放，即使 SWF 文件停止播放也会继续。当播放发布的 SWF 文件时，事件声音会混合在一起。如果事件声音正在播放，而声音再次被实例化（例如，用户再次单击按钮），则第一个声音实例继续播放，另一个声音实例同时开始播放。

2）开始：其功能与"事件"选项的功能相近，但是如果声音已在播放，则新声音实例就不会播放。

3）停止：其功能是使指定的声音静音。

4）流：其功能是同步声音，以便在网站上播放。Flash 强制动画和音频流同步。如果 Flash 不能足够快地绘制动画的帧，它就会跳过帧。与事件声音不同，音频流随着 SWF 文件的停止而停止。而且，音频流的播放时间绝对不会比帧的播放时间长。当发布 SWF 文件时，音频流混合在一起。

5）重复：其功能为重复输入一个值，以指定声音应循环的次数，或选择"循环"以连续重复声音。要连续播放，请输入一个足够大的数，以便在扩展持续时间内播放声音。例如，若要在 15min 内循环播放一段 15s 的声音，请输入 60。不建议循环播放音频流。如果将音频流设为循环播放，帧就会添加到文件中，文件的大小就会因为声音循环播放的次数而倍增。

11. 2. 7　使用视频

在 Flash 中通常可以导入 WMV、AVI、MPEG 及 FLV 等格式的视频文件。添加视频的操作如图 11-57 所示。

单击"文件" | "导入" | "导入视频"命令，将视频剪辑导入到当前的 Flash 文档中。

选择要导入的本地计算机上的视频剪辑，选择"使用回放组件加载外部视频"单选按钮。

如要导入已部署到 Web 服务器、Flash Media Server 或 Flash Video Streaming Service 的视频，则选择"已经部署到 Web 服务器、Flash Video Streaming Service 或 Flash Media Server"单选按钮，然后输入视频剪辑的 URL。

图 11-57　"选择视频"对话框

注意：位于 Web 服务器上的视频剪辑的 URL 将使用 HTTP 通信协议，位于 Flash Media Server 或 Flash Video Streaming Service 上的视频剪辑的 URL 将使用 RTMP 通信协议。

为了使用预定义外观，Flash Pro 将其复制到 FLA 文件所在的文件夹中。

【项目实施】

本项目主要通过"教师节快乐"项目实例让同学们更深入地走进 Flash 动画，了解 Flash 动画制作的基本流程，了解项目实例中每个环节所需要的基本知识，以及相互之间的关系。

一个完整动画短片的主要制作流程包括：主题策划→剧情设计→剧本创作→分镜头脚本创作→角色设计、主场景设计、动画制作→配音配乐→输出动画→修改→合成片头、片尾→输出成品。

无论多么大型复杂的动画片都是由一个个小动画构成的，而这些小动画又是由基本的动画有机地组合在一起而完成的，如眨眼、挥手、抬脚等。但这些小动画不是凭空绘制出来的，需有一定的思路指导。所以任何一部优秀动画的制作都是一个系统工程，是一个优秀团队的创作结晶。

1. 主题策划

众所周知，做任何一项工作之前都会有一个预期的主题，而不是盲目幻想，比如我们学习 Flash，就是为了掌握 Flash 制作技巧，在行动之前我们脑海中都会有一种预想的目标或主题，它会指导我们的行动，所以在做 Flash 作品之前也必须先有一个主题。这个过程通常称为主题策划。Flash 主题策划就是通过一系列分析筛选，拟定动画所要表现的主旨的过程。

下面通过分析寻找一个适合我们的主题。在寻找之前我们必须设计一个捕捞主题的"渔网"，就像大海中捕"鱼"一样，把我们不需要的小鱼小虾通过"渔网"自动筛选掉。

在这里"渔网"设置如下：

首先，这个主题是我们初学者通过技术手段所能表现的。

其次，是大学生熟悉的领域，符合我们大学生的视野。

再次，这个主题也是在社会中普遍存在的，同时在媒体中屡受关注的。

电子贺卡是网络连接友情的一种常见的动画媒体形式。通过贺卡可以把自己对亲朋的祝福用动画和声音表现出来，电子贺卡相对传统贺卡更加具有表现力。对于学生来说，老师是他们接触最多，也是最为熟悉的对象。在教师节送上一份对老师浓浓的祝福，是学生表达感恩之情的一种常见方式，电子贺卡无非是一种比较流行而且很时髦的方式。

电子贺卡的制作流程如下：

1）分析需要制作的电子贺卡的表现内容，相当于动画短片的剧情设计。

2）制订电子贺卡制作的计划，相当于动画短片的剧本创作与分镜头台本创作。

3）收集制作电子贺卡所需要的素材，是动画的实施创作的基础。

4）执行电子贺卡制作计划，是动画的实施阶段。

5）测试与发布作品，是检测动画是否达到要求的一个重要步骤，同时也是作品能否发布的一个重要步骤。

2. 电子贺卡分析及其计划

在拟定主题之后我们应该思考通过什么样的故事、情节设计去表现这一主题。这就是我们在剧情设计中应该完成的工作。

剧情就是在剧中发生的一些事件，将这些事件通过一定的线索连贯起来就构成整个影片的脉络。如何根据主题完成剧情的设计是一个非常重要和复杂的工作。

关于节日贺卡对于祝福类的内容要表达一种情感，一般以彼此间的关系或故事作为纽带，叙述彼此间相处时发生的典型故事和事件来体现，我们可以将彼此间的恩或情通过这种方式体现出来，进而使得影片更具有说服力和代表性。

在这里是这样设计的：一片树叶飘落，反哺小树，小树慢慢长大成为一棵大树，从反映教师的职业是教书育人，如同种树一般，体现了"十年树木，百年树人"这种思想，来感谢教师教书育人的辛苦。其具体计划如图 11-58 所示。

图 11-58　电子贺卡设计计划图

3. 素材收集与制作

（1）制作背景及树叶飘落动画

1）初始化文档，设置舞台大小

为 550×400，按〈Shift + F2〉组合键启动"场景"面板，将"场景一"命名为"main"。

2）绘制动画背景。在场景 main 的时间轴中，将图层 1 命名为"背景"。

3）在工具栏中选择"矩形"工具，设置填充颜色为透明，笔触颜色为黑色，绘制大小为 550×400，并且设置它的位置为（0，0）。

4）使用"铅笔"和"线条"工具在背景层上绘制图形轮廓，如图 11-59 所示。

选择"颜料桶"工具，填充树枝以外的区域为径向渐变#ffffff 到#0494DB，填充树枝内部为#C3E5F6，删除树枝和矩形的笔触，效果如图 11-60 所示。

图 11-59　背景轮廓图

图 11-60　背景效果图

5）绘制树叶。锁定背景层，在背景层之上新建图层命名为"树叶"，使用线条工具绘制树叶的轮廓，如图 11-61 所示。

6）使用"颜料桶"工具为树叶填充颜色。叶脉填充为#00CC00，树叶主体填充为#00FF00，树叶高光填充为#99FF00，如图 11-62 所示。

图 11-61　树叶轮廓图

图 11-62　树叶效果图

7）为树叶制作动画。制作树叶摆动，选中绘制好的树叶按〈Ctrl + G〉组合键将其组合，并按〈F8〉键执行"转换为元件"命令，将树叶转换为影片剪辑，名为"树叶动画"。

8）双击舞台上的树叶实例进入影片剪辑的编辑环境。选中树叶按〈F8〉键执行"转换为元件"命令，转换为名为"树叶"的图形。

9）在"树叶动画"影片剪辑元件编辑环境树叶所在的时间轴上第 5，10，15，20 帧插入关键帧。

10）使用"任意变形"工具调整每一帧的旋转方向，选中 1 ~ 19 帧，单击右键，在弹出的快捷菜单中选择"创建传统补间"命令，其效果如图 11-63 所示。

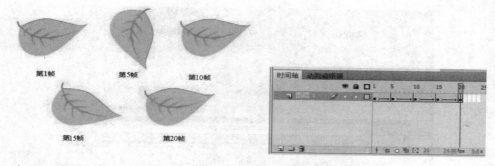

第1帧　　第5帧　　第10帧

第15帧　　第20帧

图 11-63　树叶动画各帧图像及帧情况

11）制作树叶飘落。单击 main 返回主场景，回到文档编辑模式。使用 "任意变形" 工具将树叶缩小到 110 像素 × 70 像素。选择树叶图层，单击右键，在弹出的快捷菜单中选择 "添加传统运动引导层" 命令。在引导层中使用线条工具绘制引导线，如图 11-64 所示。

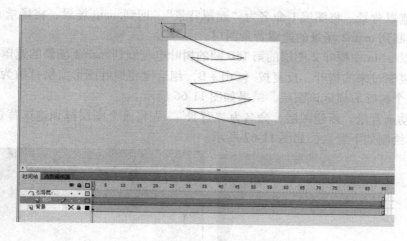

图 11-64　绘制引导线

12）选中树叶图层的第 1 帧，单击右键，在弹出的快捷菜单中选择 "创建传统补间" 命令。选中第 90 帧插入关键帧，在引导层和背景层的第 90 帧插入帧。将树叶图层中第 1 帧的树叶拖动到舞台的顶部。在 90 帧将树叶拖动到舞台的底部。

13）制作树叶放大动画。新建图层命名为 "树叶 2"，将这个图层拖动到其他所有图层之上。在第 91 帧插入空白关键帧。复制树叶图层第 90 帧的树叶实例，选中树叶 2 图层的第 91 帧按〈Ctrl + Shift + V〉组合键粘贴，并且按〈Ctrl + B〉组合键对树叶实例进行分离，分离的结果为图形元件实例。在树叶 2 图层的第 150 帧插入关键帧，在这一帧，使用 "任意变形" 工具调整树叶，如图 11-65 所示。选中第 91 帧，单击右键，在弹出的快捷菜单中选择 "创建传统补间" 命令。在背景层的第 150 帧插入帧，时间轴如图 11-65 所示。选中树叶 2 图层的第 91 帧，单击右键，在弹出的快捷菜单中选择 "创建传统补间" 命令。

14）保存动画并命名为 "教师节贺卡"，预览结果，如图 11-65 所示。

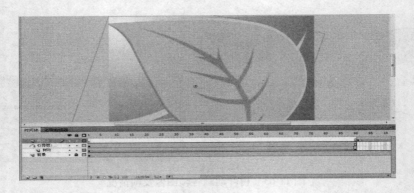

图 11-65　预览效果图

（2）制作小树逐渐长大

1）建立新场景。在文档中打开"场景"面板，在 main 场景的下面建立新场景，命名为"main2"。

2）制作遮罩背景。将图层 1 命名为"遮罩背景"，回到 main 场景，将场景 main 中背景图层的内容复制到 main2 场景的遮罩背景图层。

3）将场景 main 中树叶 2 图层的第 150 帧的树叶也复制到 main2 场景的遮罩背景图层。

4）选中复制过来的树叶，反复按〈Ctrl + B〉组合键将树叶图形实例打散为图形，取消选择。删除整个树叶后锁定该图层，结果如图 11-66 所示。

5）绘制动画背景。新建图层，命名为"背景"。先将这个图层拖到遮罩背景图层之上。使用绘图工具绘制如下背景，如图 11-67 所示。

图 11-66　背景遮罩效果图

图 11-67　动画背景效果图

6）制作飘动的白云。在背景图层的工作区上绘制一朵白云，选中绘制好的白云按〈F8〉键将其转换为影片剪辑元件，将转换好的影片剪辑拖动到舞台。双击转换好的影片剪辑，进入影片剪辑的编辑环境。按〈Alt〉键反复拖动白云，并且使用"任意变形"工具调整其大小，使白云布满整个舞台，如图 11-68 所示。在时间轴的第一帧上单击右键，在弹出的快捷菜单中选择"创建传统补间"命令。在第 171 帧插入关键帧。将白云向右移动，结果如图 11-68 所示。在第 170 帧插入关键帧，删除第 171 帧，返回到 main2 场景中。

图 11-68 白云飘动效果图

7）制作动画过渡。将遮罩背景图层拖到背景图层之上，调整白云和其他图形的位置，如图 11-69 所示。在所有图层之上新建图层并命名为"树叶"，将场景 main 中图层树叶 2 中的第 150 帧中的树叶实例复制到场景 main 中图层树叶的第 1 帧。在树叶图层的第 1 帧上单击右键，在弹出的快捷菜单中选择"创建传统补间"命令。在第 45 帧插入关键帧，并且将45 帧中的图形实例设置为透明。在遮罩背景和背景图层的第 45 帧插入帧。

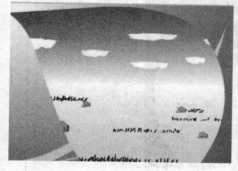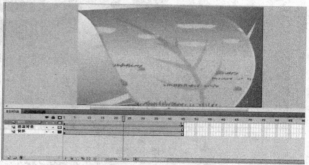

图 11-69 动画过渡效果图

8）制作树苗。新建影片剪辑元件，名称为"mc-树苗"。使用绘图工具绘制树苗，如图11-70 所示。在树苗所在图层的第 1 帧单击右键，在弹出的快捷菜单中选择"创建传统补间"命令，在第 17 帧和 38 帧插入关键帧，在第 52 帧插入帧。选中第 17 帧的树苗，使用"任意变形"工具，按住〈Alt〉键使树苗水平方向倾斜，返回到 main2 场景。

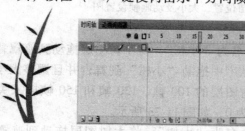

图 11-70 树苗效果及帧设置图

9）使用相同的方法制作小树和大树，建立的影片剪辑分别为"mc-小树"和"mc-大树"。其图形如图11-71所示。

10）制作树的成长过程。在main2场景的背景图层之上新建图层，命名为"树苗"，打开"库"面板拖动到舞台上两个实例，并且使用"任意变形"工具调整其位置及大小，如图11-72所示。图中舞台上摆放树苗。将舞台上所有的树苗转换为图形元件，命名为"g-树苗"。在第60

图11-71　小树、大树效果图

帧和第90帧插入关键帧，将第90帧树苗的透明度设置为0，在60~90帧中间创建传统运动补间动画。在遮罩背景和背景图层的第90帧插入帧，如图11-72所示。

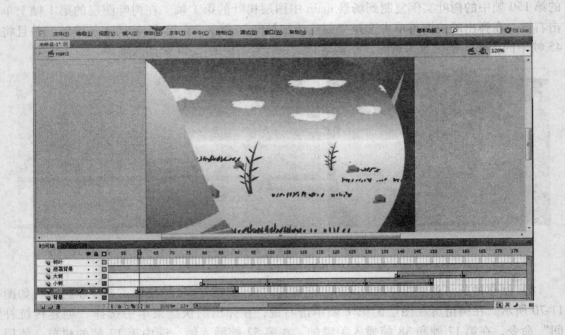

图11-72　树苗位置、大小及动画帧设置图

11）锁定树苗图层。新建图层并命名为"小树"，将小树图层拖动到遮罩背景和背景图层之间。在第80帧插入空白关键帧，从库中拖动"小树"到舞台并且调整大小和位置。将绘制好的小树转换为图形元件。在小树图层的100帧、130帧和150帧插入关键帧，将第100帧和150帧中的小树的透明度设置为0，如图11-73所示。

12）锁定小树图层。新建图层并命名为"大树"。将大树图层拖动到遮罩背景和背景图层之间。在第140帧插入空白工具帧，从库中拖动小树到舞台并且调整大小和位置。

将绘制好的大树转换为图形元件。在大树图层的第 160 和 190 帧插入关键帧，将第 160 帧中大树的透明度设置为 0，在第 204 帧插入关键帧。在遮罩背景和背景层的第 204 帧插入帧。

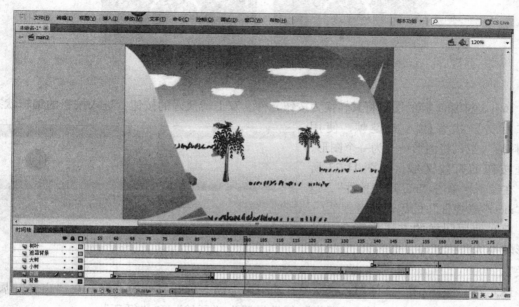

图 11-73 小树位置及帧设置图

13）制作感谢画面。先绘制祝福画面，新建图层，命名为"祝福语"，将祝福语图层拖动到遮罩背景图层之下，在第 205 帧插入关键帧。在祝福语图层的第 205 帧绘制画面，如图 11-74 所示。

14）制作过渡。新建过渡图层，将过渡图层拖动到遮罩背景图层之下，祝福语图层之上，在第 191 帧插入空白关键帧。选中 191 帧，使用"矩形"工具绘制大小为 550×400 的白色填充矩形，设置其 X 和 Y 的位置都为 0。选中绘制好的白色矩形，将其转换为图形元件。在第 204、205 和 220 帧插入关键帧，将第 191 帧和第 220 帧矩形实例的透明度设置为 0，选中 191～219 帧，打开属性检查器，设置运动补间动画。在遮罩背景图层的第 220 帧插入关键帧，在大树图层的第 204 帧插入关键帧，如图 11-75 所示。

图 11-74 感谢画面图

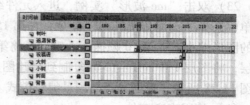

图 11-75 过渡动画帧设置图

15）添加声音控件及动画控制。添加声音控件、声音播放状态和声音停止状态，其图形如图 11-76 所示。

图 11-76　声音控件状态图

16）选中第 1 帧的图形将其转换为按钮元件。双击转换好的按钮，进入按钮的编辑状态，在"点击"状态插入关键帧，使用"颜料桶"工具将图形填充为一个图形，保证按钮的有效区域，如图 11-77 所示。在编辑栏单击"mc-声音控件"，返回"mc-声音控件"的编辑环境。

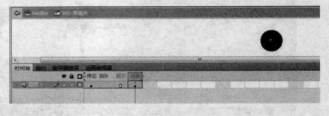

图 11-77　声音按钮设置图

17）使用同样的方法将第 2 帧的图形转换为按钮元件，命名为"btn-声音关"。

18）将"bg. mp3"文件导入到库中，选中第 1 帧，打开属性检查器，在"声音"属性的下拉菜单下选择"bg. mp3"，"同步"属性设置为"开始"和"循环"。

19）选中第 1 帧，按〈F9〉键启动"动作"面板。

20）输入如下代码：

```
On(release){
gotoAndStop(2);
stopAllSound();
}
```

21）选中第 2 帧的按钮，启动"动作"面板。输入如下代码：

```
On(release){
gotoAndStop(1);
}
```

22）制作声音波形。打开"库"面板，双击"mc-声音控件"元件进入到编辑环境，在第 1 帧绘制圆环并且使用放射状填充，选中圆环将其转换为影片剪辑，命名为"mc-波形"，如图 11-78 所示。

23）双击"mc-波形"实例，进入元件编辑环境，选中第 1 帧单击右键，在弹出的快捷菜单中选择"创建传统补间"命令，在第 15 帧插入关键帧。使用"任意变形"工具将第 1 帧的图形缩小。在第 10 帧插入关键帧，将第 1 帧和第 15 帧图形实例设置为透明。新建 3 个图层，将图层 1 中的 1～15 帧复制到新建图层的 1～15 帧，每个图层帧一次向后拖动 6 帧，如图 11-78 所示。返回 main2 场景编辑模式。

（3）使用声音控件

打开"场景"面板，进入 main 场景，将制作好的声音控件拖动到背景图层的舞台上，复制声音控件。进入 main2 场景，选中遮罩图层，按〈Ctrl + Shift + V〉组合键粘贴声音控件。

图 11-78 mc-声音控件效果及帧设置图

（4）添加"播放"和"重放"控件

1）新建按钮元件，命名为"btn-控制"，制作按钮，如图 11-79 所示。导入声音"btn. mp3"，并且应用到"按下"状态。

2）进入 main 场景，新建图层并命名为"控制"，并将其拖动到其他图层之上，将"btn-控制"按钮拖动到控制图层的第 1 帧，使用文本工具输入"play"，设置文本字体为华文行楷，颜色为#116C98，字号为 25。在第2 帧插入空白关键帧。

图 11-79 "btn-控制"按钮设置图

3）选中控制图层第 1 帧，打开"动作"面板输入代码。选中播放按钮，打开"动作"面板，输入代码"on(release){play();}"。

4）进入 main 场景，新建控制图层并将其拖动到其他图层之上，在第 220 帧插入关键帧。将"btn-控制"按钮拖动到控制图层的第 220 帧，使用文本工具输入"replay"，设置文本字体为华文行楷，颜色为#116C98，字号为 25，输入代码："on(release){gotoAndStop(1);}"。

（5）制作下载进度条

1）启动"场景"面板，新建场景 loadBar，并且将其放置到最上面。

2）将图层 1 重命名为"背景"，将 main 场景的背景复制到 loadBar 场景的背景图层。

3）新建图层，命名为"进度条"，使用"矩形"工具绘制进度条，填充颜色为#0394DA，线条颜色为#BCE9FE，如图 11-80 所示。

4）选中绘制好的矩形填充，复制一份，按〈F8〉键将其转换为影片剪辑。

5）双击转换完毕的影片剪辑，进入其编辑环境，给图形设置线性渐变，然后退出影片剪辑编辑环境，如图 11-81 所示。选中第 1 帧单击右键，在弹出的快捷菜单中选择"创建传统补间"命令，在第 100 帧

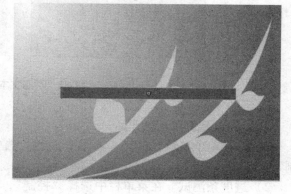

图 11-80 进度条效果图

插入关键帧，将第 1 帧进度条图形的长度修改为 1px，如图 11-81 所示。

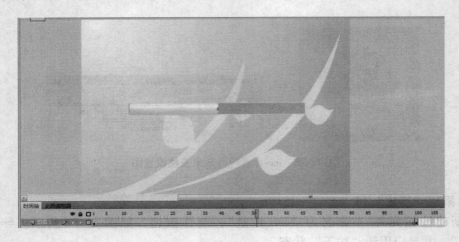

图 11-81   进度条帧设置图

6）选中制作好的进度条，打开属性检查器。设置其名称为"loadBar"，如图 11-82 所示。

7）使用"文本"工具，打开属性检查器，设置为"动态文本"，字号为 12，颜色为白色，对齐方式为居中，名称为 txtper，如图 11-82 所示。

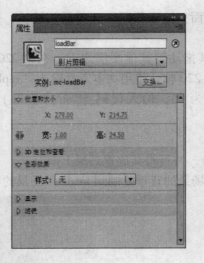
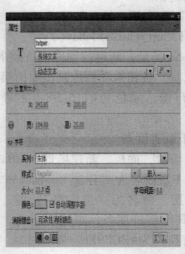

图 11-82   动态文本属性设置图

（6）测试和发布动画作品

1）测试单个场景。打开"场景"面板，选中需要测试的场景，在菜单栏中选择"控制"，"测试场景"。

2）进度条测试。在菜单栏中选择"控制"，"测试影片"，打开动画预览窗口。首先设置模拟宽带，然后选择"模拟下载"，如图 11-83 所示。

4. 配音配乐

配音配乐是为影片或多媒体加入声音的过程。配音在狭义上是指配音员替角色配上声音，或以其他语言代替原片中角色的语言对白。同时，由于声音出现错漏，由原演员重新为片段补回对白的过程也称为配音。配乐一般是指在电影、电视剧、记录片、诗朗诵、话剧等文艺作品中，按照情节的需要配上的背景音乐或主题音乐，大多是为了配合情节发展和场景，起到烘托气氛的作用，以增强艺术效果。

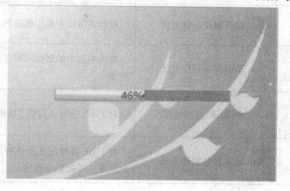

图 11-83　进度条测试效果图

在对 Flash 动画配音配乐时也应遵循电影电视配音的相关原则，依照分镜头脚本将音频文件与动画画面组合在一起。Flash 动画配音有多种方法，可以在制作影片剪辑的过程中插入声音，也可以在后期动画合成中用其他软件，如 Premiere 添加音效，还可以将两个软件配合使用。

本项目实例的配音可以参照上面添加声音的步骤进行。

5. 输出动画

输出动画就是将 Flash 软件中零碎的素材元件等整合连接成为整体动画，使其脱离 Flash 软件，有利于播放和传播，同时也能导入到其他编辑软件中进行处理。基本操作为单击"文件"｜"导出"｜"导出影片"命令，保存类型为 *.swf。

6. 修改

需要对输出的动画进行反复播放观察，思考动画中每个镜头的衔接是否合理，如景深变化中相关人物是否也同步进行了大小变化？如果出现了不合理的地方，则需要回到相应步骤对动画进行修正。

7. 输出成品

将合成调整好的动画导出为合适的视频格式。每一种视频格式都有各自的优点，也有各自的缺点，有的清晰度高但是内存占用大，有的则压缩率高但清晰度较低。所以在选择导出成品格式时需要依据需求而定。例如，在此项目实例中，作品是为了在网络上与朋友们分享，所以选择 FLV 格式进行导出（这里的导出格式的方法与合成片头片尾使用的软件相关）。

8. 小结

Adobe Flash CS5 是一个功能非常强大的软件，在以上简短的介绍中不可能将每个功能操作都讲解完整。它需要我们了解基本操作后逐步自我探究，需要读者长时间进行项目实践练习。在学习的过程中尽量和其他软件配合使用（如 Photoshop、CorelDraw、Premiere、3ds Max 等），做到举一反三，这样才会创作出高品质的动画。

【项目考评】

项目考评可将本项目内容的学习进行总结，考评总分为 120 分，其中自评、师评和互评各占 40 分。总分 97 ~ 120 为优，73 ~ 96 为良，48 ~ 72 为中，0 ~ 47 为差，详见表 11-1。

表 11-1　项目考评表

项目名称:"教师节快乐"电子贺卡制作

评价指标	评价要点	评价等级			
		优	良	中	差
Flash 动画制作一般流程	对动画项目实施步骤的熟悉程度				
Flash 动画剧本写作方法	对动画剧本的创作和写作方法的掌握程度				
Flash 动画场景、造型绘制法	对 Flash 绘制工具和手法的掌握程度				
Flash 动画具体制作方法	对 Flash 各种工具和各种动画效果的制作及应用的熟练程度				
动画设计能力	对 Flash 动画制作的创新及创作能力				
剧本写作能力	对动画剧情的写作、语言表达及镜头表达能力				
动画绘画能力	对角色、场景、镜头等的绘制能力				
软件应用能力	对 Flash 软件的理解及综合应用能力				
总评	总评等级				
	评语:				

【项目拓展】

项目:Flash 相册制作、生日贺卡制作、Flash MV 制作

当今网络技术和通信技术高度发达,人与人之间的沟通也变得更加便捷。但在这信息爆炸的时代,人们日常的交流工具都局限于单纯的文字、语音。如果能够把 Flash 这种媒体引入到我们的日常交流,就会显得别出心裁,因为 Flash 能够将我们想要表达的东西通过动画形式展现出来。比如,在朋友过生日的时候或其他节日,我们给他制作出一份带有特定故事情节的 Flash 贺卡,它不同于一般的 Flash 贺卡,它的受众是唯一的,只能发送给你唯一的一位朋友。动画中可以出现与你们有关的文字、图片、音乐、视频等。

请创设一个小课题:选择你的一位好友,通过策划并制作出一段表达你和你朋友友谊的动画,可以是一本记录你们俩友谊的相册,也可以是你送给好朋友的生日贺卡,还可以是一首歌曲的 MV。制作相应的 Flash 作品,项目思维导图分别如图 11-84 ~ 图 11-86 所示。

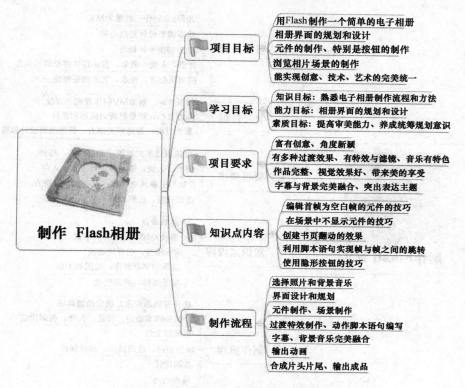

图 11-84　Flash 相册制作项目思维导图

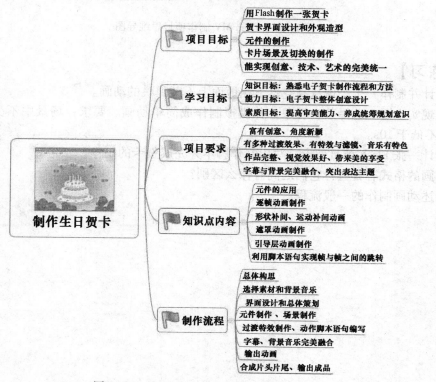

图 11-85　Flash 生日贺卡制作项目思维导图

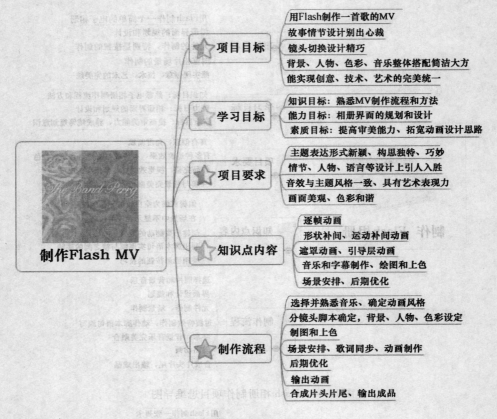

图 11-86　Flash MV 制作项目思维导图

【思考练习】

1. 设计并制作一个小球从高空落下在地面上不断弹跳的动画。

2. 从现实生活中选择某一现象，并模拟制作成简单动画。要求：场景中不少于 5 个元件，时间不低于 10s。

3. 设计一张 Flash 节日贺卡，写出制作脚本并完成贺卡的制作。

4. 动画的格式有哪些？它们之间有什么区别？

5. 简述动画制作的一般流程。

* 项目十二　设计制作"我的班级"网站

【项目分析】

随着现代计算机科学的发展，网络已经越来越普及，如今网络成为每个人生活的一部分。同时，网络也提供了一种很好的信息交换平台，网页则是一个可以在网络上展示各种信息的方便手段。公司和企业想拥有自己的网站作为企业形象和产品的宣传平台；个人想设计网站，表达自我情感等多方面的需求。因此，网页设计与制作技术成为当今社会需求的计算机基本技能之一，很多技术员和网页设计爱好者都争先恐后地投入到网页设计的工作中。或许很多人都会有疑问，这些绚丽多彩的网页究竟是如何制作的呢？通过应用 Adobe Dreamweaver CS5 软件，就可以轻松实现各种网页的制作。

Dreamweaver 是集网页制作和管理网站于一身的所见即所得网页编辑器。它是一套针对专业网页设计师特别开发的视觉化网页开发工具。利用它可以轻而易举地制作出跨越平台限制和跨越浏览器限制的充满动感的网页。

本项目对"我的班级"网站实例，从网站的需求到网站的建设和维护的整个设计流程进行了详细的讲解，旨在让读者体验设计步骤的同时，学习 Dreamweaver 的基本知识点和界面基本操作，熟练掌握网页制作的相关技术（如网页的色彩运用、网页布局的设计、网页元素的插入和编辑、超链接技术的运用、灵活运用 CSS 样式设计网页、网站的发布与维护等知识）。本项目的实施以网页设计的初学者为主要对象，运用准确、通俗易懂的语言并配合插图，讲述实例的具体操作步骤，学习过程轻松、容易上手。在学习理论知识的同时兼顾实际操作能力的培养，不但能大幅度地提高解决实际问题的能力，还可以促进基于问题、协作的学习能力的培养。

【学习目标】

总体能力目标：学习网页设计的工作流程以及网页设计的相关知识；熟练掌握网页设计的基本操作技能；培养学生综合运用知识分析、处理实际问题的能力；有利于学生基于问题、协作的学习习惯的养成；提高学生的合作、交往以及沟通能力，使其具备良好的信息素养。

1. 知识目标

1）知道网页设计的基本术语以及网页设计的基本流程。

2）熟悉 Adobe Dreamweaver CS5 的工作环境。

3）了解基本的色彩搭配的原则。

4）能根据不同的网页主题，选择合适的布局方案设计网页。

5）使用 Dreamweaver 的工作界面、属性面板、CSS 样式、表格来进行网页布局。

6）熟练掌握在网页中插入文本、图像、表格、视频、动画、声音、超链接、程序等网页元素的方法。

7）能在合适的网页布局下添加各种网络元素，制作出精美的网页。

8）学会站点的发布和管理。

2. 能力目标

1）熟悉网页设计的基本流程和相关术语，熟记各种网页元素的特点。

2）会安装 Dreamweaver CS5 软件。

3）知道如何去获取网页素材的方法和途径。

4）熟练运用 Dreamweaver 在网页中插入各种媒体素材（如文字、图片、声音、视频、动画等）的相关操作。

5）熟练掌握使用表格来完成网页布局的设计工作。

6）掌握各种超链接技术在网页设计中的运用方法。

7）了解网站的发布和维护工作的具体流程。

3. 素质目标

1）培养学生的设计能力。

2）培养学生的团队协作精神和交往能力以及创新意识。

3）经历"我的班级"网站制作的全过程，培养自主、基于问题的学习能力。

4）理解并遵守相关的伦理道德与法律法规，认真负责地利用网页作品进行表达和交流，树立健康的信息表达和交流意识。

【项目导图】

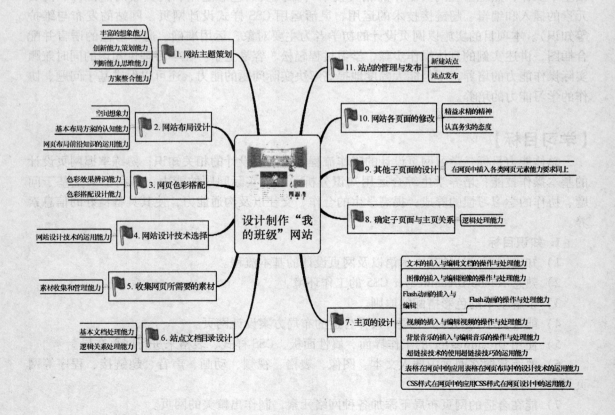

【知识讲解】

12.1　网页设计概述

12.1.1　网页基础知识

网页是什么？平常我们所听所见的"新浪"、"搜狐"、"网易"等，即是俗称的网站。而当访问这些网站的时候，最直接访问的就是"网页"了。这许许多多的网页则组成了整个站点，也就是网站。网页是一种网络信息传递的载体。这种媒介的性质和我们日常的报纸、广播、电视等传统媒体是可以相提并论的。在网络上传递相关的信息，比如文字、图片甚至多媒体影音，都是存储在网页中，浏览者只需要通过浏览网页，就可以了解到相关信息了。在设计一个网站之前，首先必须要了解几个网页设计的术语。

1. 网页

网页（Web Page），是网站中的一"页"，通常是由 HTML 语言（超文本标记语言）创建的，在网页上单击鼠标右键，在弹出的快捷菜单中选择"查看源文件"命令，就可以通过记事本看到网页的代码内容。可知，网页实际上只是一个纯文本文件，它通过各式各样的标记对页面上的文字、图片、表格、声音等元素进行描述（例如字体、颜色、大小），而浏览器则对这些标记进行解释并生成页面，于是就得到现在所看到的画面。

文字与图片是构成一个网页的两个最基本的元素。文字，可以表达网页的内容；图片，既可以丰富网页的内容，还可以使网页更美观。除此之外，网页元素还包括动画、声音、视频、超链接、表单、程序等。

网页有多种分类，最常见的分类是静态网页和动态网页。这里所讲的静态和动态不是指是否有动态的画面，这是初学者很容易误解的地方。它们的区别不是从视觉上呈现的效果是否动态，而是以是否用数据库技术为基础的具有交互功能的网页。通过动态网页可以实现访问者与 Web 服务器的信息交互，比如：微博、网上商城等都是动态网页。静态网页都是事先做好并存放在 WWW 服务器中的网页，当客户通过浏览器向 WWW 服务器发出网页请求时，服务器查找相应的网页，不加处理直接运行在客户端的浏览器上，常常以 .html 或者 .htm 为后缀名。随着计算机技术的快速发展，现在大多数网页都是以动态和静态结合的方式设计开发的。

2. 网站

网站（Web Site）是指在 Internet 上，根据一定的规则，利用 HTML 等工具制作的用于展示特定内容的相关网页的集合。这些网页通过各种链接相关联，实现网页之间的跳转。

3. 主页

主页（HomePage），是进入一个网站看到的第一个网页，相当于网站的目录或者封面，集成了指向下一级网页及进入其他网站的链接，浏览者可以通过主页访问到整个网站的内容。

对于整个网站来说，主页的设计非常重要。如果主页精致美观，就能体现网站的风格和特点，容易引起浏览者的兴趣。反之，很难给浏览者留下深刻的印象。

12.1.2 网站建设的基本流程

网站的建设从创建到最后发布，最终被大众所熟知的过程包含了一个完整的工作流程。网站的设计过程就像搭建一幢大楼一样，有其特定的工作流程。每个工作流程下又包含很多细致的工作，只有严格遵循工作流程，才能设计出一个满意的网站。先将一个典型的网站建设的基本工作流程介绍给大家。

1. 网站准备阶段

无论要设计的是企业网站，还是个人网站，或者是信息量很大的政府网站，对网站进行需求分析、布局设计、色彩选择、开发环境和工具选择以及资料收集等准备阶段的工作是必不可少的。因为这些工作直接关系到网站的功能是否完善，层次是否清晰，页面是否美观，最终落实到是否能满足客户需求。

规划一个网站，可以借助"图形"工具来将网站所应包含的页面用树形结构图展示出来，因为网站设计还需要考虑到网站的扩充性。

（1）确定需求分析

现代网站设计随着图形图像处理技术的高速发展，设计的网站与之前的网站相比，更加具有时代感、美观、个性化。因此，在设计网站时要首先明确网站的用途，它应该包含的内容有哪些，主题是什么，需要放进的内容是什么。一般情况下，把网站分为大众门户型和广告设计创意型两类。前者，主页中大量采用文本或是图像链接技术，主要传递文字信息，这类网站的用途很广泛，一般以企业、政府网站居多。而后者，主页设计中加入大胆的色彩搭配，设计新颖，关注网站提供给浏览者的视觉享受，这类网站多以艺术、娱乐网站居多。

（2）网页布局设计

在明确了网页需求后，就要考虑网页的布局了。不同的网页布局，带给人的视觉效果是有很大区别的。选择合适的布局方案，将网页内容进行合理分配，能更大程度上提升网页的美感和可观赏性。下面介绍几种最常见的网页布局方式。

1）"国"字形布局：上端为网址标题、中间为正文、左右分别两栏，用于放置导航或广告，最下面是网站基本信息，这是一种最常见而行之有效的布局方式，如图 12-1 所示。

2）拐角型：与"国"字形相类似，上面是标题及广告横幅，接着中间左侧较窄，是各种链接信息，右侧为正文，下面也是网站的辅助信息，如图 12-2 所示。

3）标题正文型：最上面是标题，下面是正文，通常用于设计网站的注册界面，如图 12-3 所示。

4）封面型：基本用于制作网站的主页，一般用 Flash 或者精美的图像为主题作为形象展示，文字内容较少，如图 12-4 所示。

（3）网站色彩设计

网站色彩的设计要与网站的主题相吻合，因为色彩带给人的视觉效果非常明显。一个网站设计成功与否，在某种程度上取决于设计者对色彩的运用和搭配。因此，在设计网页时，必须要高度重视色彩的搭配，尽力避免使用单色，建议采用 3 种颜色以内的色彩搭配方法，可采用色带上相邻近的颜色、素雅的背景色。若为了突出主题，还可以使用对比色来强调效果。下面将介绍几种常见的色彩搭配方式。

图 12-1 "国"字形布局

图 12-2 拐角型布局

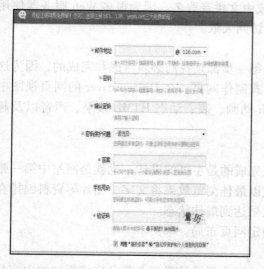

图 12-3 标题正文型布局

图 12-4 封面型布局

1）红色：代表热情、活力、温暖、祥和，容易引起人们的注意。

2）黄色：代表明朗、愉快、高贵和希望。黄色混入少量其他色，就会给色相感和色性格带来较大的变化。

3）白色：代表纯洁、快乐、朴素和明快。

4）紫色：代表优雅、魅力、神秘。因为它是所有色彩中色调最低的，因此常常用来做女性网站。

5）蓝色：代表深远、永恒、智慧、公正权威。大多数政府网站均采用蓝色为主色调，表示公证。

6）绿色：代表希望、和平、青春。教育类网站常常会使用绿色，代表希望、充满活力。

7）灰色：代表柔和、高雅，属于中性颜色，大多数高科技企业均采用此色调。

（4）网站设计技术选择

在完成了布局设计和色彩选择后，我们根据网站需求选定网站设计的技术，根据静态或是动态网站的区别，来选择是否需要 Web 服务器平台、网页开发的软件、Web 数据库、动态网页技术等。

（5）收集相关素材

相关资料的收集与准备，包括全部网页文字脚本的收集整理、每张网页所需图标、图形、声音、视频等多媒体资料的收集与整理。实际上，现在各类多媒体文件都可以作为网页素材来使用，这些素材可以自己制作，也可以从网络上收集，还可以通过调查整理得到。

（6）站点文档目录结构

设计合理的站点文档目录结构，可以方便对站点的维护管理。具体地确定站点根目录下再创建哪些子文件夹，每个子文件夹应放哪些同类网页，同时要考虑如何给文件夹和网页取名，取名一定要恰当，以便看到文件夹名或文件名就能大致知道里面的内容，即"见名知意"，通常使用容易理解且便于记忆的英文单词或中文拼音取名。因为很多 Web 服务器使用英文操作系统，中文文件名可能导致浏览错误或访问失败。

2. 网页设计阶段

网站设计的前期工作看起来似乎很多，但是每一步都是我们必须考虑和完成的，因为这关系到一个网站的生命周期的长短。下面开始正式制作网页。在 Dreamweaver 的网页视图中制作网页非常简单，可以插入文字、图像、Flash 动画、表、动态 HTML 效果、声音以及超链接，设计阶段完成以下几项工作。

（1）主页和其他页面的制作

在前期准备工作奠定设计基础后，我们最先完成的是主页的设计，也就是网站中第一张网页的制作工作。选用一种合适的网页布局方式以最佳浏览效果将文字、图片等资料编排在网页的不同位置，使浏览者的视觉效果与使用效果达到最佳状态。

然后，确定子页面的个数，并对每个页面确定网页布局。

（2）在网页中插入元素

确定网页布局的目的不光是为了好看，也是为了告诉设计者每个部分应该添加的内容是什么，继而在网页中插入各种网页元素。

3. 网页完成后的阶段

网站设计工作完成后，我们要再为它申请域名，就像我们每个人都有不同的名字一样，网站间是不允许取相同的域名的。然后，上传网站文件。最后是推广网站，让大家都浏览和使用，在使用中不断地完善网站，使之更加壮大。

12.2　Dreamweaver CS5 简介

Dreamweaver CS5 是 Adobe 公司推出的最新网页设计软件，它拥有可视化网页编辑器，支持最新的 XHTML 和 CSS 标准，采用多种先进技术，能够快速高效地创建极具表现力和动感效果的网页。同时，它还提供了完善的站点管理机制，是一个集网页创作和站点管理两大功能能于一身的创作工具。Dreamweaver 将各种网页元素（如文档、图像、视频、音频、动画、表格、超链接、程序）融合在一起，形成一个整体。通过 HTML 语言对在 Dreamweaver 中创建的网页进行设计并实现一个个精致美观、生动、特色鲜明的网页作品，形成网页多元化资源的显示。因此，它成为专业人员制作网站必备的设计利器，而且已经被网页制作爱好者广泛使用。

12.2.1　Dreamweaver CS5 的工作界面

Dreamweaver CS5 的工作界面由标题栏、菜单栏和工作区组成，如图 12-5 所示。其中工作区是 Dreamweaver CS5 最重要的部分，绝大部分操作都是在工作区中完成的。熟悉和灵活掌握工作界面，会有效地提高工作效率。

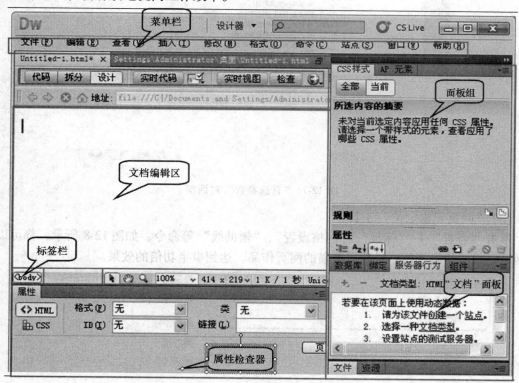

图 12-5　Dreamweaver CS5 的工作界面

1. 标题栏

标题栏的组成包括程序按钮、程序名、当前文档名、"最小化"按钮、"最大化"按钮、"关闭"按钮。因为标题栏的组成和绝大多数的 Windows 应用软件相同，因此这里不再单独介绍。

2. 菜单栏

Dreamweaver CS5 的菜单栏包括"文件"、"编辑"、"查看"、"插入"、"修改"、"格式"、"命令"、"站点"、"窗口"、"帮助"10 个菜单项以及若干子菜单，如图 12-6 所示。这里主要介绍以下几个重要的菜单项。

文件(F)　编辑(E)　查看(V)　插入(I)　修改(M)　格式(O)　命令(C)　站点(S)　窗口(W)　帮助(H)

图 12-6　Dreamweaver 菜单栏

（1）首选参数

单击"编辑"｜"首选参数"命令，打开"首选参数"对话框，如图 12-7 所示。"首选参数"对话框，可以帮助用户调整软件外观，使之更加符合自己的使用习惯，提高工作效率。

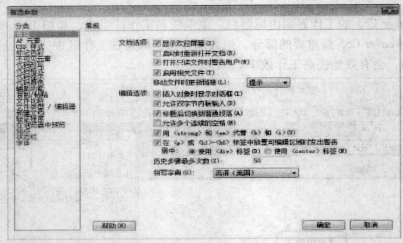

图 12-7　"首选参数"对话框

（2）"网页元素定位"工具

单击"查看"｜"标尺"、"网格设置"、"辅助线"等命令，如图 12-8 所示，都可以实现网页元素的精确定位，设计出严谨的网页作品，达到事半功倍的效果。

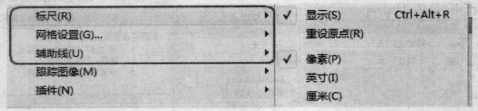

图 12-8　"网页元素定位"工具

（3）"网页视图"工具

"设计"模式可满足初学者的需求，"代码"模式可以为程序员编写代码提供便利，"拆分"模式可实现设计者多视角设计的目的，如图 12-9 所示。

图 12-9　"网页视图"工具

（4）帮助

通过"帮助"菜单可以提供网页设计人员多项联机帮助支持和扩展功能。

3. 插入栏

插入栏包含用于创建和插入对象（如表格、层和图像）的按钮，这些按钮被组织到几个类别中，可以在各个类别中进行自由切换。这些类别主要有常用、布局、表单、数据、Spry、文本、收藏夹等。它们的显示方式有"显示为菜单"和"显示为制表符"两种。

1）"常用"类别包括创建和插入最常用的工具按钮，例如图像和表格，如图 12-10 所示。

2）"布局"类别可以插入表格、层和框架等"布局"工具。用户可以从"标准"（默认）模式和"扩展表格"模式视图中进行选择。"布局"工具如图 12-11 所示。

图 12-10 "常用"工具

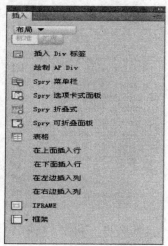

图 12-11 "布局"工具

3）"表单"类别包含用于创建表单和插入表单元素的按钮。"表单"工具如图 12-12 所示。

4）"数据"类别包含各种数据功能按钮，在设计动态网页的时候，可以使用 XML 从 RSS 或数据库将数据集成到 Web 网页中，集成的数据很容易排序和过滤。"数据"工具如图 12-13 所示。

图 12-12 "表单"工具

图 12-13 "数据"工具

5）"Spry"类别包含各种 Spry 功能按钮，借助来自 Ajax 的 Spry 框架的窗口组件，轻松地将常见界面组件（如列表、表格、选项卡、表单验证和可重复区域）添加到 Web 页中。"Spry"工具如图 12-14 所示。

6）"文本"类别可以插入各种文本格式设置标签和列表格式设置标签，如 b、em、p、h1 和 ul。"文本"工具如图 12-15 所示。

图 12-14　"Spry"工具

图 12-15　"文本"工具

7）"收藏夹"类别可以将插入栏中最常用的按钮分组和组织到某一常用位置。"收藏夹"工具如图 12-16 所示。

4."文档"工具栏

"文档"工具栏包含了一些设计文档时常用的按钮和弹出菜单，如图 12-17 所示。

1）"代码"视图用于编写和编辑 HTML、JavaScript、服务器语言代码（如 PHP 或 ColdFusion 标记语言 CFML）及其他类型代码的手工编码环境。

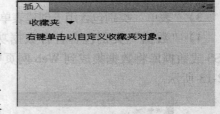

图 12-16　"收藏夹"工具

2）"拆分"视图用于在单个窗口中同时看到同一文档的"代码"视图和"设计"视图。

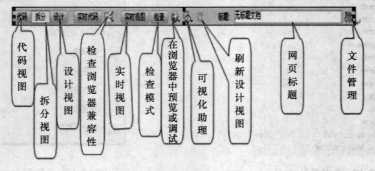

图 12-17　"文档"工具栏

　　3）"设计"视图用于可视化页面布局、可视化编辑和快速应用程序开发的设计环境。在该视图中，Dreamweaver 显示文档的完全可编辑的可视化表示形式，类似于在浏览器中查看页面。

　　4）"网页标题"用于为网页输入一个标题，它将显示在浏览器的标题栏中。如果文档已经有了标题，则该标题将显示在该区域中。

　　5）"文件管理"用于显示"文件管理"弹出菜单，主要完成文件上传和下载的工作。

　　6）"在浏览器中预览或调试"用于在浏览器中预览或调试文档。从弹出的菜单中选择一个浏览器。默认在 IE 浏览器中进行预览。

　　7）"刷新设计视图"用于在"代码"视图中进行更改后刷新文档的"设计"视图。在执行某些操作（如保存文件或单击该按钮）之前，在"代码"视图中所做的更改不会自动显示在"设计"视图中。

　　8）"视图选项"用于为"代码"视图和"设计"视图设置选项。

　　9）"可视化助理"用于常用的可视化工具的显示或隐藏，如表格边框等。

　　10）"验证标记"用于验证网页文档中标记使用是否正确。

　　11）"检查浏览器兼容性"借助全新的浏览器兼容性检查，节省时间并确保跨浏览器和操作系统的一致性的体验。生成识别各种浏览器中与 CSS 相关的问题的报告，而不需要启动浏览器。

5. 状态栏

　　状态栏用于显示文档编辑区域选定对象的 HTML 标签，反之，当选定状态栏的某一 HT-ML 标签时，文档编辑区域的相关对象会被选定，如图 12-18 所示。

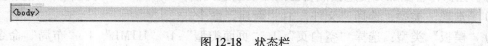

<body>

图 12-18　状态栏

6. 属性栏

　　属性栏主要用于查看和更改所选对象的各种属性，每种对象都具有不同的属性，如图 12-19 所示。

图 12-19　属性栏

　　在文档编辑区域插入一个表单，当鼠标指向该表单时，会出现表单属性面板。图 12-20 所示就是一个表单属性面板。通过该面板，可以设置表单的名称、动作、方法、目标等属性。

图 12-20　表单属性面板

在文档编辑区域插入一个表格，当鼠标指向该表格时，会出现表格属性面板。图 12-21 所示就是一个表格属性面板。通过该面板，可以设置表格的行、列、高、宽、边框颜色、间距等属性。

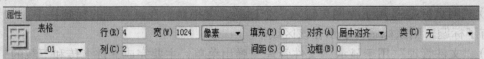

图 12-21　表格属性面板

前面介绍了 3 种常用属性面板。事实上，每一个网页上的不同对象都有不同的属性面板，这里不再介绍。读者可以举一反三，仔细体会属性面板对网页设计的妙处。

7. 面板组

面板组是分组在某个标题下面的相关面板的集合，单击组名称左侧的展开箭头，可以展开一个面板组。按〈F4〉键可以显示/隐藏面板组。

12.2.2　Dreamweaver 的基本操作

对于网页制作的初学者，在进行网页设计和 Web 开发程序之前，首先应该学习如何运用 Dreamweaver 来创建一个 HTML 格式的网页文档，并熟练掌握打开、关闭、保存、预览文档效果等基本操作。

1. 创建文档

为了让操作者更加方便地按照自己的习惯创建文档，Dreamweaver 提供了两种创建类型。

1）"常规"类型：选择"文件" | "新建"命令。

2）"模板"类型：选择"空白页" | "页面类型" | "HTML" | "布局"命令，在"布局"列表中选择一个布局样式，单击"创建"按钮，如图 12-22 所示。

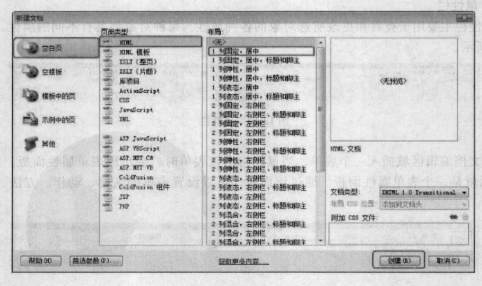

图 12-22　创建文档

2. 保存文档

　　网页文档中还具有其他网络元素，不同于普通文档，所以在保存时 Dreamwever 提供以下几种保存方式，如图 12-23 所示。

　　1）选择"文件"｜"保存"命令。

　　2）选择"文件"｜"另存为"命令。

　　3）选择"文件"｜"保存全部"命令。

　　4）选择"文件"｜"保存到远程服务器"命令。

　　5）选择"文件"｜"另存为模板"命令。

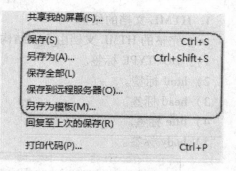

图 12-23　保存文档

> **小提示：**
>
> 　　1）Dreamweaver CS5 对中文的文件路径和文件名的支持不是很好，因此，保存时最好将路径和文件名设置为英文。
>
> 　　2）"保存"命令的快捷键为〈Ctrl + S〉；"另存为"命令的快捷键为〈Ctrl + Shift + S〉。

3. 打开现有文档

　　设计完成并成功保存的文档有 3 种打开方式。

　　1）菜单方式：选择"文件"｜"打开"命令。

　　2）文件拖曳方式：直接将文件拖放到 Dreamweaver 的窗口。

　　3）快捷键方式：〈Ctrl + O〉。

4. 预览文档效果

　　在设计过程中，设计者往往要通过预览设计实际效果，来对设计工作的进度和实现程度进行修改。使用预览的方法为选择"文件"｜"在浏览器中预览"命令，然后选择一个列出的浏览器，Dreamweaver CS5 会启动此浏览器，预览当前文档的实际效果。

12. 2. 3　HTML 语言

　　HTML 出现在 1989 年。欧洲物理量子实验室（CERN）的信息专家蒂姆·伯纳斯·李发明了超文本链接语言，使用此语言能轻松地将一个文件中的文字或图形链接到其他的文件中，这就是 HTML 的前身。1991 年，蒂姆·伯纳斯·李在 CERN 定义了 HTML 语言的第一个规范，之后该规范成为 W3C 组织为专门在互联网上发布信息而设计的符号化语言规范。

　　我们要设计网页就必须先创建一个 HTML 格式的文档，实际上这里提到的 HTML 文档就是人们耳熟能详的网页。HTML（Hypertext Marked Language，超文本标记语言）是一种用来制作超文本文档的简单标记语言。它是构成万维网（World Wide Web，WWW）的基础。用 HTML 编写的超文本文档称为 HTML 文档，但是它属于纯文本文件（可以用任意一种文本编辑器来编写的文件），其语法比较简单，虽然用到了编程思想，但没有被设计者当成编程语言来使用。因此，其语法相对浅显，格式固定，变化不大，学习和掌握起来是相对容易的。目前，绝大多数网页都遵循着 HTML 语言规范或者由 HTML 语言发展而来。

1. HTML 文档的结构

一个完整的 HTML 文档由 5 个结构标识组成，如图 12-24 所示。

1）！DOCTYPE 标签。

2）html 标签。

3）head 标签。

4）title 标签。

5）body 标签。

```
1    <!DOCTYPE html PUBLIC "-//W3C//DTD XHTML 1.0 Transitional//EN"
     "http://www.w3.org/TR/xhtml1/DTD/xhtml1-transitional.dtd">
2    <html xmlns="http://www.w3.org/1999/xhtml">
3    <head>
4    <meta http-equiv="Content-Type" content="text/html; charset=utf-8" /
5    <title>无标题文档</title>
6    </head>
7
8    <body>
9    </body>
10   </html>
```

图 12-24　HTML 文档结构

2. 标签和属性

HTML 是典型的标记型语言，其语法最重要的两个组成部分为标签和标签的属性。标签和 HTML 语言的关系犹如书签和书的关系。

（1）标签

单击工具栏中的"代码"按钮，自动切换到"代码"窗口下。可以看到如下的代码：

<html>

<head>

…

</head>

<body>

…

</body>

</html>

我们可以发现 HTML 语言的标签是容易认识和记忆的，因为大多数都是标准的英文单词，并且格式统一，都是以"<　>"和"</　>"的形式成对出现的。

1）<html>标签在最外层，表示这对标记间的内容是 HTML 文档。

2）<head>标签之间包括文档的头部信息，如文档的标题、样式定义等信息，若不需要头部信息则可省略此标签。

3）<body>标签一般不省略，表示文件主体部分的开始，可以放置要在访问浏览器中显示内容的所有标签和属性。

因此，<body>标签的运用是学习的重点。下面将通过一个案例的讲解，来帮助大家认识并深入理解标签的实际运用方式，如图 12-25 和图 12-26 所示。

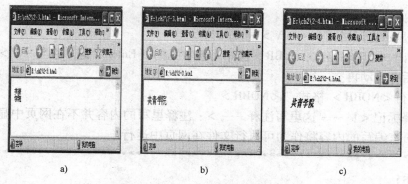

图 12-25 ＜body＞标签的不同运用效果

a）单标签 b）双标签 c）嵌套标签

实例代码：	实例代码：	实例代码：
＜html＞	＜html＞	＜html＞
＜head＞	＜head＞	＜head＞
＜/head＞	＜/head＞	＜/head＞
＜body＞	＜body＞	＜body＞
共青＜br＞学院	＜b＞共青学院＜/b＞	＜i＞＜b＞共青学院＜/b＞＜/i＞
＜/body＞	＜/body＞	＜/body＞
＜/html＞	＜/html＞	＜/html＞

图 12-26 ＜body＞标签的代码描述

（2）标签的属性

1）＜body＞属性。

link 表示可链接文字的色彩。

alink 表示正被单击时文字的色彩。

vlink 表示被单击后文字的色彩。

leftmargin 表示页面左上方的空白。

topmargin 表示页面上方的空白。

2）＜HR＞标尺线的几个重要属性包括 size、width、align、noshade、color。

＜hr size = # ＞ # = 像素值表示了该标尺线的 size，即厚度。

＜hr width = # ＞ # = 像素值表示了该标尺线的 width，即高度。

＜hr align = # ＞ # = left，right 表示了该标尺线的对齐方式。left 为靠左，right 为靠右。

＜hr noshade ＞表示了该标尺线无阴影。

＜hr color = #RRGGBB ＞ # = RRGGBB 表示了该标尺线的颜色。同样可以用像素值和英文单词表示。

3）段落格式化。

4）标题标记格式：＜H1＞…＜/H1＞＜H2＞…＜/H2＞…＜H6＞…＜/H6＞设置各种大小不同的标记。

5）段落标记格式：＜P＞…＜/P＞设置段落标记。

6）预定格式标记格式：＜PRE＞…＜/PRE＞在浏览器中浏览时，按照文档中预先排好的形式显示内容。

7）分区显示标记格式：< DIV > … < /DIV >。

8）词标记 < BR > 格式：< BR > 就相当于常见的〈Enter〉键。它与 < P > 的区别在于 < /P > 结束后会自动再空一行。

9）不换行 < NOBR > 格式：< NOBR >。

10）注释标记 < ! －－这里写注释－－ >：注释里写的内容并不在网页中显示出来。但是一些动态语言编写的内容将作为可执行文件在网页中运行。

> **小提示：**
> 一些 Hompage 省略 < html > 标记，是因为 . html 或 . htm 文件被 Web 浏览器默认为是 HTML 文档。

12.3　在网页中插入网页元素

12.3.1　在网页中插入文本

网页中最常见的元素是文本，文本虽然没有图像直观形象，但它能准确地表达信息的内容和含义。在网页中对文本的操作包括插入、编辑文本内容，设置文本格式、段落格式，设置文本超链接等。通常，在处理网页中的文本时要注意以下几点：

1）字体默认为 12 磅，标题或者需要突出显示的文字加粗显示。

2）同一个页面最好不超过 3 种以上的字体，否则会显得杂乱无章。

3）字体间距要疏密得当，不要留有大量空隙。设计时注意段落首行缩进以及适当的行间距。

4）文字的颜色默认为黑色，默认链接是蓝色，鼠标单击后变成紫红色。

5）适当地运用文字图像化，既有艺术效果，又能强调文字功能。

1. 插入文本

在网页中输入文本的方法，与其他 Windows 应用软件没有太大区别。若需要修改现有文本，先用鼠标选中要修改的文本，直接修改即可。插入文本的方式可分为 3 类。

1）确定定位插入点，直接将文本键入页面。

2）从其他文档复制和粘贴文本。

3）从其他应用程序拖放文本。

2. 设置文本属性

设置文本属性的操作都是在文本属性检查器中进行的，选中要设置的文本部分，文本属性检查器将出现当前选中文本的属性信息，通过修改其中各项参数来实现对文本格式、字体和大小、文字样式、对齐方式和超链接等信息的设置修改。设置文本格式有两种方法。

1）使用 HTML 标签格式化文本。

2）使用层叠样式表（CSS）。

使用 HTML 标签和 CSS 都可以控制文本属性，包括特定字体和字体的大小、粗体、斜体、下画线、文本颜色等。两者的区别在于，使用 HTML 标签仅仅对当前应用的文本有效，当改变设置时，无法实现文本自动更新。而 CSS 则不同，通过 CSS 事先定义好文本样式，当改变 CSS 样式表时，所有应用该样式的文本将自动更新。此外，使用 CSS 能更精确地定义字体的大小，还可以确保字体在多个浏览器中的一致性。应用 CSS 格式时，Dreamweaver 会将属性写入文档头或单独的样式表中。

在默认情况下，Dreamweaver CS5 使用 CSS 而不是 HTML 标签指定页面属性。CSS 功能强大，除控制文本外，还可以控制网页中的其他元素，具体内容将在后面的知识点中详细讲解。这里主要介绍使用属性编辑器设置文本属性的基本操作。

（1）设置文本格式

选择 HTML 标签，"格式"下拉列表用于定义当前选中文本的格式类型，可选值包括"无"、"段落"、"标题 1"～"标题 6"和"预先格式化的"等，如图 12-27 所示。

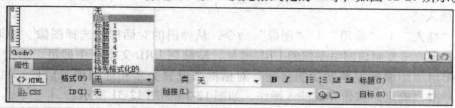

图 12-27　设置文本格式

（2）设置文本基本属性

选择"CSS"样式，选择 CSS 属性面板，设置文本字体、文字大小、文本对齐格式、文字颜色，如图 12-28 所示。

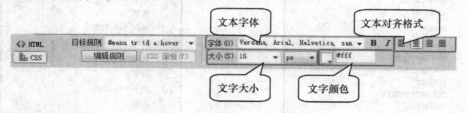

图 12-28　设置文本基本属性

（3）设置文本段落格式

在 Dreamweaver 中，实现增加段落标志有 3 种方式。

1）在目标文本后定位插入点，直接按〈Enter〉键，目标文本即被设置成一个独立段落。

2）选择"插入"｜"HTML"｜"文本对象"｜"段落"命令，可在当前位置插入一个新的段落。

3）选中文本，在文本属性检查器中选择"格式"｜"段落"命令。

（4）设置换行和空格

1）换行操作：按〈Shift + Enter〉组合键，或者选择"插入"｜"HTML"｜"特殊字符"｜"换行符"命令，可实现插入换行。

2）空格操作：插入一个空格，按〈Space〉键；如果要连续插入多个空格，可使用〈Ctrl + Shift + Space〉组合键，或通过专门的插入空格操作实现，也可以将输入法的半角状态改为全角状态。

12.3.2　在网页中插入图像

图像是网页构成中最重要的元素之一，美观的图像会为网站增添生命力，同时也会加深用户对网站的良好印象。与文字相比，它更加直观、生动，可以很容易地把文字无法表达的信息表达出来，易于浏览者理解和接受。在 Dreamweaver 文档中主要插入 GIF、JPG 和 PNG 格式的图像，插入的位置可以是文本段落中、表格内、表单和层等。

1. 插入图像

在网页中插入图像的方法有两种方式。

（1）菜单法

将光标放置在打开的网页文档的任意位置，选择"插入"｜"图像"命令，在弹出的"选择图像源文件"对话框中输入所选择的图像文件，如图 12-29 所示。

（2）插入法

选择"插入"｜"常用"｜"图像"命令，从弹出的对话框中选择图像。如果要插入网络图像，则直接复制该网络图像的 URL 地址，粘贴到 URL 文本框中即可。单击"确定"按钮，将弹出"图像标签辅助功能属性"对话框来设置文本和详细说明信息。如果没有，可以直接单击"确定"按钮完成插入操作，如图 12-30 和图 12-31 所示。

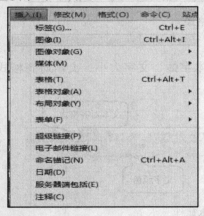

图 12-29　菜单法插入图像

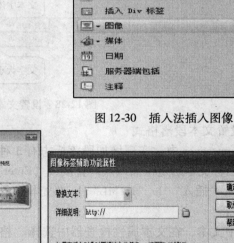

图 12-30　插入法插入图像

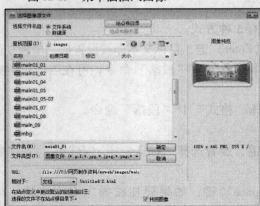

图 12-31　选择图像

2. 编辑图像

Dreamweaver 提供自带的图像编辑器，选中已插入的图像可以进行以下属性的调整：调整大小、设置相关信息、设置边距、设置边框、设置对齐方式和设置超链接等，如图 12-32 所示。

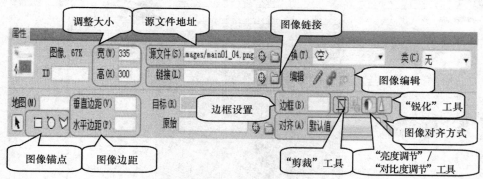

图 12-32　编辑图像

12.3.3　在网页中插入 Flash 动画

随着网络技术的不断提高，多媒体技术在互联网中得到了更加广泛的应用。今天的网站不仅仅局限于采用静态图像的表现手法，而是更多地加入了 Flash 动画等多媒体应用，Flash 动画也成为当前网页设计中不可或缺的重要网页元素之一。

作为同一公司旗下的系列产品，Dreamwever CS5 对 Flash 提供了最完善的支持，主要实现插入 SWF/FLV 格式的 Flash 文件，并设置 Flash 动画、按钮、文本、视频等多种 Flash 对象。

1. 插入 SWF 格式的 Flash 动画和 FLV 格式的 Flash 视频

在 Dreamweaver CS5 下插入 Flash 动画的操作和插入图像的操作没有太大区别。所不同的是，插入 Flash 过程生成的 HTML 代码使用 < object > 标签，而不是 < img > 标签，Flash 动画以对象的形式插入到文档中，其 HTML 代码比图像更为复杂。

在已经打开的网页文档中，将光标置于要插入 Flash 动画或者视频的位置，选择"插入" | "媒体" | "SWF"命令，在弹出的"选择文件"对话框中选择文件名称，单击"确定"按钮，成功插入 Flash 影片。影片在编辑状态下，只能看到 Flash 动画的标志，在"预览网页效果"下才能看到影片效果。

2. 调整 Flash 显示的大小

在 Flash 属性面板中设定宽和高的数值就可以调整大小，如图 12-33 所示。

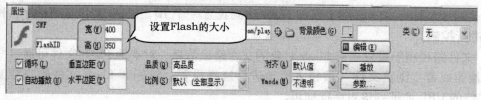

图 12-33　Flash 属性面板

另一种调整 Flash 显示的方法是在"设计"视图中拖动选择控制器，如图 12-34 所示。

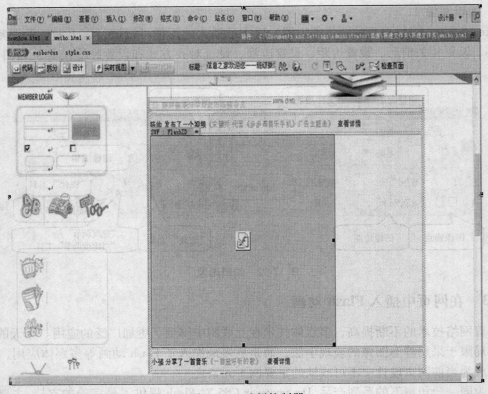

图 12-34　选择控制器

3. Flash 相关信息设置

Flash 相关信息设置的内容包括对象名称、文件路径设置、类选择器等，如图 12-35 所示。

图 12-35　Flash 相关信息设置

1）"对象名称"文本框用于当前 Flash 动画设置一个 ID，以便 Web 应用程序、网页脚本对其进行控制。

2）文件路径用于设置当前 Flash 对象的文件路径信息，对本地 Flash 文件可通过"指向文件"按钮或者"浏览文件"按钮方便地进行选择设置，对外部 Flash 文件则直接复制该 Flash 文件的 URL 地址到该对话框即可。

3）"类选择器"下拉列表用于当前 Flash 动画指定预定义的类。

4. Flash 播放控制

在 Flash 属性面板中调节播放控制操作，如图 12-36 所示。

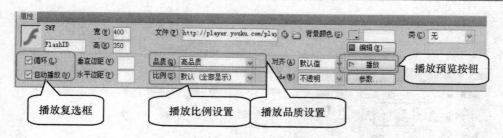

图 12-36 Flash 播放控制

12.3.4 在网页中插入背景音乐

在网页中添加背景音乐，可以增加网页的视听感受，巧妙地烘托出网页主题元素。下面介绍两种插入背景音乐的方法。

（1）利用 < bgsound > 标签进行设置

选择"代码"视图状态，在 < head > 与 </head > 标签之间插入一段代码 " < bgsound src ="音乐文件 URL 地址">" 即可实现网页背景音乐的设置，如图 12-37 所示。

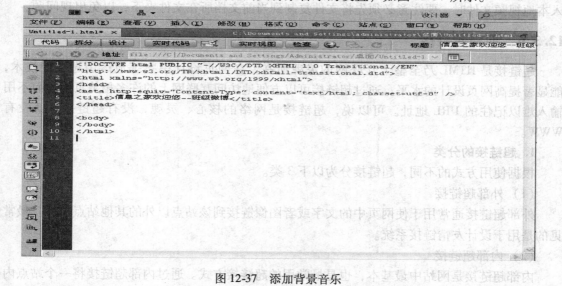

图 12-37 添加背景音乐

（2）插件法

在 Dreamweaver CS5 的"设计"视图中定位背景音乐的插入点，依次单击"常用" | "媒体" | "插件"按钮（如果该按钮没有显示在插入栏中，可单击"媒体"按钮右侧的▼按钮来进行切换），或选择"插入" | "媒体" | "插件"命令插入背景音乐，如图 12-38 所示。

12.3.5 在网页中添加视频

HTML 网页文档除了支持 FLV 格式的 Flash 视频外，对各种传统的视频格式也提供了良好的支持，这些格式包括 MPG、AVI、WMV、RM、RMVB、MOV、ASF、RA 等。要播放某种格式的视频文件，必须安装对应的播放软件。

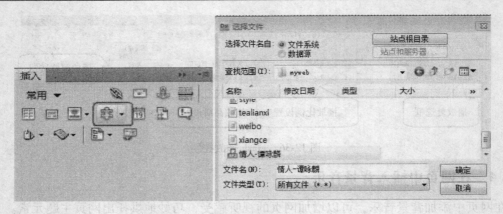

图 12-38　插件法添加背景音乐

在网页中插入视频文件的方法与插入音乐的方法类似，只是相对于插入 Flash 对象要稍复杂些。最常见的方法就是选择"插入" | "媒体" | "插件"命令插入视频文件。在插入本地视频文件时，要注意必须先将文件复制到当前文档所在文件夹下，以免出现问题。

12.3.6　创建超链接

超链接是 HTML 乃至整个互联网的灵魂所在，在网页设计中熟练地运用超链接技术，能显著提高网页设计的水平。通过超链接可以方便地访问互联网上的许多相关页面，而不用输入难以记住的 URL 地址。可以说，超链接是网络的核心、灵魂，没有超链接，就没有WWW。

1. 超链接的分类

根据使用方式的不同，超链接分为以下 3 类。

（1）外部超链接

外部超链接通常用于使网页中的文字或者图像链接到该站点以外的其他站点目标。最常见的是用于设计友情链接系统。

（2）内部超链接

内部超链接是网站中最基本，也是最常用的超链接方式。通过内部超链接将一个站点内的各个页面有机地联系起来。内部超链接常以导航栏的形式组织在一起，单击导航栏的超链接信息，便可在站点内的各个页面之间互相跳转。

（3）锚点超链接

锚点超链接是一种比较特殊的链接类型，它链接的既不是外部站点对象，也不是同一个站点的其他页面或文件，而是链接到当前页面的不同位置上。锚点就像书签的作用，可以迅速地将屏幕移到页面中设置锚点的地方。

链接可以实现不同文件之间的跳跃，Dreamweaver 对目标对象的打开主要提供以下几种方式：

1）目标 = "_ blank"：在弹出的新窗口中打开所链接的文档。

2）目标 = "_ self"：浏览器默认设置，在当前网页所在的窗口中打开链接的网页。

3）目标 = "_ top"：链接的目标文件显示在整个浏览器窗口中（取消了框架）。

4）目标 = "_parent"：当框架嵌套时，链接的目标文件显示在父框架中；否则与 top 相同，显示在整个浏览器窗口中。

5）如果不设置"目标"选项，链接的目标对象将在当前浏览器窗口打开，代替原有内容。

在网页制作过程中，通常对文字、图像、Flash 动画等网络元素运用超链接技术，来增加网页设计的美观性。

2. 设置文字超链接

文字超链接是超链接技术中最基础的，也是运用最广泛的一种。创建文字超链接前首先要选中被链接的文字。创建超链接有两种方式。

1）选择"插入" | "超级链接"命令，在弹出的"超级链接"对话框的"链接"文本框中输入网址。

2）选中要链接的文字，在"属性"面板的"链接"文本框中输入链接的地址，或者单击"链接"文本框后的"浏览"按钮，在弹出的"选择文件"对话框中选择要链接的对象地址。

3. 图片超链接

图文并茂是网页的一大特色，图片不仅能使网页生动、形象和美观，而且能使网页中的内容更加丰富多彩，因此，图片在网页中的作用是举足轻重的。

为已经处理过的图片设置超链接的操作比较简单，和创建文字超链接方法一样，首先选中被链接的图片，选择"插入" | "超级链接"命令，在弹出的"超级链接"对话框的"链接"文本框中输入地址即可。

4. 图像热点链接

一般来说，一幅图像创建一个超链接对象。可是，有时我们会在图像的不同部位设置不同的链接目标，这就是热点链接，就好像在一张地图上，以其中某一区域作为超链接一样。Dreamweaver 提供 3 种热点区域，即矩形热点区域、椭圆形热点区域和多边形热点区域，如图 12-39 所示。

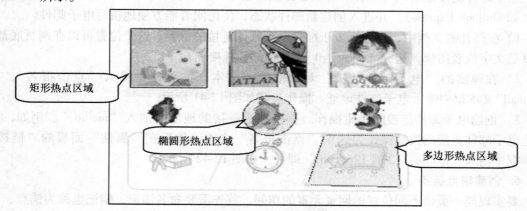

图 12-39 选定图像热点区域

绘制图像热点的前提是文档中已有图像存在，因为图像热点只能应用于图像。热点最主要的作用就是承载超链接信息，选中某个热点后即在属性检查器中为热点设置链接信息。操作步骤如图 12-40 所示。

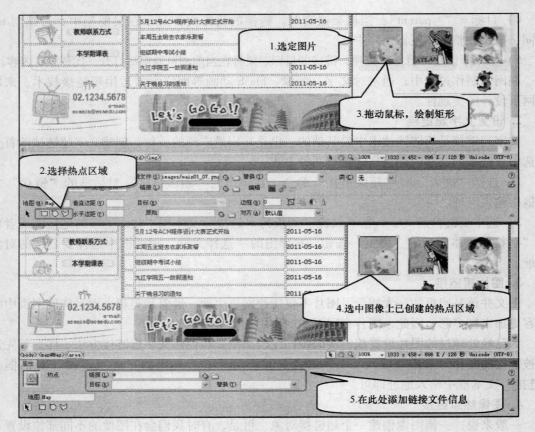

图 12-40　绘制图像热点

5. 创建电子邮件链接

电子邮件链接是指当浏览者单击该超链接按钮时，系统会启动默认的客户端电子邮件程序（如 Outlook Express），并进入创建新邮件状态，使访问者能方便地撰写电子邮件。

1）在打开的文档中，将光标置于插入电子邮件链接的位置，这个位置可以在网页底部，可以是文字或者图像，选择"插入" | "电子邮件链接"命令。

2）在弹出的"电子邮件链接"对话框的"文本"文本框中输入"点击报名"，在"E-mail"文本框中输入电子邮件地址。操作步骤如图 12-41 所示。

3）创建电子邮件链接的快捷操作。直接在欲链接的地址前加入"mailto："。例如，对以上电子邮件链接的快捷操作为选中"点击报名"文本，然后在"属性"面板的"链接"文本框中输入"mailto：123@126.com"即可，如图 12-42 所示。

6. 创建锚点链接

要实现同一页面不同位置的网页元素的访问，首先需要命名锚记，锚记也称为锚点、书签。通过这些命名锚记，链接可快速将访问者带到指定的任意位置。其具体实现过程如图 12-43 所示。

1）选择"插入" | "命名锚记"命令，或者在"插入" | "常用"面板中，选择"命名锚记"选项，在弹出的"命名锚记"对话框中输入锚记的名称，并单击"确定"按钮。

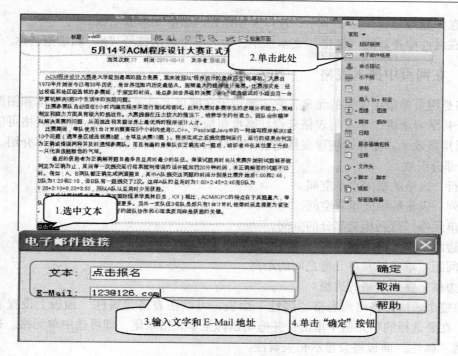

图 12-41 创建电子邮件链接

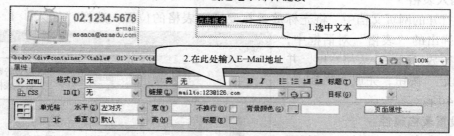

图 12-42 创建电子邮件链接的快捷操作

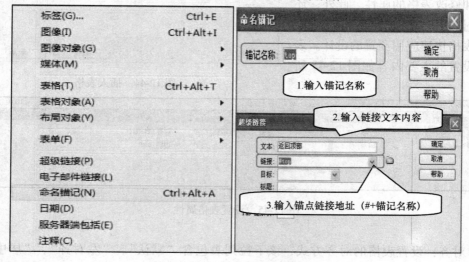

图 12-43 创建锚点链接

2）在"超级链接"对话框中，选择要创建超链接的文本或图像。

3）在属性检查器的"链接"文本框中，输入一个数字符号"#"和锚记名称。

12.3.7　在网页中插入表格

表格是网页排版中常见的元素，它主要用于在网页上显示数据以及对文本和图像进行布局。对于初学者来讲，学习用表格来设计网页布局是非常重要的任务。利用表格可以实现所想的任意排版效果。在开始创建表格之前，先对表格的基本组成部分进行简单介绍。表格由6个基础部分组成。

1）行：表格的横向水平空间。

2）列：表格的纵向垂直空间。

3）单元格：行列相交部分的空间。

4）边距：单元格中的内容和边框之间的距离。

5）间距：单元格和单元格之间的距离。

6）边框：整张表格的边缘。

选中整个表格，将出现表格"属性"面板，可以在表格"属性"面板上设置表格的相关属性。在要选择的单元格中单击，并拖动鼠标至单元格末尾，即可选中单元格。选中单元格后表格"属性"面板将会显示相关属性。

1. 插入表格

在已打开的网页文档中，将光标放置在要插入表格的位置。选择"插入" | "表格"命令，在弹出的"表格"对话框中，分别设置行数、列数、表格宽度，并单击"确定"按钮，完成表格插入，如图 12-44 所示。

2. 设置表格属性

当选定表格时，"属性"面板可以显示和修改表格的属性。此外，还可以通过使用"格式化表格"命令对选定表格快速应用预置的设计。表格属性设置的主要内容如图 12-45 所示。

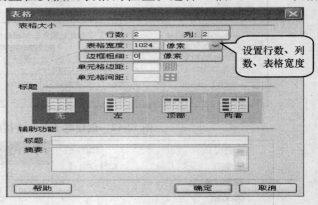

图 12-44　插入表格

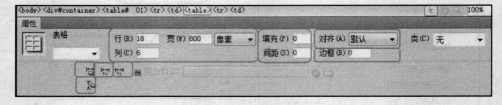

图 12-45　设置表格属性

1）对齐：设置表格的对齐方式，该下拉列表包含"默认"、"左对齐"、"居中对齐"和"右对齐"4 个选项。

2）填充：单元格内容和单元格边界之间的像素数。

3）间距：相邻的表格单元格间的像素数。

4）边框：用来设置表格边框的宽度。

5）　：将表格清除行高。

6）　：将表格宽由像素转换成百分比。

7）　：将表格宽由百分比转换成像素。

8）　：将表格清除列高。

3. 设置单元格属性

在设置好表格的整个属性后，还可以根据不同的要求设置相应的单元格属性，如图 12-46 所示。对单元格的设置主要包含以下几类：

1）水平：该下拉列表包含 4 个选项，即"默认"、"左对齐"、"居中对齐"和"右对齐"。

2）垂直：该下拉列表包含 5 个选项，即"默认"、"顶端"、"居中"、"底部"、"基线"。

3）宽与高：用于设置单元格的宽与高。

4）不换行：表示单元格的宽度将随文字长度的不断增加而加长。

5）标题：将当前单元格设置为标题行。

6）背景颜色：设置表格的背景颜色。

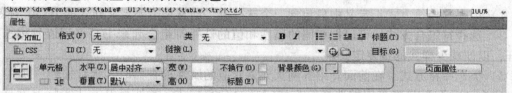

图 12-46　设置单元格属性

4. 拆分和合并单元格

1）拆分单元格：可以通过拆分表格的行数和列数，满足用户不同的需求，并设计出不规则的表格图形。选择"修改"｜"表格"｜"拆分单元格"命令，弹出"拆分单元格"对话框，在对话框中的"把单元拆分"选项组中选择"行"｜"行数"命令，或者"列"｜"列数"命令。

2）合并单元格：选中可以构成完整矩形的若干单元格，选择"表格"｜"合并单元格"命令，或选中目标单元格后，选择"修改"｜"表格"｜"合并单元格"命令，或者在"单元格（或行、列）"属性检查器的"扩展"面板中单击"合并单元格"按钮，可实现所选单元格的合并操作。

5. 选择表格对象

（1）选取整个表格

1）单击表格中任一处，选择"修改"｜"表格"｜"选择表格"命令。

2）移动光标到表格中，在状态栏中单击 table 标签，可以选取整个表格。

3）用鼠标单击任一个单元格，接着按两次〈Ctrl + A〉组合键选取整个表格。

（2）选取整行或整列单元格

将光标放置在选择行或列的第 1 个单元格中，按住鼠标左键不放并拖拉到最后一个单元格，可以选取整行或整列。

（3）选取单个单元格

1）移动光标到表格中，在状态栏中单击 TD 标签，可以选取单个单元格。

2）若要选择不相邻的单元格，在按住〈Ctrl〉键的同时单击要选择的单元格、行或列即可。

12.3.8 网页中 CSS 样式的应用

CSS 是 Cascading Style Sheets（级联样式表）的缩写，是一种网页设计的新技术。它的出现改变了网页设计的传统格局。利用 CSS 可以方便地设置网页中同类元素的共有样式，也可以单独为某一个元素设置专门的样式，并且这些样式设置被集中起来十分便于管理和分类。同样的样式可以在不同的地方通用，当 CSS 样式有所更新或被修改之后，所有应用了该样式表的文档都会被自动更新，大大降低了网页设计的工作强度和难度。

与 HTML 类似，CSS 也可以在任意纯文本编辑器下进行编辑，然后保存为独立的 CSS 文档，或直接插入到 HTML 文档 < style > … < /style > 标签之间以供 HTML 文档及其中的元素调用。

1. CSS 样式的定义方式

CSS 样式的定义方式主要包含以下几类：

1）单一选择符方式：定义中只包含一个选择符，通常是需要定义样式的 HTML 标签。

2）选择符组合方式：可以把相同的属性和值的选择符组合起来书写，用逗号将选择符分开，以便减少样式的重复定义。

3）类选择符方式：在前面介绍各网页元素对应的属性检查器时，常常提到"类"选择器，这个"类"就是指采用类选择符方式定义的 CSS 样式。类选择符方式实际上就是把设计者认为是同一类型的元素用类选择符方式为其定义一种样式，然后将该类直接应用到这些元素上。类选择符要以"."符号开头，其具体名称可由设计者自己定义。

4）id 选择符方式：该方式与类选择符方式相似，在 HTML 页面中为某个元素设置了 id 属性后，可以使用 id 选择符来对这个元素定义单独的样式。定义时选择符应以"#"开头，具体名称可由设计者自定义。

5）包含选择符方式：该方式可单独对某种元素的包含关系进行样式定义。

2. CSS 样式选择器类型

在 CSS 样式中，提供了 3 种选择器类型。

1）"类"选择器类型：用于创建"类"选择符方式的 CSS 样式规则。

2）"标签"选择器类型：用于创建单一选择符方式的 CSS 规则，即为对应的 HTML 标签设置 CSS 样式。

3）"高级"选择器类型：该项默认是专门用于对超链接对象设置各种状态下（链接、鼠标经过、已访问、活动）的 CSS 样式。另外，id 选择符方式和包含选择符方式，也可以使用该选择器类型进行创建和编辑。

3. CSS 样式的用途

CSS 是一种样式表语言，主要应用于 HTML 文档定义布局方式。CSS 涉及字体、颜色、边距、高度、宽度、背景图像、高级定位等方面的使用。

4. 添加 CSS 样式

下面以创建一个"标签"选择器 CSS 样式规则的过程，来说明 CSS 样式的创建过程和方法。

1）选择"窗口"｜"CSS 样式"命令，打开"CSS 样式"面板。

2）在"CSS 样式"面板中单击鼠标右键，在弹出的快捷菜单中选择"新建"命令，弹出"新建 CSS 规则"对话框。

3）在"新建 CSS 规则"对话框的"名称"文本框中输入要设置的 CSS 样式名称，在"选择器类型"下拉列表中选择所用的标签，在"规则定义"下拉列表中选择所要使用的范围，最后单击"确定"按钮，完成 CSS 样式添加，如图 12-47 所示。

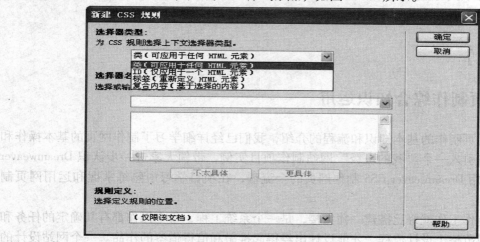

图 12-47　添加 CSS 样式

5. 定义 CSS 样式的属性

在 Dreamweaver CS5 的样式里包含了所有的 CSS 属性，这些属性分为类型、背景、区块、方框、边框、列表、定位和扩展 8 个部分，如图 12-48 所示。

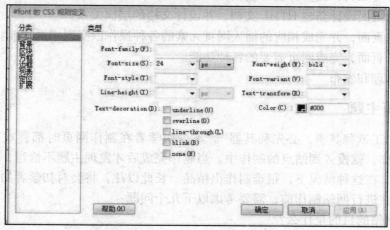

图 12-48　定义 CSS 样式属性

1）类型：用于定义 CSS 样式的基本字体、类型等属性。

2）背景：用于定义 CSS 样式的背景属性。通过该分类可以对页面中各类元素应用背景属性。

3）区块：用于定义标签和属性的间距和对齐方式。

4）方框：用于定义元素放置方式的标签和属性。

5）边框：用于定义元素的边框（包括边框宽度、颜色和样式）。

6）列表：用于为列表标签定义相关属性（如项目符号大小和类型）。

7）定位：用于对元素进行定位设置。

8）扩展：用于设置一些附加属性，包括滤镜、分页和指针选项等，这些属性设置在不同的浏览器中受支持的程度有所不同。

【项目实施】

12.4　网页制作综合知识运用

通过对网页制作的基本知识和流程的介绍，我们已经详细学习了制作网页的基本操作和技巧。本节将引入一个"我的班级"网站制作项目实例，带领大家进一步认识 Dreamweaver CS5，学习使用 Dreamweaver CS5 制作网页的全流程，在项目学习中熟练掌握和运用网页制作的综合知识。

网站的制作工作就好比搭建一幢大楼，是一个系统工程，每个操作都有其确定的任务和意义，只有规范整个设计流程，才能设计出经得起推敲和值得借鉴的作品。一个网站设计的基本流程大致分为如下几个步骤：

1）选定网页主题。

2）确定网页布局。

3）收集相关素材并对素材进行分类存放。

4）确定开发工具，设置开发环境。

5）为每个页面设计新建 HTML 文档，并设计文档的层次关系。

6）制作主页面，并完成相应的插入网页元素的各种操作以实现主页功能。

7）制作子页面，完成网页需要的各种功能。

8）站点管理和发布。

12.4.1　网页主题

古语云："工欲善其事，必先利其器"。不少初学者在制作网页时都喜欢直奔主题，不做任何准备工作，就投入到站点的制作中。当制作完成后才发现主题不恰当，于是开始修改甚至推倒重来，在这种情况下，很难制作出精品。长此以往，将会对初学者的学习过程形成困扰。因此，在进行网站制作前，需要考虑以下几个问题：

1）建立网站的目的是什么？

2）网站主题的辐射范围有多大？

3）网站主题是否合法？内容是否健康？

4）网站主题范围适用哪些人群？

5）网站主题是跟风还是创新？

对于我们的项目，首先明确建站的目的不是赢利也不是为了凸显个人个性，而是面向广大初学者的学习需求；浏览和关注的人群大多是大学生，因此，需要确立一个符合大学生特色的积极向上、健康奋进的主题，主题既能反映大学生的生活和关心的人和物，还能将身边发生的事情以时尚、感性的方式展示出来。综合上述因素，选择设计并制作一个班级网站，以"我的班级"的名义将班级建成一个温馨的家，在这个大家庭中记录了每个同学成长、学习、生活的经历，体现出青春、动感的元素，展示给大家温暖、朝气、积极向上的当代大学生的精神面貌。

12.4.2　网页布局

在确定了网站主题后，我们就应该考虑用什么样式将主题完美地体现出来。一个值得欣赏、推荐的网站，它的色彩搭配、页面内容、网页布局等方面一定都配合得很好，并能很好地反映网站主题。本项目为了能给浏览者留下深刻、美观的印象，在设计上有一定的突破。

（1）布局巧妙

主页选用可编辑大量信息的"国"字形布局，各子页面为了保持风格统一，均选用拐角型布局。在主页顶部插入一幅带有书卷气息的画卷，在画卷上设置对称且平衡的导航条，区别于以往的横向或纵向导航区，以求给人耳目一新的感觉。

（2）色彩搭配恰当

选择红色作为网页的主色调，能展现活泼、乐观、希望、充满生命力的气氛，具有强烈的视觉吸引力。辅助色为灰白色，与红色形成强烈的视觉差，从而产生强烈的视觉效果，能够使网站特色鲜明、重点主题突出。

（3）形态呼应

就其整体的形态来说，以方形为主，其中不乏活泼可爱的插图，搭配书的图像能彰显出同学们"书山有路勤为径"的拼搏精神，同学拿球拍的图像体现出大学生热爱运动、热爱生活的态度，表现出积极向上的活力与激情。整个设计追求的是在简单中有变化，静中有动、动静结合，给人生动有趣的感觉，很好地突出了大学生追求变化、喜欢求新的欲望。

12.4.3　素材收集

素材的收集工作要紧扣网站的主题和整体风格，既能满足设计要求，又不能对整个网站产生不利影响。班级网站的素材大致分为以下几类：

1）文字：班级简介、学习资料、班级新闻等。

2）图片：班级相册。

3）表格：班级通信方式、教师通信方式、课表。

4）视频：班级微博。

5）声音：背景音乐。

12.4.4　网站设计的相关软件

1）图片处理软件：如 Photoshop。

2）网页设计软件：Dreamweaver。

3）动画设计软件：Flash。

12.4.5　网站文件层次结构图

网站文件层次结构图如图 12-49 所示。

12.4.6　网站主页和部分子页面的实现

1）打开 Dreamweaver CS5，新建一个 index. html 文档，并保存在 myweb 目录下。在打开的文档中，选择"设计"视图编辑网页。选择"插入"｜"表格"命令，在弹出的"表格"对话框中设置表格属性，如图 12-50 所示。

图 12-49　网站文件层次结构图

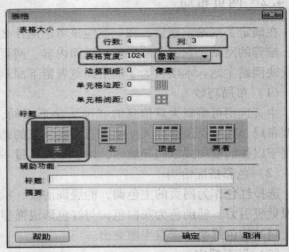

图 12-50　插入表格

2）设计网页顶部的背景图片，如图 12-51 所示。

①选中第 1 行的所有列，单击鼠标右键，在弹出的快捷菜单中选择"表格"｜"合并单元格"命令。

②在合并后的单元格内单击鼠标右键，在弹出的快捷菜单中选择"编辑标签"命令。

③在弹出的"标签编辑器"对话框中，设置背景图像的来源。

④在弹出的"标签编辑器"对话框中，设置背景图像的相关属性。

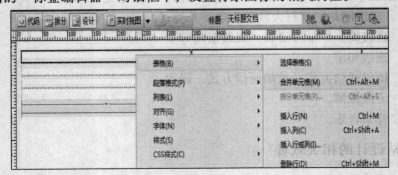

图 12-51　设置主页背景图像

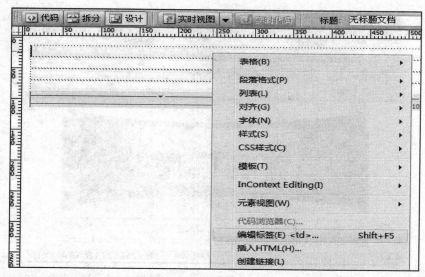

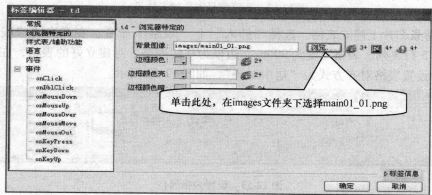

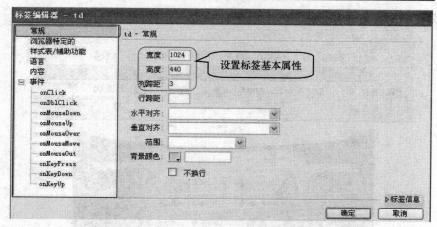

图 12-51 设置主页背景图像（续）

3）选择"文件"｜"在浏览器中预览"命令，选择 IE 浏览器，预览背景图片插入效果，如图 12-52 所示。

背景添加完毕后，接下来将完成主页设计中最重要的工作：制作导航。为了制作出精美的导航，这里将应用 CSS 样式处理导航文字定位及设计鼠标经过效果。

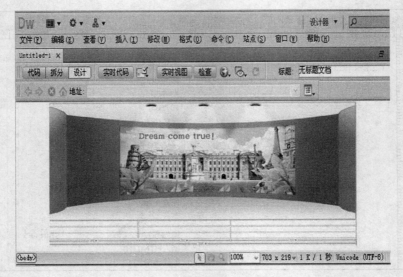

图 12-52　预览背景图片插入效果

4）在背景图片上建立表格。选择"插入"｜"表格"命令，在弹出的"表格"对话框中，设置 5 行 3 列、表格宽度为 900px、边框为 0 的表格。对建立好的表格，在表格"属性"面板中设置表格对齐方式为"居中对齐"，如图 12-53 所示。

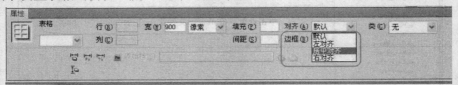

图 12-53　设置表格属性

5）预览导航布局效果，如图 12-54 所示。

图 12-54　预览导航布局效果

6）设计对称的导航。将文字设置在左右两边，因此，表格中间不插入网页元素。除第1列和最后一列之外的所有列全部合并，如图 12-55 所示。

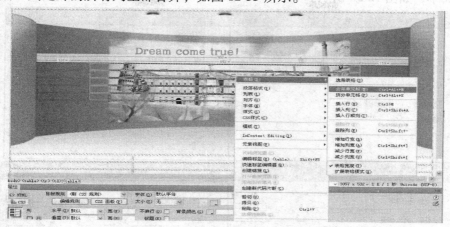

图 12-55 设置导航部分表格格式

7）调整导航中左右两边单元格的宽和高，可用鼠标拖动，也可以在属性栏中设置数值，如图 12-56 所示。

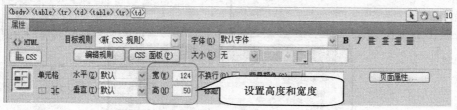

图 12-56 设置表格高度和宽度

8）将光标定位在第 1 行第 1 列单元格，完成超链接工作。选择"插入"|"超级链接"命令，如图 12-57 所示。

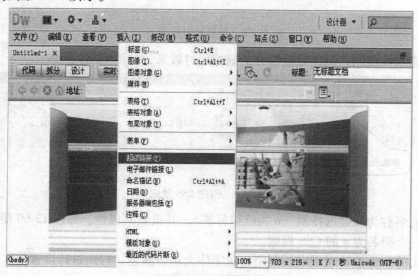

图 12-57 设置超链接

9）以上步骤重复 5 次，成功建立 5 个导航：班级首页、班级风采、班级微博、班级相册、班级共享，如图 12-58 所示。

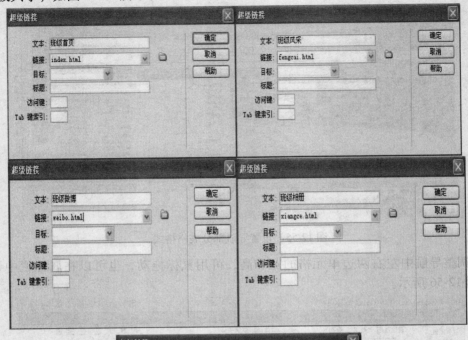

图 12-58　导航超链接设置

10）创建 CSS 规则，制作导航部分的鼠标经过效果，如图 12-59 所示。

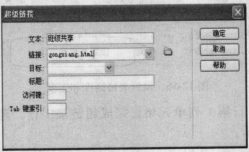

单击此按钮进行编辑

图 12-59　创建 CSS 规则

11）建立名称为 a 类选择器（a 为链接标签），并设置其属性，如图 12-60 所示。
①创建一个类名为 a 的 CSS 规则。
②在弹出的 a 的 CSS 规则对话框中，对字体大小、颜色、行距进行设置。
③在该对话框中，对文字对齐方式等属性进行设置。

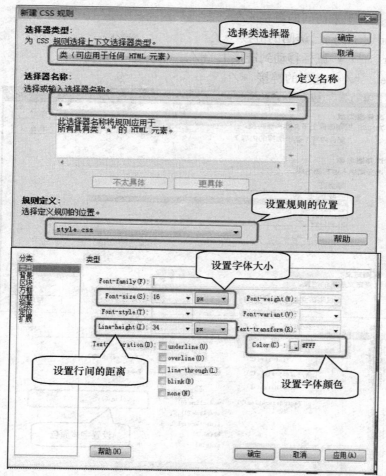

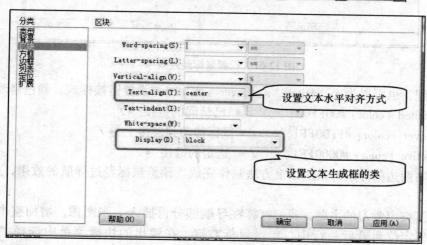

图 12-60　创建并设置 a 类选择器属性

12）设置 a 的复合内容。该 CSS 样式主要是为了设置鼠标经过效果，因此包含 4 项内容，实现过程如图 12-61 所示。

- a：link 　　/* 未访问的链接 */
- a：visited 　　/* 已访问的链接 */
- a：hover 　　/* 鼠标移动到链接上 */
- a：active 　　/* 选定的链接 */

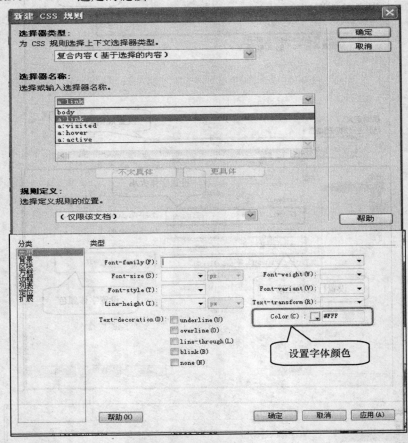

图 12-61　　设置鼠标经过效果

13）同理，也可以为 a：visited、a：hover、a：active 设置链接样式，颜色修改如下：

- a：visited {color：#00FF00} 　　/* 已访问的链接 */
- a：hover {color：#FF00FF} 　　/* 鼠标移动到链接上 */
- a：active {color：#0000FF} 　　/* 选定的链接 */

14）左右两边的导航都采用以上方法制作完成。预览鼠标经过导航的效果，如图 12-62 所示。

15）为了突出学习的主题，我们打算在导航部分再插入一张图像，增加整个主页的活泼感。将光标定位到最后一行中，单击鼠标右键，在弹出的快捷菜单中选择"表格" | "插入行或列"命令，完成新的一行的插入，如图 12-63 所示。

16）将光标定位在新插入的行中，选择"插入" | "图像"命令，在弹出的"选择图像源文件"对话框中选择要插入的图像名称，在图像属性编辑器中设置宽为 488，高为 110，对齐方式为"居中"，如图 12-64 所示。

图 12-62 预览鼠标经过导航的效果

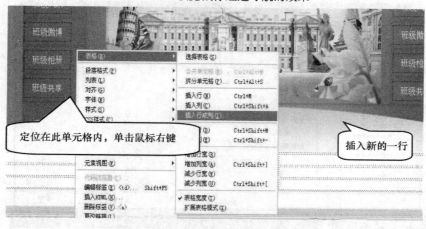

图 12-63 设置插入新的一行

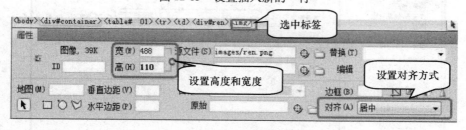

图 12-64 选择插入图像并设置图像属性

主页的顶部设计包括两张图像和左右对称的导航系统,接下来的工作是制作主页的左边部分。左边的内容从上至下分别如下:

- 登录界面(因为案例是静态网页,登录功能要通过 Web 技术实现,所以在这里只插入登录界面的图片)。
- 快速导航区。
- 班级其他信息的链接。

17)将光标的定位点设置在第 2 行单元格,单击鼠标右键,在弹出的快捷菜单中选择"编辑标签"命令,如图 12-65 所示。

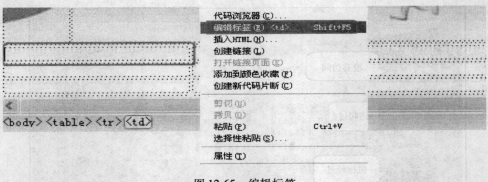

图 12-65　编辑标签

18）插入背景图像，并设置单元格的宽度为 235，高度为 236，并设置图像的来源，如图 12-66 所示。

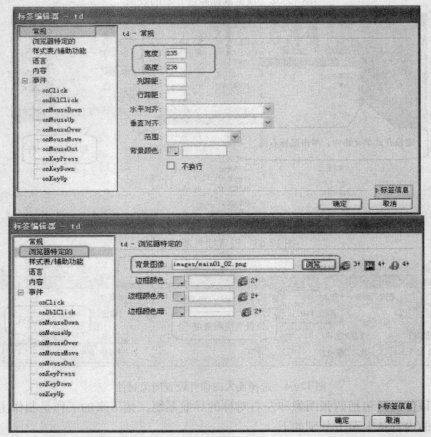

图 12-66　设置背景图像属性

19）将光标定位在第 3 行最左侧的单元格内。选择"插入"｜"表格"命令，插入一个行为 4、列为 3、表格宽度为 210px、边框为 0 的表格。设置单元格属性，如图 12-67 所示。

20）将光标定位在第 17 步所插入的单元格的第 2 行第 2 列中，插入图像，制作图像链接，如图 12-68 所示。

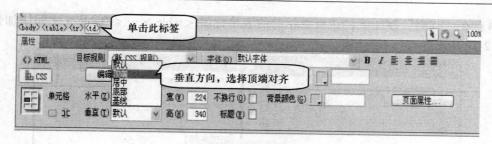

图 12-67 设置单元格属性

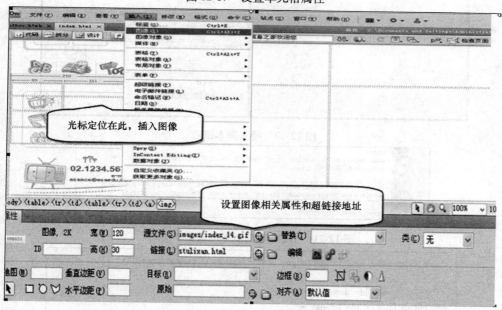

图 12-68 设置表格中第 2 行的背景图像属性

21）同理，依次在第 3 行和第 4 行的第 2 列单元格内插入图像链接，预览效果如图 12-69 所示。

网页的中间部分主要放置班级相册和班级微博两大主题。设计时应考虑增强网页的动态效果。因此，此处运用 JSP 代码编写技术。

- 采用幻灯片方式播放班级相册，使得照片具有动感。
- 采用时尚的微博风格记录班级最新动态，使得网页更加时尚，吸引眼球。

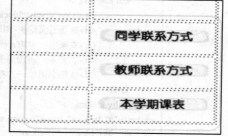

图 12-69 预览图像链接效果

22）选择"代码"视图，在班级相册的设计位置添加 js 文件代码，把光标定位在网页代码 < head > … </head > 之间，选择"插入"｜"HTML"｜"脚本对象"｜"脚本"命令，在弹出的对话框中选择 js 文件，如图 12-70 所示。Jquery-1.3.2 文件为实现班级相册的幻灯片播放效果的 js 文件。其下载地址为 http：//www. csrcode. cn/html/txdm/txtx/index _ 1. htm。

23）添加 js 文件后，在"代码"视图下脚本自动生成，如图 12-71 所示。

24）在"代码"视图下，在班级相册的表格标签 < table > … < /table > 之间添加代码，如图 12-72 所示。

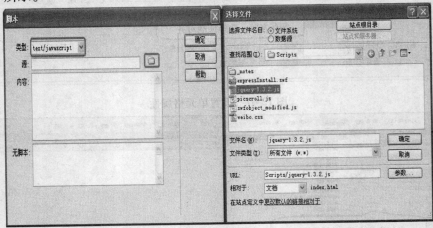

图 12-70　插入脚本语言

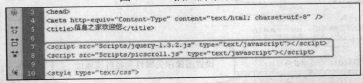

图 12-71　"代码"视图下生成 JSP 代码

```
<table width="460" height="268" align="center" border="0" cellpadding="0">
        <tr><td>
        <div id="newsphoto">
<div class="imgnav" id="imgnav">
    <div id="ctrl" class="ctrl">
    <divid="btn"><spanclass="hov">1</span><span>2</span><span>3</span><span>4</span><span>5</span></div>
     <ul id="msg">
        <li style="display:block;">鄱阳湖之旅　我们在船上</li>
        <li>班级游园留影</li>
        <li>农家乐　章家小两口的幸福生活</li>
        <li>农家乐　班级可爱美女 show</li>
        <li>忧郁男孤单一人在希望的田野里</li>
    </ul>
</div><div id="img">
<a href="#" target="_blank"><img style="display:block;" src="images/photo/1.jpg" alt="鄱阳湖之旅　我们在船上" /></a>
<a href="#" target="_blank"><img src="images/photo/2.jpg" alt="班级游园留影" /></a>
<a href="#" target="_blank"><img src="images/photo/3.jpg" alt="农家乐　章家小两口的幸福生活" /></a>
<a href="#" target="_blank"><img src="images/photo/4.jpg" alt="农家乐　班级可爱美女 show" /></a>
<a href="#" target="_blank"><img src="images/photo/5.jpg" alt="忧郁男孤单一人在希望的田野里" /></a>
</div>
```

图 12-72　在"代码"视图下添加 JSP 代码

25）预览效果，如图 12-73 所示。

班级游园留影   1 2 3 4 5

图 12-73 预览幻灯片效果相册

26）制作班级动态采用代码实现，选择在"代码"视图下的相应位置添加 JSP 代码，如图 12-74 所示。

```
<script language="javascript">
function woaicssq(num){
for(var id = 1;id<=3;id++) {
var MrJin="woaicss_con"+id;
if(id==num)  document.getElementById(MrJin).style.display="block";
else  document.getElementById(MrJin).style.display="none"; }
if(num==1)                document.getElementById("woaicsstitle").className="woaicss_title
woaicss_title_bg1";
if(num==2)                document.getElementById("woaicsstitle").className="woaicss_title
woaicss_title_bg2";
if(num==3)
document.getElementById("woaicsstitle").className="woaicss_title woaicss_title_bg3";
}</script>
```

图 12-74 在"代码"视图下添加 JSP 代码

27）添加 CSS 样式。在"代码"视图下添加采用幻灯片播放的班级相册的代码，代码详情见 http：//www. csrcode. cn/。

28）调用代码，如图 12-75 所示。

```
< ul class = " woaicss _ title woaicss _ title _ bgl" id = " woaicsstitle " >
 < li > < a href = " #" target = " _ blank" onmouseover = " javascript：woaicssq(1)" > 你读了吗 </ a > </ li >
 < li > < a href = " #" target = " _ blank" onmouseover = " javascript：woaicssq(2)" > 你听了吗 </ a > </ li >
 < li > < a href = " #" target = " _ blank" onmouseover = " javascript：woaicssq(3)" > 你看了吗 </ a > </ li >
</ ul >
```

图 12-75 在"代码"视图下调用 JSP 代码

29）预览效果，如图 12-76 所示。

30）将光标定位在主页中间第 3 行的位置，选择"插入" | "图像"命令，插入一张

图像。插入后，根据单元格的大小，在图像"属性"面板中调节图像实际大小，如图 12-77 所示。

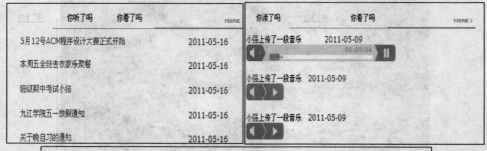

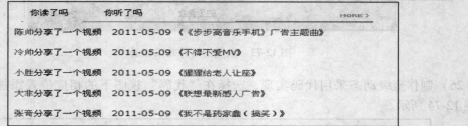

图 12-76 预览班级动态效果

图 12-77 在页面底部插入图像

在完成以上步骤后，我们会发现"国"字形的主页设计已经完成了大部分的工作。在主页右边放置的内容主要包括 FLV 格式的视频和为班级受关注的同学设置超链接。

31）将光标定位点设置在右边第 1 行单元格中，选择"插入"｜"媒体"命令，在弹出的对话框中插入一个 FLV 格式的动画，但在编辑状态下是看不到动画效果的，只有在预览时才可以看到，如图 12-78 所示。

32）在视频下方的单元格内插入班级受关注同学的图像。在图像"属性"面板中，单击"热点矩形"按钮，拖动鼠标绘制热点区域，并在属性栏中修改链接地址，实现过程如图 12-79 所示。

33）制作脚注。在最下方的单元格内添加背景图像，在单元格内单击鼠标右键，在弹出的快捷菜单中选择"编辑标签"｜"浏览器特定的"｜"添加背景图像地址"命令，如图 12-80 所示。

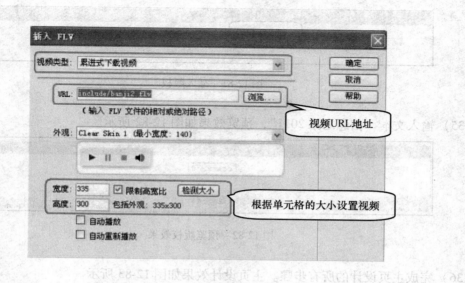

图 12-78 设置插入媒体的属性

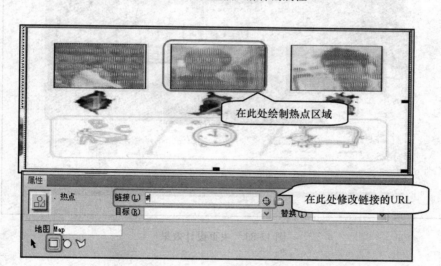

图 12-79 绘制热点区域

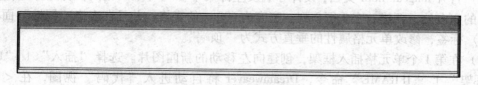

图 12-80 制作背景图片

34）将光标定位点设置在此单元格内，在单元格"属性"面板中设置单元格水平对齐方式为"居中对齐"，选择"插入"｜"HTML"｜"特殊字符"｜"版权"命令，效果如图 12-81 所示。

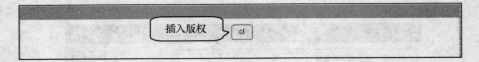

图 12-81　插入版权

35）输入文本"信息之家 2011"，预览效果如图 12-82 所示。

图 12-82　预览版权效果

36）完成主页设计的所有步骤。主页设计效果如图 12-83 所示。

图 12-83　主页设计效果

37）在 myweb 文件夹下分别新建两个名为 fengcai. html 和 newshow. html 的文档。

38）打开 fengcai. html 文档，设计导航及左部菜单栏均与主页相同，将光标定位点设置在右边的空白处，新建一个 2 行 2 列、宽度为 600px 的表格，并且在表格"属性"面板中选中〈td〉标签，修改单元格属性的垂直方式为"顶端"。

39）在第 1 个单元格插入框架，创建向左移动的新闻图片。选择"插入"｜"HTML"｜"框架"｜"IFRAME"命令，Dreamweaver 将自动进入"代码"视图，在 < tr > …</tr > 之间输入相关代码信息，效果如图 12-84 所示。

```
< tr > < td > < iframe src = " include/picnic. html" width = " 600px" height = " 205px"    align = " middle"
scrolling = " no"  frameborder = " o"  > </iframe > </td >    </tr >
```

图 12-84　在单元格中插入框架

40）为了实现网页中网络元素之间的动静结合，将设计图片的左移浏览效果。在 include 文件夹下创建放置 JSP 代码的 picnic.html。将 JSP 代码运用于设计，相关代码下载地址为 http：//www.csrcode.cn/html/txdm/txtx/3080.html，效果如图 12-85 所示。

图 12-85 预览图片左移效果

41）在第 2 行单元格创建新闻列表。设置行为 9，列为 2，表格宽度为 600px，边框为 0，标题为无。选中表格"属性"面板中的〈td〉标签，合并第 1 行单元格，并设定该单元格的高度为 50px，背景颜色为#e1faff，设定其他单元格的背影颜色为#f4fdff，如图 12-86 所示。

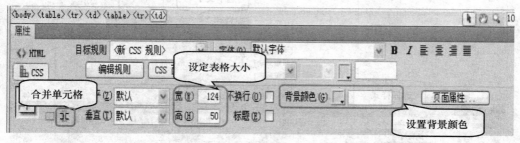

图 12-86 设置单元格属性

42）依次在每一个单元格中输入相应的文本，如图 12-87 所示。

新闻列表		
[班级新闻]	5月14号ACM程序设计大赛正式开始	2011-05-10
[校园新闻]	我校2011教职工足球协会俱乐部联赛开幕	2011-05-09
[班级活动]	5月13日班级去农家乐	2011-05-08
[班级活动]	5月8日母亲节去敬老院看望老人	2011-05-07
[班级新闻]	班级期中考试小结	2011-05-04
[班级活动]	五一放假庐山游邀请	2011-04-30
[班级新闻]	九江学院五一放假通知	2011-04-28
[班级活动]	4月17日在东林寺	2011-04-18

图 12-87 输入文本

43）新建 3 个不同的 CSS 规则，分别设置文本属性。

- 规则 font18：字体大小为 24px；颜色为#F00；对齐方式为"居中对齐"；加粗。
- 规则 font14：字体大小为 14px；颜色为#69f。

● 规则 date font：字体大小为 12px；颜色为#666。

44）选中不同的文本，调用不同的规则，实现对文本的编辑。

①文本"新闻列表"的编辑过程，如图 12-88 所示。

图 12-88　编辑"新闻列表"样式

②编辑文本中的新闻标题，选中"5 月 14 号 ACM 程序设计大赛正式开始"，如图 12-89 所示。

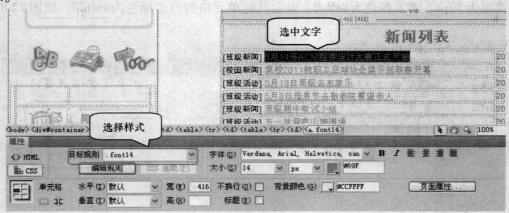

图 12-89　编辑新闻标题

③编辑文本中的新闻日期，选中"2011 – 05 – 10"，如图 12-90 所示。

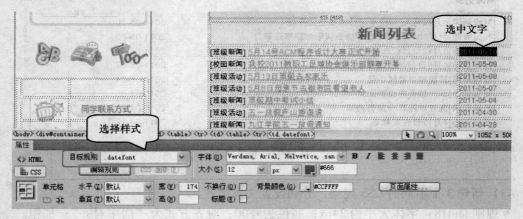

图 12-90　编辑新闻日期

45）其他文本的类似情况均采用同样的 CSS 规则，从而完成新闻列表中文本的编辑。

46）选中"5 月 14 号 ACM 程序设计大赛正式开始"，选择"插入"｜"超级链接"命令，在弹出的"超级链接"对话框中输入或者选择文件 newshow. html，打开方式为新窗口打开，如图 12-91 所示。

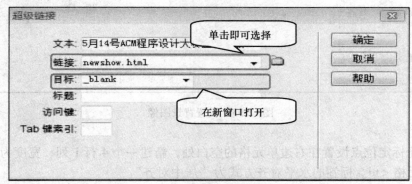

图 12-91　插入超级链接

47）选择"修改"｜"页面属性"命令，完成属性设置，如图 12-92 所示。

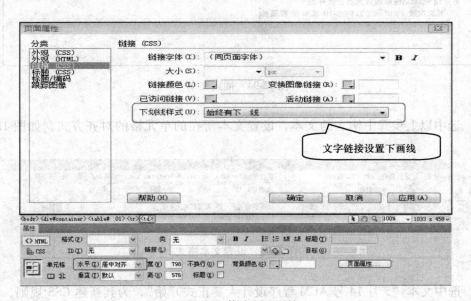

图 12-92　修改页面属性

fengcai. html 中其他文本的超链接方法与上述过程相同，这里就不再重复。接下来转入班级风采的二级页面 newshow. html 的制作过程中。

48）打开 newshow. html 文档，顶部和左边设计与主页一致，直接进入到右边部分的设计中。在右边的单元格内添加背景图像。在单元格内单击鼠标右键，在弹出的快捷菜单中选择"编辑标签"｜"浏览器特定的"命令，在弹出的对话框的"背景图像"文本框中输入背景图像地址，完成添加，如图 12-93 所示。

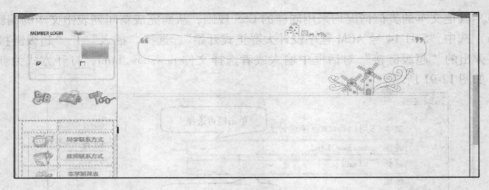

图 12-93　设置背景图像

49）将光标定位点设置在右边单元格的空白处，新建一个 4 行 1 列、宽度为 600px 的表格；设置单元格 <td> 标签的水平对齐方式为"居中对齐"。

50）在第 49 步添加表格的第 1 个单元格内输入文本"5 月 14 号 ACM 程序设计大赛正式开始浏览次数：77 时间：2011 - 05 - 10 发布者：管理员"，如图 12-94 所示。

图 12-94　插入文本

51）选中以上步骤中输入的文本，设置文本所在的单元格的对齐方式，如图 12-95 所示。

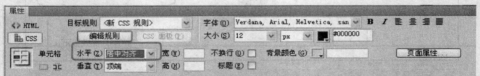

图 12-95　设置文本格式

52）选中文本"5 月 14 号 ACM 程序设计大赛正式开始"，为其新建 CSS 规则，设置文本属性，如图 12-96 所示。

53）预览标题设计效果，如图 12-97 所示。

54）采用相同的文本 CSS 规则，设计文本"浏览次数：77 时间：2011 - 05 - 10 发布者：管理员"的样式。方法为建立两个新的 CSS 样式规则，运用规则 1 嵌套规则 2，效果如图 12-98 所示。

● 规则 1：newother 字体为 14px。
● 规则 2：red 字体颜色为红色（#F00）。

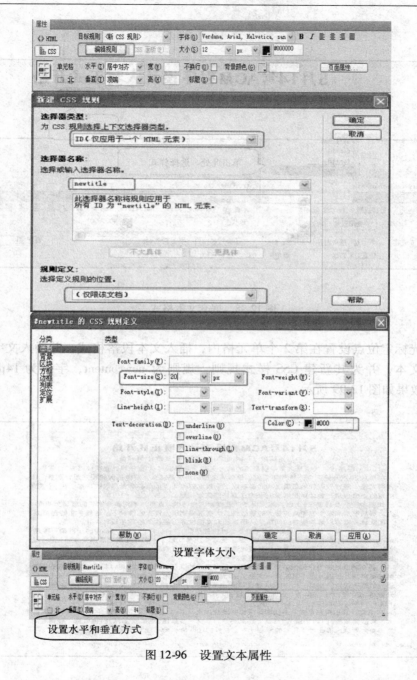

图 12-96　设置文本属性

图 12-97　预览标题设计效果

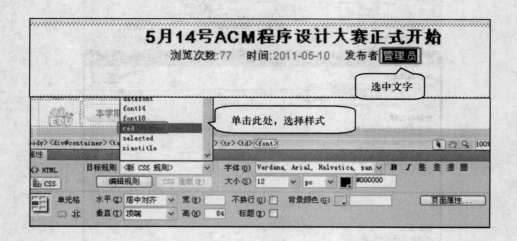

图 12-98　嵌套文本格式

55）将光标定位点设置在第 2 个单元格内，插入文本段落格式，并插入文字部分。选择所有内容文本，并为其新建 CSS 样式规则，规则为 newcontent，字体为 14px，颜色为 #333，预览效果如图 12-99 所示。

图 12-99　预览插入文本效果

56）将光标定位点设置在第 3 个单元格内，选择"插入"｜"电子邮件链接"命令，在弹出的"电子邮件链接"对话框的"文本"和"E‑Mail"文本框中输入相应的信息和地址，如图 12-100 所示。

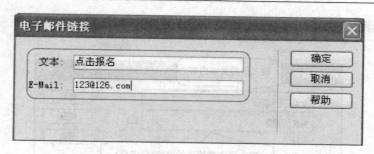

图 12-100　设置电子邮件链接

57）创建返回顶部的锚点链接。将光标定位点设置在网页顶部，选择"插入"｜"命名锚记"命令，或者在"插入"工具栏的"常用"选项卡中选择"命名锚记"选项，如图12-101 所示。

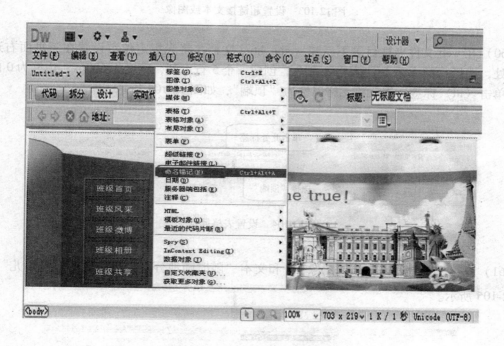

图 12-101　绘制返回顶部的锚点链接

58）在弹出的"命名锚记"对话框的"锚记名称"文本框中输入 top，单击"确定"按钮，如图 12-102 所示。

59）在"设计"视图中，选择要创建超链接的文本或图像，如图 12-103 所示。

在设计这个微博页面时，首先要了解设计微博空间的基本组成元素，熟悉网页中插入视频的方法，还要学

图 12-102　设置锚记名称

习在网页中设置网络播放器的代码编写方式。

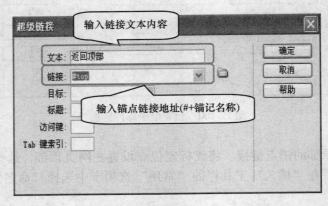

图 12-103　设置超链接文本或图像

60）在 web 文件夹根目录下新建 weibo. html 文档，将光标定位点设置在子页面右边的空白处，选择"插入" | "表格"命令，创建一个 5 行 1 列，宽度为 600px，边框为 0 的表格。单击〈td〉标签，修改单元格属性为"顶端"，如图 12-104 所示。

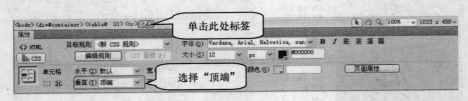

图 12-104　设置表格属性

61）在第 1 个单元格内添加图像 和文本"随时随地分享身边发生的新鲜事儿"，如图 12-105 所示。

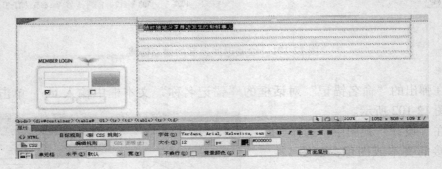

图 12-105　添加图像和文本

62）选中文本，为其新建 CSS 规则，命名为 weibotitle。设置文本属性，字体为 14px，加粗，颜色为黑色，没有设置的属性均为默认。

63）在第2行单元格内插入一个2行1列的表格，调整单元格内边框的位置，如图12-106所示。

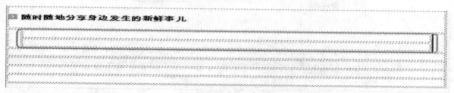

图12-106　调整单元格内边框的位置

64）在新插入的表格中第1个单元格内输入文本"陈帅发布了一个视频《宋慧乔　代言《步步高音乐手机》广告主题曲》查看详情"。选中"陈帅"和"查看详情"后，在"属性"面板的"链接"文本框中分别设置 chen. html 和 xiangqing. html 链接操作，如图12-107 和图12-108 所示。

图12-107　在"属性"面板中设置链接1

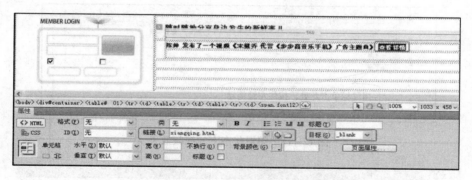

图12-108　在"属性"面板中设置链接2

65）将《宋慧乔代言《步步高音乐手机》广告主题曲》设置成灰色，将运用到前面已经出现的 CSS 规则嵌套：建立新的 CSS 规则，颜色设置为灰色，如图12-109 所示。

66）光标定位在第2个单元格内的第2行中，选择"插入"｜"swf"格式视频命令，在弹出的"选择文件"对话框中选择视频链接地址，如图12-110 所示。

67）添加视频后，编辑状态下的视频效果如图12-111 所示。

68）分别修改第2个单元格内嵌套的两个单元格的背景颜色，如图12-112 所示。

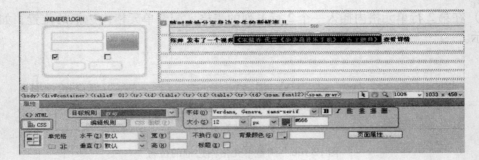

图 12-109　使用 CSS 规则嵌套修改颜色

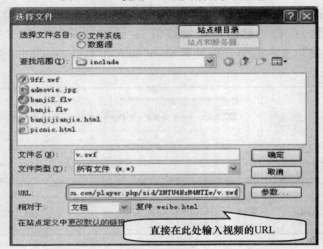

图 12-110　选择视频链接地址

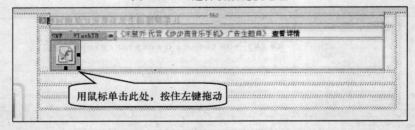

图 12-111　编辑状态下的视频效果

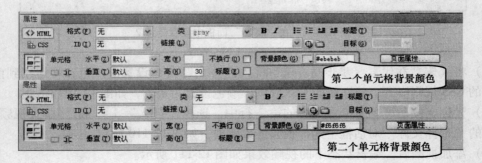

图 12-112　在"属性"面板中修改单元格的背景颜色

69）同理，在第 3 个单元格内新建一个 2 行 1 列的表格。添加文本"小强分享了一首音乐《一首超好听的歌》查看详情"，并设置相关属性。

70）在第 2 个单元格中添加网络播放器来播放视频，这里用 HTML 代码描述，如图 12-113 所示。

```
<tr><td bgcolor="#f6f6f6"><object classid='clsid:D27CDB6E-AE6D-11cf-96B8-444553540000'
codebase='http://download.macromedia.com/pub/shockwave/cabs/flash/swflash.cab#version=7,0,19,0' width='290' height='24'>
<param name='movie' value='http://play.51ctzs.com/mp3player1/swf/3.swf?soundFile=http://www.bianfs.com/media/music.mp3&bg=0xCDDFF3&leftbg=0x357DCE&lefticon=0xF2F2F2&rightbg=0x357DCE&rightbghover=0x4499EE&righticon=0xF2F2F2&righticonhover=0xFFFFFF&text=0x357DCE&slider=0x357DCE&track=0xFFFFFF&border=0xFFFFFF&loader=0x8EC2F4&autostart=no&loop=no'/>
<param name='quality' value='high'/>
<param value='transparent' name='wmode'/>
<embed src='http://play.51ctzs.com/mp3player1/swf/3.swf?soundFile=http://www.bianfs.com/media/music.mp3&bg=0xCDDFF3&leftbg=0x357DCE&lefticon=0xF2F2F2&rightbg=0x357DCE&rightbghover=0x4499EE&righticon=0xF2F2F2&righticonhover=0xFFFFFF&text=0x357DCE&slider=0x357DCE&track=0xFFFFFF&border=0xFFFFFF&loader=0x8EC2F4&autostart=no&loop=no' width='290' height='24' quality='high' pluginspage='http://www.macromedia.com/go/getflashplayer' type='application/x-shockwave-flash'></embed></object></td></tr>
```

图 12-113　网络播放器设置

71）预览效果，如图 12-114 所示。

图 12-114　预览网络播放器播放视频效果

72）同理，在第 3 个单元格内新建一个 2 行 1 列的表格。在第 1 行中添加文本"小蒙分享了一篇日志《经典网络语录》查看详情"，并完成相关单元格属性设置，如图 12-115 所示。

图 12-115　添加文本

73）在当前表格的第 2 个单元格中输入文本。
- 经典一：不管你信不信，反正我是信了……
- 经典二：神马都是浮云……
- 经典三：这位童鞋是肿么了……
- 经典四：这回给力呀……

选中表格"属性"面板中的〈td〉标签，设置该文本的 CSS 样式属性，如图 12-116 所示。

图 12-116 设置文本的 CSS 样式属性

74）预览效果，如图 12-117 所示。

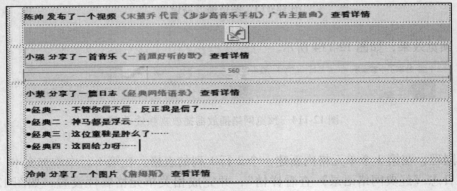

图 12-117 预览效果

75）在第 4 个单元格内新建 2 行 1 列的表格。添加文本"冷帅分享了一个图片《詹姆斯》查看详情"，采用相同的方法设置表格中文字的相关属性，效果如图 12-118 所示。

图 12-118 新建的表格文字设计效果

76）在当前表格的第 2 个单元格中插入图像，如图 12-119 所示。

77）选择"插入"｜"表格对象"｜"在下面插入行"命令，在图像的下方插入新的一行，并将插入的行水平对齐格式设置为"右对齐"。

78）在新建的单元格内添加图像和文本"更多微博"，并设置文本的链接属性，如图 12-120 所示。

图 12-119 插入图像效果

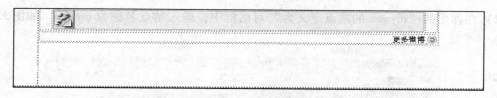

图 12-120　单元格内新建的图像文本效果图

79）班级博客页面制作完成，效果如图 12-121 所示。

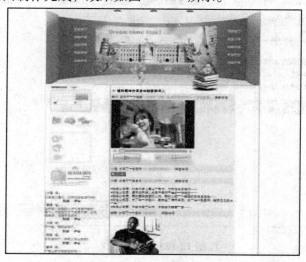

图 12-121　预览班级博客效果

12.4.7　站点管理和发布

静态网站是每个初学者最初学习的建站方式，浏览者所看到的页面是建站者上传到服务器上的一个 html（htm）文件，这种网站每增加、删除、修改一个页面，都必须重新对服务器的文件进行一次下载、上传。网页内容一经发布到网站服务器上，无论是否有用户访问，每个静态网页的内容都是保存在网站服务器上的。也就是说，静态网页是实实在在保存在服务器上的文件，每个网页都是一个独立的文件；它的内容相对稳定，因此，容易被搜索引擎检索；因为没有数据库的支持，在网站制作和维护方面工作量较大，当网站信息量很大时，完全依靠静态网页制作方式比较困难。下面介绍班级网站的站点搭建与发布的全过程。

1. 搭建站点

1）选择"站点"｜"新建站点"命令，或选择"站点"｜"管理站点"命令，弹出"管理站点"对话框，单击"新建"按钮，在弹出的下拉菜单中选择"站点"命令，如图 12-122 所示。

图 12-122　"管理站点"对话框

2）在弹出的"myweb 的站点定义为"对话框中，输入站点名称为 myweb，如图 12-123 所示。

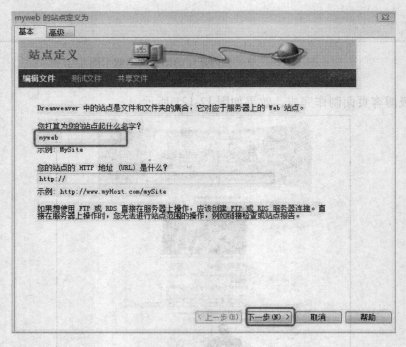

图 12-123　站点定义

3）进入站点定义的第 2 步，选择服务器技术。因为网站是静态的，所以选择"否，我不想使用服务器技术"单选按钮，如图 12-124 所示。

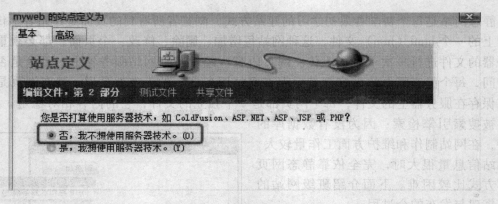

图 12-124　选择服务器技术

如果选择"是，我想使用服务器技术"单选按钮，可以在下拉列表中选择的技术包括 ASP JavaScript、ASP VBScript、ASP. NET C #、ASP. NET VB、ColdFusion、JSP 和 PHP MySQL。

4）进入站点定义的第 3 步，选择文件编辑方式。默认方式为在本地选择文件存放的目录。这样制作的所有模板、网页、图片、影片，甚至是按钮等素材都可以保存在该目录下，网页的调用将非常有条理而且易于管理，如图 12-125 所示。

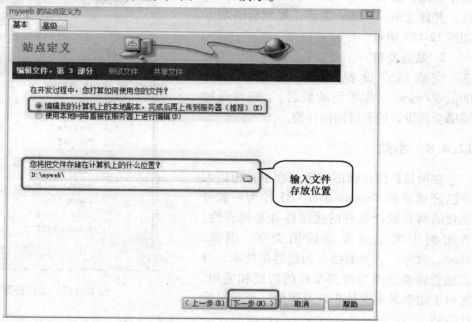

图 12-125　文件编辑方式

5）进入站点定义的第 4 步，选择测试文件。选择测试文件的方式为 FTP，如图 12-126 所示。

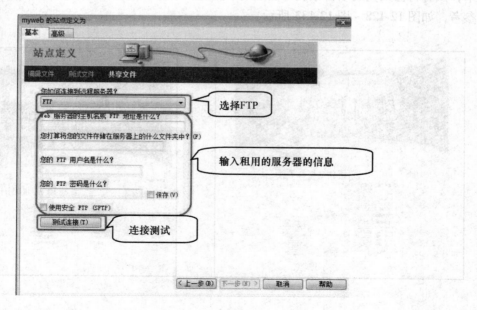

图 12-126　选择测试文件

6）连接测试通过后，完成站点建设，在其中规划好文件夹，建立 htm 文件夹存放单独的子页面，建立 images 文件夹存放专门的图片，并建立 index. html 主页。规划后的站点如图 12-127 所示。

2. 站点发布

完成站点设置，只要在 URL 地址 http：//www.（你申请的域名），即可通过网络看到设计的班级网站详情。

12.4.8　小结

在项目具体步骤的讲解过程中，相信大家已经感受到 Dreamweaver CS5 作为一款可视化的网页设计软件的优越性和易操作性。在案例中大量反复地运用文字、图像、Flash、视频、音频的插入和超链接技术，可以感受到表格作为网页布局的快捷和通用，这对于初学者来说是非常适用的一种布局设计技巧。

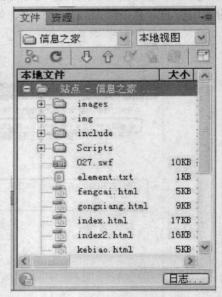

图 12-127　站点资源

当然，我们不可能通过一个项目将 Dreamweaver CS5 的强大功能一一展示，而且项目中其他子页面的设计步骤也没有呈现出来，就是希望初学者可以将项目的实施和学习过程联系起来，并提供一个思考和练习的空间给大家。通过反复练习，熟练掌握基本的网页设计技术，试着自己来完成项目中没有实现的子页面。下面将其他子页面的设计效果呈现出来以供参考，如图 12-128 ~ 图 12-133 所示。

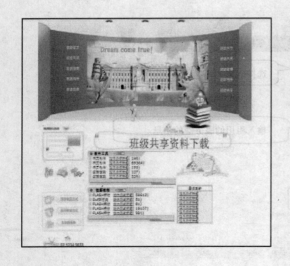

图 12-128　班级共享页面

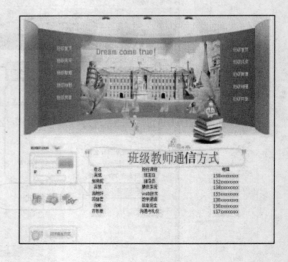

图 12-129　班级教师通信方式

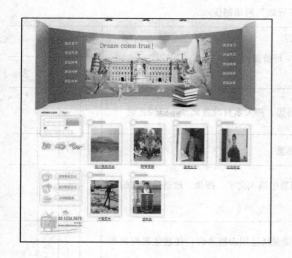

图 12-130　班级相册　　　　　　　　　图 12-131　相册子页面

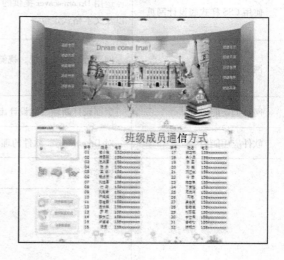

图 12-132　班级课表　　　　　　　　　图 12-133　班级成员通信方式

【项目考评】

　　对于所设计的班级网站这个客体而言，使用的主体是教师和学生。班级网站的价值在于作为一个班级资源的载体，能长期保留班级同学们成长过程中的事件。那么，我们在学习这个班级网站的建设过程中学习到了哪些知识点？能否运用这些知识点来设计出实用而精美的网页作品，在实践中提高自己的网页设计水平？

　　这里，我们将列出一个网站设计评价表（见表 12-1），考虑以下几个方面的设计要求，对每个知识点的运用情况评定出 4 个等级：优、良、中、差。通过总评分数来考查学生对项目学习的情况，并给出指导意见。

表 12-1　网站设计考评表

项目名称："我的班级"网站制作

评价指标	评价要点	评价等级			
		优	良	中	差
网站主题策划 栏目规划	栏目规划能否紧扣主题思想，相关素材准备充分、归档正确				
网页制作流程	对网页制作实施步骤的熟悉				
创建内容多样化的图文网页	对运用 Dreamweaver 在网页中插入文字、图像、超链接操作的熟练程度				
网页中表格的使用	运用 Dreamweaver，是否能灵活运用表格来设计任意效果网页布局				
使用 CSS 样式表设计网页	运用 Dreamweaver 提供的 CSS 样式表，设计文本格式、格式嵌套以及文本格式定位				
网页设计能力	网页色彩搭配美观、视觉效果好、布局设计美观、页面之间的设计合理一致				
网页创新能力	版面设计新颖，能设计出动静结合的网页，给人留下深刻印象				
软件应用能力	对 Dreamweaver 软件的理解及综合应用能力				
总评	总评等级				
	评语：				

【项目拓展】

在信息爆炸的时代，信息网络化传达给人们的不仅是信息本身，还有信息的时效性和艺术感受。网页设计将文字图像化、图像立体化、资源多样化。美感成为任何一个网页所需要具备的基本因素，网页信息不仅是为了满足使用者的需求，更重要的是创造一种愉悦的视觉环境，使浏览者得到全身心的享受和共鸣。

项目 1：设计一个你专属的个人网站

通过个性化网站的制作和传播，你也许就能像明星那样吸引众多目光。项目思维导图如图 12-134 所示。

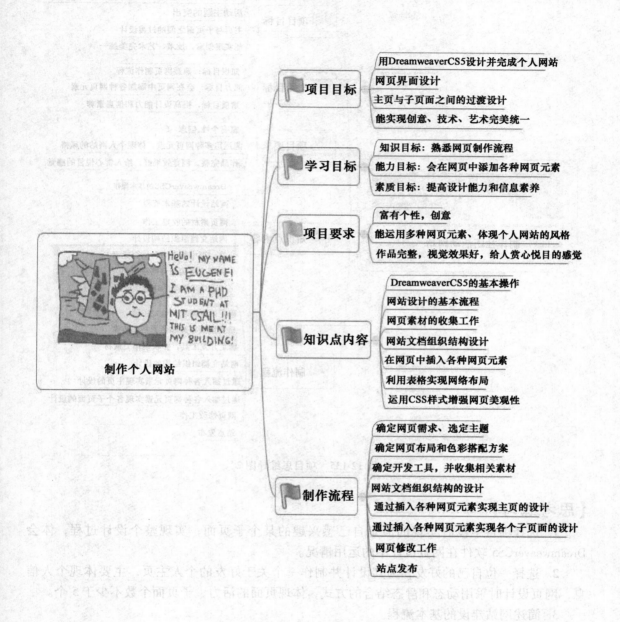

图 12-134 项目思维导图 1

项目 2：社团活动网站制作

为你所在高校的某社团活动制作一个网络宣传策划，通过网页的方式对全校师生宣传社团活动的主题思想和活动意义，并描述清楚活动方式和方法。项目思维导图如图 12-135 所示。

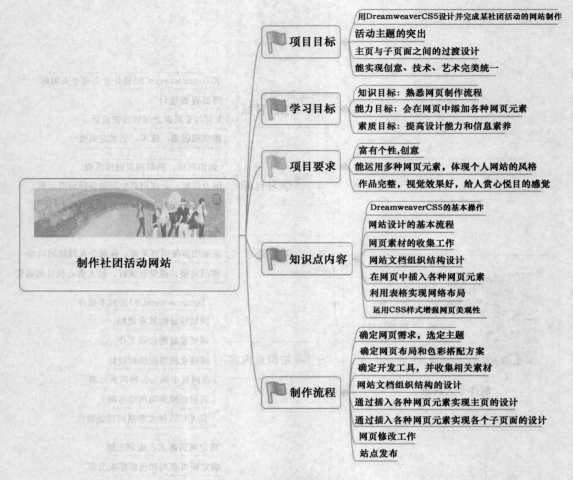

图 12-135　项目思维导图 2

【思考练习】

1. 选择项目中没有实现的但是自己感兴趣的某个子页面,实现整个设计过程,体会 DreamweaverCS5 软件在网页设计中的运用情况。

2. 选择一位自己的好友,为其设计并制作一个关于好友的个人主页,主要体现个人信息,网页设计时采用动态和静态结合的方式,体现页面的活力,子页面个数不少于 5 个。

3. 简述网站建设的基本流程。

4. 什么是网页?什么是网站?什么是主页?

参 考 文 献

[1] 林福宗. 多媒体技术基础 [M]. 北京：清华大学出版社，2009.
[2] 林福宗. 多媒体文化基础 [M]. 北京：清华大学出版社，2010.
[3] 梅龙宝. 大学信息技术 [M]. 成都：电子科技大学出版社，2007.
[4] 艾德才，等. 计算机文化基础 [M]. 北京：中国水利水电出版社，2000.
[5] 田玉晶. 计算机应用基础 Windows 7 + Office 2010 [M]. 广州：中山大学出版社，2013.
[6] 许华虎，等. 多媒体应用系统技术 [M]. 北京：机械工业出版社，2009.
[7] 缪亮. 多媒体技术实用教程 [M]. 北京：清华大学出版社，2009.
[8] 马震. Flash 动画制作案例教程 [M]. 北京：人民邮电出版社，2009.
[9] 刘万辉. Flash CS5 动画制作案例教程 [M]. 北京：机械工业出版社，2013.
[10] 力行工作室. Flash CS5 动画制作与特效设计200例 [M]. 北京：中国青年出版社，2011.
[11] 陈宗斌. Adobe Flash CS5 中文版经典教程 [M]. 北京：人民邮电出版社，2010.
[12] 汪兰川. Flash MV 制作 [M]. 北京：印刷工业出版社，2008.
[13] 朱仁成，等. Photoshop CS4 广告设计艺术 [M]. 北京：电子工业出版社，2009.
[14] 龚茜茹，等. Premiere Pro CS4 影视编辑标准教程 [M]. 北京：中国电力出版社，2007.
[15] 邹水龙，等. 大学计算机基础 [M]. 沈阳：辽宁大学出版社，2009.
[16] 王鹏. Photoshop CS4 图像处理经典200例 [M]. 北京：科学出版社，2010.
[17] eye4u 视觉设计工作室. Photoshop CS5 技术精粹与平面广告设计 [M]. 北京：中国青年出版社，2011.
[18] 新知互动. Photoshop CS4 数码照片处理150例 [M]. 北京：中国铁道出版社，2010.
[19] 徐小青，等. Word 2010 中文版入门与实例教程 [M]. 北京：电子工业出版社，2011.
[20] 管正. Dreamweaver CS4 网页制作与网站组建教程 [M]. 北京：清华大学出版社，2009.
[21] 王华，等. Adobe Audition 3.0 网络音乐编辑入门与提高 [M]. 北京：清华大学出版社，2009.
[22] 刘强，等. Adobe Audition 3.0 标准培训教材 [M]. 北京：人民邮电出版社，2009.
[23] 董旻，等. Adobe Audition 3.0 白金手册 [M]. 北京：中国铁道出版社，2010.
[24] 张云杰，等. 会声会影 X2 从入门到精通 [M]. 北京：电子工业出版社，2010.
[25] 杰诚文化. 会声会影 X2 DV 视频编辑经典100例 [M]. 北京：中国青年出版社，2010.
[26] 李萍. 会声会影 X2 DV 剪辑从新手到高手 [M]. 北京：中国电力出版社，2010.
[27] 邓建功. 硬件选购与组装完全 DIY [M]. 北京：清华大学出版社，2008.
[28] 任立权. 计算机组装与维护 [M]. 北京：清华大学出版社，2010.
[29] 匡松. 计算机组装、维护与维修 [M]. 北京：电子工业出版社，2010.
[30] 尹玫，等. Photoshop CS5 平面艺术设计 [M]. 北京：电子工业出版社，2011.
[31] 胡崧，等. Dreamweaver CS5 中文版标准教程 [M]. 北京：中国青年出版社，2011.
[32] 陈宗斌. Adobe Dreamweaver CS5 中文版经典教程 [M]. 北京：人民邮电出版社，2011.